AF373162

# LES CONSTANTES
# DE LA NATURE

# JOHN D. BARROW

# LES CONSTANTES DE LA NATURE

*Traduit de l'anglais (États-Unis)
par Pierre Kaldy*

À Carol

Ce n'est pas le pouvoir de se rappeler,
mais son exact opposé, le pouvoir d'oublier,
qui est une condition nécessaire à notre
existence.

Sholem Ash

# Préface

Il y a des choses qui ne changent jamais et c'est à elles que ce livre est consacré. Pendant longtemps, l'histoire a été faite d'irrégularités, de choses inattendues, catastrophiques ou funestes. Puis les scientifiques ont progressivement appris à connaître le mystère en ce monde des choses régulières et prévisibles. Malgré l'enchaînement du mouvement imprévisible et chaotique des atomes et des molécules, nous faisons l'expérience d'un monde profondément cohérent et prévisible. La recherche de ce qui est à l'origine de cette cohérence s'est d'abord tournée vers les « lois » de la Nature qui gouvernent la façon dont changent les choses. Nous avons ensuite identifié une série de nombres mystérieux source de cette cohérence : ce sont les constantes de la Nature. Elles donnent à l'Univers son caractère unique et le distinguent des autres que nous pourrions imaginer. Elles résument à la fois notre grande connaissance et notre grande ignorance de cet Univers. Car si nous pouvons les mesurer avec une précision toujours plus accrue et développer nos unités fondamentales de masse et de temps à partir de leur invariabilité, nous ne nous expliquons pas leurs valeurs. Nous n'avons jamais pu donner la raison de la valeur numérique d'une quelconque constante naturelle. Nous avons découvert de nouvelles valeurs, fait le lien entre des anciennes et compris leur rôle crucial dans le fait que les choses sont ce qu'elles sont, mais pourquoi ces valeurs sont ainsi et pas autrement reste un profond mystère. Pour l'explorer plus avant, nous devrons défaire la théorie la plus fondamentale des lois de la Nature, pour découvrir si les constantes qui les définissent sont fixes et rentrent dans le cadre d'une cohérence logique supérieure ou si le hasard a encore un rôle à jouer.

Nos premières tentatives d'y voir clair révèlent une situation très particulière. Si certaines constantes semblent pouvoir rester fixes, d'autres possèdent la latitude de pouvoir être différentes et d'autres encore paraissent complètement indépendantes du reste de l'Univers. Leurs valeurs sont-elles le fruit du hasard ? Pourraient-elles être réellement différentes ? De combien pourraient-elles différer pour que la vie reste possible dans l'Univers ?

En 1981, mon premier livre, *The Anthropic Cosmological Principle*, explorait tous les moyens connus à l'époque par lesquels la vie était sensible aux valeurs des constantes de la Nature. Des univers avec des constantes légèrement modifiées seraient mort-nés, dépourvus du potentiel d'évoluer et d'assurer ce type de complexité organisée que nous appelons la vie. Depuis cette époque, les cosmologistes ont trouvé de plus en plus de manières dont pouvaient varier les constantes qui définissent l'Univers et de circonstances où la vie n'aurait pu apparaître dans notre Univers. Ils ont aussi commencé à envisager sérieusement qu'il puisse exister d'autres Univers où les constantes de la Nature prennent d'autres valeurs. Nous nous trouvons inévitablement dans un monde où les choses se sont bien passées. Mais quelles étaient les chances d'en arriver là ? Nous envisagerons ici de nombreuses possibilités et les mettrons en rapport avec la curieuse histoire des tentatives de comprendre les valeurs de nos constantes naturelles.

Une grande nouvelle sur ces constantes a récemment défrayé la chronique et provoqué une recherche scientifique approfondie. Elle posait la plus fondamentale de toutes les questions : les constantes de la Nature sont-elles bien constantes après tout ? Un groupe de collègues a mis au point une méthode pour observer ces constantes au cours des onze milliards d'années écoulées. En scrutant les profils des atomes portés par la lumière qui nous arrive de lointains quasars, nous pouvons voir à quoi ressemblaient ces atomes quand la lumière en est partie il y a des milliards d'années. Les constantes de la Nature étaient-elles alors les mêmes ? La réponse, inattendue et troublante, offre de nouvelles possibilités pour l'Univers et les lois qui le gouvernent. Ce livre vous les dira.

J'aimerais remercier Neil Boucher, Bernard Carr, Rob Crittenden, Paul Davies, Jim Devlin, Michael Drinkwater, Chris Churchill, Freeman Dyson, Vladimir Dzuba, Victor Flambaum, Carl Freytag, Yasunori Fujii, Gary Gibbons, J. Richard Gott, Jörg Hensgen, Pierre Kaldy, Janna Levin, Nick Lord, João Magueijo, Carlos Martins, David Mota, Michael Murphy, Jason Prochaska, Martin Rees, Håvard Sandvik, Wallace Sargent, Ilya Shlyakhter, Will Sulkin, Max Tegmark, Virginia Trimble, Neil Turok, Emile Van Kreveld, Alan Walstad, John Webb et Art Wolfe pour leurs discussions et leur contribution par leurs idées, leurs résultats ou leurs images.

J'aimerais aussi remercier Elizabeth qui a surmonté le moment où j'avais l'idée de renommer ce livre *Et au milieu coule une rivière* [titre d'un film de R. Redford, *A River Runs Through it*, 1992, NDT] et nos trois enfants David, Roger et Louise qui ont toujours craint que leur argent de poche puisse être une constante de la Nature.

J. D. B.
Cambridge, avril 2002

# CHAPITRE PREMIER

# Avant le commencement

> Ce qui arrive en premier n'est pas forcément le commencement.
>
> Henning MANKELL[1]

## *Tout bouge, rien ne change*

> Dieu n'a établi aucune cause qui soit durable dans la nature et se reproduise chaque jour, mais cela semblerait un miracle et ferait l'objet de notre admiration si c'était le cas ne serait-ce qu'une fois.
>
> John DONNE[2]

Tout changement est un challenge. Jamais dans l'histoire humaine les changements n'ont été aussi rapides qu'à notre époque. Le monde est gouverné par des forces qui rendent notre vie de plus en plus sensible à de petites variations et à des réactions rapides. Internet et les tentacules de sa toile mondiale nous ont mis d'un coup en contact avec tous les ordinateurs de la planète et leurs possesseurs. C'est à une allure bien plus rapide que n'avaient pu le prédire les plus sombres prophètes de malheur qu'un progrès industriel incontrôlé a causé des dégâts écologiques et des changements dans l'environnement. Les enfants semblent grandir plus vite. Les systèmes politiques se réorientent vers des formes nouvelles et inattendues à une vitesse et une fréquence inédites. Même les êtres humains ne sont plus à l'abri d'ambitieuses interventions de chirurgie réparatrice et l'information qu'ils portent de la reprogrammation d'une partie de leur code génétique. Les progrès de toutes sortes s'accélèrent et notre vie se trouve de plus en plus impliquée dans cet élan d'exploration tous azimuts.

En ce qui concerne la science, les effets de ce mouvement d'exploration se sont fait sentir depuis quelque temps déjà. À la fin du XIX<sup>e</sup> siècle, il était acquis que la Terre et notre système solaire n'avaient pas toujours existé, que l'espèce humaine avait vu son apparence et ses capacités mentales changer au cours d'une longue histoire évolutive, et que d'une façon générale l'Univers se transformait pour être moins hospitalier et moins ordonné. Cette image schématique de l'Univers s'est étoffée au cours du XX<sup>e</sup> siècle. À la surface de notre planète, climat et topographie changent en permanence ainsi que les espèces qui y vivent. Le plus spectaculaire a été de découvrir que l'Univers entier des étoiles et des galaxies est dans un état de changement dynamique, avec de grands amas de galaxies s'éloignant vers des avenirs très différents. Nous commençons à comprendre que notre présence sur Terre n'est que temporaire. À l'échelle astronomique, les cataclysmes sont courants, des mondes s'entrechoquent. Comètes et astéroïdes ont déjà frappé notre planète par le passé. Un jour la chance tournera, le grand bouclier que Jupiter nous offre fortuitement ne nous protégera plus. À la fin, même notre Soleil périra. Notre galaxie, la Voie lactée, sera engloutie dans un vaste trou noir présent en son centre. La vie telle que nous la connaissons prendra fin. Ce qui survivra devra avoir tellement changé de forme, d'habitat et de nature qu'il sera difficile de le qualifier de « vivant » selon nos critères actuels.

Nous avons découvert dans leur simplicité les secrets du chaos et de l'imprévisible qui nous entourent de toute part. Nous comprenons le climat et ses variations sans pour autant pouvoir les prédire. Nous nous sommes rendu compte des similitudes existant entre la complexité de ces choses et celle apparaissant dans les interactions humaines – sociétés, économies, choix, écosystèmes – et dans l'esprit humain lui-même.

Le flot de toute cette complexité peut nous persuader que le monde ressemble à une montagne russe que nous dévalons à un rythme effréné, que tout ce que nous tenons pour vrai à un moment peut un jour être dépassé. Ce tableau renforce l'idée chez certains que la science[3] s'attaque aux bases de la nature humaine et à nos certitudes, comme si l'Univers et ses lois devaient avoir été établis en tenant compte de notre fragilité psychologique.

Pourtant tous ces changements et cette imprévisibilité ne sont d'une certaine manière qu'illusions. La nature de l'Univers ne se résume pas à cela. La réalité est à la fois profondément conservatrice et progressiste dans sa structure. Malgré les changements incessants du monde visible, il y a des aspects de l'Univers qui restent mystérieux dans leur inébranlable *constance*. Des choses immuables qui font que notre Univers est tel qu'il est et qui le distinguent d'autres mondes que nous pourrions imaginer. Une précieuse trame confère à la Nature sa continuité et nous laisse penser que certaines choses ailleurs dans l'Univers sont identiques à ce qu'elles sont sur Terre, depuis toujours et à jamais. Peut-être même que sans cette assise immuable, ni les courants superficiels du changement, ni une quelconque complexité de la matière ou de l'esprit ne pourraient exister.

Ce livre porte sur ces éléments qui fondent notre Univers. Leur existence est l'un des derniers mystères de la science à avoir défié des générations d'illustres physiciens. Pendant longtemps nous n'avons pu que donner un nom à ce que nous cherchions, c'étaient les *constantes de la Nature*. Elles rendent possible le fait que des choses soient identiques dans l'Univers, que chaque électron semble pareil à n'importe quel autre électron.

Les plus profonds secrets de l'Univers sont codés par les constantes de la Nature. Elles sont le reflet de ce qui est à la fois notre grande connaissance et notre grande ignorance du cosmos. Leur existence nous a appris cette chose essentielle que la Nature est pleine d'éléments d'une invisible régularité. Si nous sommes devenus experts dans leur mesure, notre incapacité à expliquer ou à prédire leur valeur montre combien il nous reste à apprendre sur le fonctionnement intime de l'Univers.

Alors quel est le statut ultime des constantes de la Nature ? Sont-elles vraiment constantes ? Sont-elles toutes en relation ? La vie aurait-elle pu évoluer et persister si elles avaient été ne serait-ce que légèrement différentes ? Voilà quelques questions qui seront abordées dans ce livre. Nous reviendrons sur la découverte des premières constantes de la Nature et quelles conséquences cela a eu sur les scientifiques et les théologiens à la recherche d'un Esprit et d'un dessein dans la Nature. Nous verrons ce que la science tient maintenant pour être les constantes de la Nature et si une Théorie du Tout, au cas où elle existe, pourrait un jour révéler leur vrai secret. Et par- dessus tout, nous nous demanderons si ces constantes le sont vraiment.

# CHAPITRE 2

# Voyage vers l'ultime réalité

Franklin : N'avez-vous jamais pensé, Maître, que vos unités de mesure pourraient être un peu dépassées ?
Maître : Bien sûr qu'elles sont dépassées. Les unités de mesure sont toujours dépassées. C'est ce qui en fait des unités de mesure.

Alan BENNETT[1]

## *Mission vers Mars*

Le Bureau d'enquête sur l'accident de la sonde Mars Climate Orbiter a déterminé que la cause première de la perte de la sonde Mars Climate Orbiter a été l'échec de l'utilisation des unités métriques.

Rapport d'enquête sur l'accident de la sonde Mars Climate Orbiter de la NASA[2]

Pendant la dernière semaine de septembre 1999, la NASA se préparait à faire une belle annonce aux agences de presse. La sonde Mars Climate Orbiter, qui devait frôler la haute atmosphère martienne, était sur le point d'envoyer des signaux importants. En fait, elle s'écrasa sur le sol. Selon les termes de la NASA :

« La sonde MCO, conçue pour étudier le temps et le climat martiens, fut lancée par une fusée Delta le 11 décembre 1998 de la base de lancement de Cap Canaveral en Floride. Après un trajet d'environ neuf mois et demi, l'engin a allumé son moteur principal pour entrer en orbite autour de Mars vers 2 h du matin PDT le 23 septembre 1999. Cinq minutes après la combustion prévue de 16 minutes, la sonde est passée derrière la planète vue de la Terre. La reprise du signal, attendue aux alentours de 2 h 26 PDT ne s'est pas produite. Les efforts pour trouver la sonde MCO et communiquer avec elle se sont poursuivis jusqu'à 3 h de l'après-midi PDT le 24 septembre avant d'être abandonnés[3]. »

L'engin était 96 km plus proche de la surface martienne que ne le pensaient les contrôleurs de la mission et 125 millions de dollars se volatilisèrent dans la poussière rouge de Mars. La perte était déjà assez dure, mais tourna au supplice quand on en découvrit la raison. La société Lockheed-Martin, qui dirigeait les opérations au jour le jour, envoyait au centre de contrôle des données sur les propulseurs de la sonde en unités impériales (mille, pied et livre-force), tandis que l'équipe de la NASA chargée de la navigation s'attendait à les recevoir, comme le reste de la communauté scientifique internationale, en unités métriques. Cette différence entre milles et kilomètres a suffi pour dérouter de 96 km la trajectoire de la sonde et la placer sur une orbite suicidaire autour de Mars[4].

La leçon de cette débâcle est claire. Les unités de mesure comptent. Dans la vie quotidienne, nos prédécesseurs nous ont laissé une quantité innombrable d'unités de mesure que nous avons tendance à utiliser par commodité. Au Royaume-Uni, nous achetons des œufs par douzaines, renchérissons aux ventes publiques en guinées, mesurons les courses de chevaux en furlongs, sondons les océans en brasses, achetons les pommes en boisseaux, pesons les diamants en carats, comptons le charbon par quintaux et la vie en années. Il faudrait des centaines de pages pour recenser toutes les unités de mesure présentes et passées. Tant que le commerce se faisait localement et simplement, cela convenait parfaitement. Mais avec l'amorce des échanges internationaux durant l'Antiquité, les différentes communautés se sont trouvées confrontées aux autres manières de compter. Les quantités étaient mesurées différemment suivant les contrées, ce qui exigeait l'utilisation de facteurs de conversion, comme maintenant lorsque nous changeons notre monnaie à l'étranger. Cela est devenu encore plus crucial avec le développement des collaborations techniques internationales[5]. L'ingénierie de précision exige des comparaisons précises entre unités de mesure. Il est bien beau de dire à vos collaborateurs de l'autre côté de la planète qu'ils doivent faire pour un avion une pièce d'exactement un mètre de long, mais comment savez-vous que leur mètre est le même que le vôtre ?

## Mesure pour mesure – les unités locales

> Elle ne comprend pas le concept des chiffres romains. Elle pense juste que nous avons eu la Onzième Guerre mondiale.
>
> Joan RIVERS[6]

À l'origine, les unités de mesure étaient uniquement locales et anthropométriques. Les longueurs étaient dérivées de la longueur du bras du roi ou de l'empan de sa main. Les distances reflétaient la durée du voyage sur une journée. Le temps était fonction des variations présentées par la Terre ou la Lune. Les poids étaient des quantités qui pouvaient être portées dans la main ou sur le dos. Beaucoup de ces unités ont été judicieusement choisies et sont encore en usage aujourd'hui en dépit du caractère officiellement ubiquitaire du système métrique. Aucune n'est sacrée. Chacune est conçue par commodité pour une circonstance particulière. Beaucoup de mesures de distance proviennent de dimensions de l'anatomie humaine. Le « pied » est la plus évidente, tandis que d'autres sont moins familières. Le « yard » était la longueur d'un ruban tendu entre le bout du nez et l'extrémité des doigts lorsque le bras était tendu horizontalement sur le côté. La « coudée » était la distance du coude au bout des doigts et variait suivant les sociétés entre 17 et 25 de nos pouces (0,44-0,64 mètres)[7]. L'unité nautique de longueur, la brasse, était la plus grande unité de longueur définie à partir de l'anatomie humaine et correspondait à l'écart séparant le bout des doigts d'un homme dont les deux bras étaient tendus horizontalement de chaque côté.

Pendant l'Antiquité, les déplacements commerciaux autour de la Méditerranée devaient faire ressortir les différences entre ces unités issues des mêmes distances anatomiques, et mettre à mal la conservation de chacune. Mais les traditions nationales, jointes à l'habitude, sont de puissantes forces de résistance à l'adoption d'autres systèmes de mesure.

Le problème le plus évident avec de telles unités est que les hommes et les femmes ont des tailles différentes : quelle unité devait-on choisir ? Le roi ou la reine s'imposaient. Mais même ainsi, il en résultait un recalibrage à chaque changement de règne. Pour résoudre le problème des variations interhumaines, David Ier d'Écosse définit en 1150 le pouce écossais : il devait être la mesure *moyenne* de la largeur de l'ongle du pouce à sa base chez trois hommes, un « mekill » [grand], un « messurabel » [moyen] et un « lytell » [petit].

Le système métrique moderne du centimètre, du kilogramme et du litre et le système impérial britannique traditionnel du pouce, de la livre et de la pinte offrent des unités aussi valables les unes que les autres à partir du moment où elles sont mesurées précisément. Mais cela ne veut pas dire qu'elles sont aussi pratiques. Le système métrique est comparable à celui que nous utilisons pour compter car il présente des unités dix fois plus grandes que celles qui leur sont inférieures. Imaginez maintenant un système de dénombrement avec des écarts irréguliers. C'est ainsi qu'au lieu d'avoir des centaines, des dizaines et des unités nous avions en Angleterre un système comme celui utilisé pour les poids non techniques (ceux des êtres humains ou des handicaps dans les courses de chevaux) avec 16 onces dans une livre et 14 livres dans un stone.

Le ménage dans les unités de mesure commença vraiment au moment de la Révolution française. L'introduction de nouveaux poids et mesures ne se fait pas sans heurts dans la société et la population l'accepte rarement avec enthousiasme. La Révolution a ainsi fourni l'occasion d'effectuer ce type d'innovation au sein d'une société de toute manière déjà très bouleversée[8]. La pensée politique qui dominait à l'époque était que les poids et les mesures devaient dépendre d'unités égalitaires dont aucune nation pouvait se prévaloir ou tirer avantage dans son commerce avec les autres. Pour cela, on pensa définir les mesures par rapport à une unité reconnue, sur laquelle pourraient se calibrer toutes les autres graduations et mesures secondaires. Une loi fut votée par l'Assemblée nationale française le 26 mars 1791 avec l'approbation de Louis XVI et le principe suivant, clairement affirmé par Charles Maurice Talleyrand :

> « Vu le fait que pour pouvoir introduire une uniformité dans les poids et mesures il est nécessaire d'établir une unité de masse naturelle et invariable et que le seul moyen d'étendre cette uniformité aux autres nations et de les presser de se mettre d'accord sur un système de poids et mesures est de choisir une unité qui n'est pas arbitraire et ne contient rien qui ne soit spécifique d'un peuple quelconque du globe[9]. »

Deux ans plus tard, le « mètre[10] » fut introduit comme unité de longueur et défini comme la dix millionième partie du quart d'un méridien terrestre[11]. Bien que ce soit un moyen plausible de définir une unité de longueur, cela n'est clairement pas très commode à l'usage. En 1795, les unités furent par conséquent directement associées à des objets spécialement fabriqués. On prit d'abord pour unité de masse le gramme, défini comme la masse d'un centimètre cube d'eau à 0 degré centigrade. Il fut plus tard remplacé par le kilogramme (1 000 grammes) défini comme la masse de mille centimètres cubes d'eau à 4 degrés centigrades. Finalement, en 1799, une barre prototype du mètre[12] fut faite avec une masse de un kilogramme et placée dans les archives de la nouvelle République française. Même aujourd'hui, la masse de référence du kilogramme est connue sous le nom de « Kilogramme des Archives ». Le nouveau système métrique ne fut malheureusement pas d'emblée un succès et Napoléon réintroduisit les vieilles unités au début du XIXe siècle. La situation politique européenne ne permit pas ensuite une harmonisation des unités[13]. Ce ne fut qu'au nouvel an de l'année 1840 que Louis-Philippe rendit les unités métriques obligatoires en France. Dans l'intervalle, elles avaient été adoptées vingt-quatre ans plus tôt par les Pays-Bas, la Belgique et le Luxembourg et par la Grèce en 1832. L'Angleterre ne permit qu'un usage relativement restreint des unités métriques après 1864 et les États-Unis firent de même deux ans plus tard. Un réel progrès n'eut lieu qu'en 1870, quand la Commission internationale du mètre fut établie et se réunit pour la première fois le 8 août à Paris pour coordonner les unités de mesure et superviser la fabrication des nouvelles unités de masse et de longueur[14]. Les copies de ces unités furent distribuées à certains des États membres tirés au sort. Le kilogramme était représenté par un cylindre de 39 mm de hauteur et de diamètre fait d'un alliage de platine et d'iridium[15] conservé sous trois cloches de verre au Bureau international des poids et mesures à Sèvres près de Paris. Sa définition est simple[16] :

> « Le kilogramme est l'unité de masse ; il est égal à la masse du prototype international du kilogramme. »

Les unités impériales britanniques, comme le yard et la livre sterling, furent définies de façon similaire et les prototypes conservés au National Physical Laboratory en Angleterre et au National Bureau of Standards à Washington DC aux États-Unis.

Ce mouvement de standardisation vit la création d'unités scientifiques de mesure. Il en résulte que nous mesurons habituellement les longueurs, les masses et le temps en multiples du mètre, du kilogramme et de la seconde. Une unité de chaque correspond à une quantité familière facile à imaginer : un mètre de tissu, un kilogramme de pommes de terre. La commodité de leur taille est bien le reflet de leur origine anthropocentrique. Mais cette taille devient un défaut quand nous commençons à les utiliser pour décrire des quantités à des échelles infra- ou suprahumaine. Le plus petit atome est dix milliards de fois plus petit que le mètre. Le Soleil a une masse de $10^{30}$ kilogrammes. Sur la figure 2.1, nous voyons les écarts de taille et de masse pour des objets représentatifs présents dans l'Univers. Nous nous trouvons entre les énormes distances et masses astronomiques et les échelles sous-atomiques des particules les plus élémentaires de la matière.

Malgré l'introduction des unités de mesures universelles du système métrique par des commissions internationales et les gouvernements, les gens ordinaires ont peu remarqué ces dispositions concernant les unités de mesure, particulièrement en Angleterre où avait cours une énorme diversité d'unités propres à chaque branche de l'industrie et du commerce. Vers le milieu du XIXe siècle, la révolution

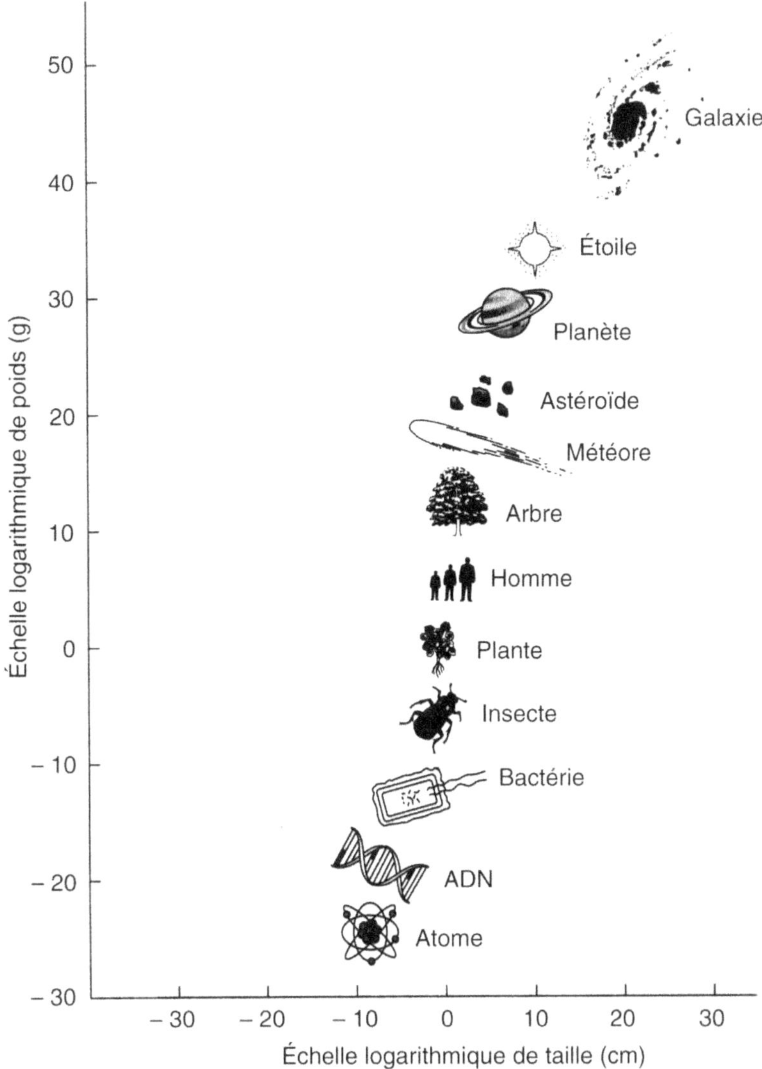


**Figure 2.1 :** Positionnement de quelques composantes importantes de l'Univers selon leur poids et leur taille. Notre choix du centimètre et du gramme comme unités nous place près du centre des choses.

industrielle avait créé des cultures variées dans les milieux de l'ingénierie, de la brasserie, de la comptabilité, de la métallurgie, de la chronométrie et de la construction navale, chacune ayant besoin d'un moyen de mesurer les matériaux qu'elle utilisait. Il en résulta une explosion des unités de mesure. Chaque type de matériau finit par avoir son unité propre de force et de tolérance, de quantité et de poids. Ces unités n'étaient pas seulement anthropocentriques mais aussi centrées sur un métier. Les brasseurs avaient fait leur choix pour une unité de volume, les ingénieurs hydrauliques pour une autre ; les joailliers mesuraient le poids différemment des marins et des architectes. Quand j'étais petit, il existait une marque répandue de cahiers d'exercice pour les écoliers. Ces cahiers avaient toujours une couverture bleue ou rouge qui donnait au dos la liste des mesures impériales de longueur, d'aire, de capacité et de poids.

Pour les ingénieurs et les personnes du monde des affaires c'était pratique, utile et sans doute très rentable. Mais pour quiconque à la recherche d'une philosophie naturelle globale, cela donnait une image fragmentée et idiosyncrasique de la connaissance humaine. Un visiteur d'une autre planète serait resté perplexe devant le besoin d'autant d'unités différentes de poids pour acheter des pommes, de l'or ou de la cire à cacheter.

## *Établir des unités universelles*

> Il était un homme tordu qui fit une maison tordue.
>
> Extrait d'une comptine

Durant la seconde moitié du XIXe siècle, les ingénieurs, les industriels et les scientifiques se retrouvèrent submergés par une profusion d'unités et de systèmes de mesures créés *ad hoc*. La révolution industrielle avait accéléré le développement de toutes sortes d'activités. Tout ce qui concernait la fabrication, les mesures, les conceptions, les constructions et les machines était en pleine expansion et générait de plus en plus de systèmes d'unités.

Au sein des sciences, les unités de longueur et de masse existantes ne convenaient pas vraiment aux puristes non plus. Chaque fois que les unités de masse étaient manipulées avec leurs pincettes spéciales, elles pouvaient légèrement varier. Des atomes pouvaient ainsi s'évaporer de leur surface ou se déposer sous forme de poussières venant de l'atmosphère. Les unités n'étaient pas vraiment constantes ni universelles[17]. Supposez qu'un ingénieur d'une autre planète nous demande notre dimension : il serait inutile de lui répondre en mètres ou en kilogrammes, car il faudrait ensuite lui préciser que ces unités correspondent à des objets conservés sous verre à Paris. La quête d'unités universelles avait malheureusement abouti à des représentants qui n'étaient ni standard ni universels.

Dans le domaine scientifique, ce furent les études menées sur l'électricité et le magnétisme qui poussèrent à rationaliser les choses. Suivant les groupes scientifiques, on utilisait différents systèmes de mesure ayant chacun un rapport différent avec les unités métriques traditionnelles de masse, de longueur, de temps et de température.

Lord Raleigh et James Clerk Maxwell apportèrent une première réponse générale à ce problème. En 1870, dans son discours de présidence à la British Association for the Advancement of Science, Maxwell défendit l'introduction d'unités indépendantes d'objets donnés comme les standards[18] du mètre ou du kilogramme conservés dans des conditions précises. Car ces types d'étalons ne peuvent jamais rester vraiment constants. Le standard de la masse à Paris perdra ou gagnera des molécules tout le temps. Des mesures du temps comme le jour ou l'année définies par la rotation de la Terre sur elle-même ou autour du Soleil ne peuvent pas non plus rester constantes. Le ralentissement de la rotation de la Terre ou les variations de son trajet autour du Soleil feront très lentement dériver ces standards. Ces mesures ont beau ne pas dépendre de l'homme, elles ne peuvent pas pour autant prétendre servir d'étalons ultimes. Maxwell avait passé une bonne partie de son temps à étudier le comportement des molécules de gaz et il était très impressionné par la ressemblance de toutes les molécules d'hydrogène entre elles. C'était bien différent de nos objets quotidiens qui sont tous distincts. Maxwell vit dans ce caractère identique des molécules le moyen de définir des standards d'une manière absolue :

« Car, après tout, si les dimensions de notre Terre et sa durée de rotation sont très stables par rapport à nos moyens actuels de comparaisons, elles ne le sont pas sous l'effet d'une quelconque nécessité physique. La Terre pourrait se contracter en se refroidissant, ou prendre du volume avec l'arrivée de météorites, sa vitesse de rotation se réduire légèrement, et elle serait toujours la même planète.

Mais une molécule, disons celle d'hydrogène, si sa masse ou son temps de vibration venaient à changer un tant soit peu, ne serait plus une molécule d'hydrogène.

Donc, si nous voulons obtenir des standards de longueur, de temps et de masse qui soient absolument permanents, nous ne devons pas les chercher dans les dimensions, le mouvement ou la masse de notre planète mais dans la longueur d'onde, la période de vibration et la masse absolue de ces molécules parfaitement similaires, qui sont à la fois impérissables et inaltérables [c'est-à-dire les atomes[19]]. »

Maxwell avait plusieurs raisons philosophiques de s'intéresser particulièrement aux molécules. Il appréciait la valeur de ces blocs élémentaires et identiques à la base de tous les corps matériels qui nous entourent. Si nous prenons n'importe quelle pièce de pur acier, il sera fait de la réunion de molécules de fer identiques. Le fait que ces molécules apparaissent les mêmes est quelque chose de remarquable dans ce monde. Maxwell opposait cette invariabilité avec l'évolution et le caractère changeant du vivant prédits par Charles Darwin dans sa théorie de l'évolution par la sélection naturelle. Maxwell voyait dans les molécules de la Nature des entités qui n'étaient sujettes à aucune sélection, adaptation ou mutation. Il lui fallait encore trouver le moyen d'exploiter ce caractère immuable et universel de façon à pouvoir définir des unités de mesure. On serait alors en mesure d'éviter les biais introduits par commodité humaine et d'approcher la profonde invariance de la réalité physique.

En 1905, la lumière rouge émise par les atomes de cadmium[20] chauffé fut prise pour la première fois comme standard pour définir une unité de longueur appelée angström (notée 1 Å et égale à $10^{-10}$ mètre). Une longueur d'onde de la lumière du cadmium était de 6 438,4696 Å. C'était une étape décisive parce que pour la première fois une unité de longueur était définie par rapport à un caractère naturel à la fois constant et universel. La longueur d'onde de la lumière émise par le cadmium[21] est fixée uniquement par des constantes de la Nature. Si nous voulions communiquer notre taille à un extraterrestre physicien, nous pourrions lui donner en parlant de

3,1 milliards de fois la longueur d'onde de la lumière rouge du cadmium[22].

## *Une brillante idée !*

> D'où est venue la matière ?
> Quelle différence cela peut-il faire ?.... Le secret de l'Univers est l'apathie. La Terre, le Soleil, les rochers, ils sont tous indifférents, et c'est une espèce de force passive. Peut-être qu'indifférence et gravitation sont la même chose.
>
> Isaac BASHEVIS SINGER[23]

En 1874, un physicien irlandais peu commun répondant du nom de George Johnstone Stoney, se mit en tête de rationaliser la tour de Babel des unités de l'époque. Il avait été invité à donner une conférence sur les unités de mesure à la rencontre annuelle de la British Association for the Advancement of Science à Belfast[24]. Cette manifestation existe encore de nos jours mais sert maintenant à donner des exemples des développements de la science au grand public, à la presse et aux jeunes. Mais à l'époque de Stoney, il s'agissait de la première conférence scientifique au monde, celle où de grandes découvertes étaient rendues publiques et où la presse rapportait les débats entre leaders scientifiques. Aujourd'hui, il y a de par le monde tellement de conférences scientifiques spécialisées, d'ateliers, de rencontres, de discussions et de tables rondes qu'il n'y a plus de place pour une rencontre qui couvrirait toutes les sciences au niveau technique : cela serait trop vaste, trop long et aussi bien inintelligible la plupart du temps pour la majorité des participants.

Stoney était un penseur excentrique et original (Figure 2.2[25]). Il fut le premier à trouver comment déduire l'existence d'une atmosphère gazeuse sur d'autres planètes du système solaire d'après la gravité nécessaire à sa surface pour la retenir. Mais sa passion, il la réservait pour l'idée qu'il chérissait le plus, « l'électron ». Stoney en était venu à la conclusion qu'il devait exister une composante de base

**Figure 2.2 :** Le physicien irlandais George Johnstone Stoney
(1826-1911).

de la charge électrique. En étudiant les expériences de Michael Faraday sur l'électrolyse, Stoney avait même pu prédire[26] la valeur qu'elle devait prendre. Celle-ci fut ensuite confirmée par J. J. Thomson qui découvrit l'électron à Cambridge en 1897[27] et annonça sa découverte à la Royal Institution le 30 avril. À cette quantité minimale de charge électrique, Stoney donna le nom d'« électron » et le symbole $E$ en 1891[28] (après l'avoir appelé « électrine[29] » en 1874) et il ne manqua jamais l'occasion de faire savoir ses propriétés et son intérêt potentiel pour la science[30].

Stoney était aussi un lointain parent du fameux mathématicien Alan Turing, l'un des fondateurs de l'informatique dont la mère se rappelait du peu ordinaire oncle Stoney, appelé « electron Stoney[31] » par tous les enfants. Stoney était aussi l'oncle de George FitzGerald, célèbre pour avoir proposé la contraction Lorentz-FitzGerald de la longueur, un phénomène qui ne fut compris que dans le cadre de la théorie de la relativité restreinte d'Einstein. Stoney avait aussi le goût des applications pratiques. Il travailla deux ans à la construction d'instruments d'optique de précision destinés à l'observatoire privé du comte de Rosse à Birr Castle, puis devint en 1850 professeur de philosophie naturelle au Queen's College Galway. À sa retraite, il se retira à Hornsey au nord de Londres et continua à publier régulièrement dans la revue scientifique de la Royal Dublin Society. Il est même difficile de trouver un numéro de cette revue qui ne contienne pas un de ses articles ayant trait à tous les sujets concevables, du voyage dans le temps à la manière dont les bicyclettes restent en équilibre.

Stoney s'aperçut que le programme de la rencontre de Belfast de la British Association était rempli de rapports sur les différentes unités et standards, sur comment les mesurer, les définir et les mettre en relation. C'était très utile pour les gens concernés mais plutôt fastidieux pour les autres. Stoney y vit l'occasion de simplifier cette vaste source de perplexité tout en ajoutant du poids à son hypothèse de l'électron. Il avait été membre du comité[32] de la British Association qui avait déterminé les conventions pour les unités électriques, et il avait de plus déjà été sollicité pour donner aussi son avis sur les problèmes liés aux unités et aux mesures.

Pour échapper aux biais de l'anthropocentrisme et transcender les standards humains de quantité, Stoney se tourna vers les constantes de la physique. Newton avait découvert que la gravité obéit à une loi apparemment universelle : la force s'exerçant entre deux masses est proportionnelle à leur masse respective et inversement proportionnelle au carré de la distance qui sépare leur centre. La constante de proportionnalité devait être la même partout dans l'Univers[33] : nommée $G$, elle donne une mesure de la force de gravité et, point important, on pense que sa valeur reste constante quel que soit l'endroit[34] où elle est correctement mesurée. Exprimée dans nos unités anthropocentriques, elle a une valeur étrange ($G = 6{,}67259 \times 10^{-11}$ m$^3$ s$^{-2}$ kg$^{-1}$).

La seconde constante de la Nature à laquelle Stoney fit appel pour ses critères non anthropocentriques fut la vitesse de la lumière, $c$. Là encore, cette valeur transcende les standards humains. Elle a une signification fondamentale qui dépasse en fait ce que Stoney pouvait imaginer. Einstein a montré que la vitesse de la lumière dans le vide devait être la vitesse ultime possible dans l'Univers, aucune information ne pouvant être envoyée plus vite. On a aussi découvert que le produit de la perméabilité et de la permissivité de l'espace qui définit différentes unités électriques était égal à l'inverse du carré de la vitesse de la lumière, ce qui lui conférait un caractère universel de plus en rapport avec l'électricité. Puis Stoney ajouta comme troisième constante son propre candidat, la charge de l'électron, que nous écrivons maintenant $e$. C'était la dernière pièce du puzzle. Comme $G$ et $e$, elle était supposée universelle. Elle était associée à un aspect fondamental de la Nature et ne devait rien à l'Homme. Stoney annonça ainsi sa trinité des constantes :

> « La Nature nous présente ces trois unités et si nous les prenons comme nos unités fondamentales au lieu d'en choisir arbitrairement nous entrerons dans une relation plus commode et à n'en pas douter plus intime avec la Nature telle qu'elle existe vraiment.
>
> C'est pour cela que nous devons choisir des phénomènes qui prévalent dans toute la Nature et ne sont pas simplement associés à des entités individuelles. La première quantité de la Nature de grandeur absolue sur laquelle j'aimerais attirer votre attention est la remarquable vélocité de quantité absolue, indépendante des unités avec laquelle elle est mesurée, qui met en relation toutes les unités électrostatiques avec celles qui leur correspondent en électromagnétisme. J'appellerai cette vélocité $V_1$ [c'est-à-dire notre $c$]. Si nous la prenions pour unité de vélocité, nous aurions d'un coup une immense simplification dans le traitement d'une gamme complète de phénomènes électriques et aussi probablement dans notre étude de la lumière et de la chaleur.
>
> La Nature nous présente aussi un coefficient particulier de gravitation, dont la quantité absolue est indépendante des unités utilisées pour la mesurer et qui apparaît s'appliquer à toute matière qui puisse être pesée dans notre Univers matériel. J'appellerai ce coefficient $G_1$ [c'est-à-dire notre $G$]. Si nous la prenions comme unité des coefficients d'attraction, on peut présumer que nous poserions ainsi les fondations pour détecter le lien que nous ne pouvons que suspecter entre cette merveilleuse propriété commune à tout ce qui peut être pesé et les autres phénomènes de la Nature.
>
> Et, finalement, la Nature nous présente dans le phénomène de l'électrolyse une quantité définie d'électricité qui est indépendante des éléments particuliers en jeu... J'appellerai cette quantité définie d'électricité $E_1$ [c'est-à-dire notre $e$]. Si nous en faisons notre unité quantitative

d'électricité, nous aurons probablement fait un pas important dans notre étude des phénomènes moléculaires.

Nous avons donc de bonnes raisons de supposer que nous avons dans $V_1$, $G_1$ et $E_1$ [c'est-à-dire $c$, $G$ et $e$] trois éléments d'une série d'unités systématique qui sont d'une façon éminente les unités de la Nature et sont en relation intime avec ce qui se produit dans Son laboratoire. Nous avons ainsi obtenu... les trois grandes unités fondamentales que nous offre la Nature et sur lesquelles on pourrait construire une série entière d'unités physiques méritant le titre de vraie Série Naturelle des Unités Physiques[35]. »

Dans son discours, Stoney fit référence à l'électron sous le nom d'« électrine » et il fournit un premier calcul de la valeur supposée de sa charge[36]. Il montra que le trio magique de $G$, $c$ et $e$ pouvait se combiner d'une manière, et d'une seule, pour donner des unités de masse, de longueur et de temps. Pour la vitesse de la lumière, il utilisa une moyenne des mesures existant à l'époque, $c = 3 \times 10^8$ mètres par secondes ; pour la constante de gravitation de Newton, il prit la valeur obtenue par John Herschel, $G = 0{,}67 \times 10^{-11}\,\mathrm{m^3\,Kg^{-1}\,s^{-2}}$ et pour unité de charge de son « électrine » $e = 10^{-20}$ Ampère[37]. Voici les nouvelles unités qu'il trouva exprimées à partir des constantes e, c et G pour le gramme, le mètre et la seconde :

$$M_J = (e^2/G)^{1/2} = 10^{-7} \text{ gramme}$$
$$L_J = (Ge^2/c^4)^{1/2} = 10^{-37} \text{ mètre}$$
$$T_J = (Ge^2/c^6)^{1/2} = 3 \times 10^{-46} \text{ seconde}$$

Ce sont des quantités extraordinaires. Si une masse de $10^{-7}$ gramme n'est pas trop exotique et comparable à celle d'un grain de poussière, les unités de longueur et de temps de Stoney étaient bien différentes de celles connues jusqu'alors des scientifiques. Elles étaient d'une petitesse fantastique, presque inconcevable. Il n'y avait pas de moyen, et il n'y en a toujours pas, de mesurer directement de telles longueurs et de tels temps. Ces unités n'ont pas été faites délibérément pour les dimensions humaines, par commodité ou pour un usage humain. Elles sont définies par l'essence même de la réalité physique qui détermine la nature de la lumière, de l'électricité et de la gravité. Elles n'ont que faire de nous.

Stoney avait brillamment réussi dans sa quête d'un système d'unités suprahumaines. Mais hélas, il attira peu l'attention. Il n'y avait aucun usage pratique pour ses unités « naturelles » et leur signification restait ignorée de tous, même de Stoney qui s'intéressa plus à promouvoir l'idée de son électron jusqu'à sa découverte en 1897. Les unités naturelles devaient être entièrement redécouvertes.

## Les unités naturelles de Max Planck

> La science ne peut résoudre le mystère ultime de la nature. Et cela parce que, en dernière analyse, nous faisons nous-mêmes partie du mystère que nous essayons de résoudre.
>
> Max PLANCK[38]

L'idée de Stoney fut redécouverte sous une forme légèrement différente en 1899 par l'un des plus importants physiciens de tous les temps, l'allemand Max Planck. Il découvrit la nature quantique de l'énergie, ce qui fut à l'origine de la révolution quantique de notre compréhension du monde et il fournit la première description correcte du rayonnement thermique (ce qui est appelé le « spectre de Planck »). Une des constantes fondamentales de la Nature lui doit son nom. Il fut une figure centrale de la physique de son temps, eut le prix Nobel de physique en 1918 et mourut en 1947 à l'âge de 89 ans. Cet homme tranquille, sans prétention, était profondément religieux[39] et très admiré de ses plus jeunes collègues tels que Einstein et Bohr.

Dans sa conception de la Nature, Planck mettait l'accent sur son intrinsèque rationalité et son indépendance vis-à-vis de la pensée humaine. Il croyait en une intelligence sise derrière les apparences fixant la nature de la réalité. Nos conceptions les plus fondamentales concernant la Nature devaient tenir compte du besoin d'identifier une structure profonde bien éloignée des besoins humains d'utilité ou de commodité. La dernière année de sa vie, un de ses anciens étudiants lui demanda s'il voyait un intérêt dans la tentative d'unifier toutes les constantes de la Nature par une plus large théorie. Voici ce qu'il répondit, avec un enthousiasme tempéré par la conscience de la difficulté de l'enjeu :

> « Concernant votre question sur les connexions existant entre les constantes universelles, l'idée de les relier aussi étroitement que possible en réduisant ces diverses constantes à une seule est sans doute attrayante. Je doute quant à moi du succès de la démarche. Mais je peux me tromper[40]. »

À la différence d'Einstein, Planck ne croyait pas en une théorie globale de la physique qui puisse expliquer toutes les constantes de la Nature. Car dans ce cas la physique cessait d'être une science inductive. D'autres comme Pierre Duhem et Percy Bridgman, considéraient l'ambition de Planck de faire la part entre ce qui était description scientifique et conventions humaines comme quelque chose d'inaccessible par essence, les constantes de la Nature et les descriptions théoriques qui en découlaient étant pour eux de purs artefacts arbitraires pour donner un sens à ce qui était observé.

Planck trouvait suspect d'attribuer une signification fondamentale à des quantités qui résultaient de l'« accident » de notre situation :

> « Tous les systèmes d'unité qui ont été utilisés jusqu'à présent, y compris le système dit **CGS** absolu [centimètre, gramme et seconde pour mesurer longueur, masse et temps] doivent leur origine à la coïncidence de circonstances fortuites, dans la mesure où le choix des unités à la base de tous les systèmes a été fait non en fonction de points de vue généraux qui conserveraient leur importance quels que soient l'endroit ou le temps mais des besoins particuliers de notre civilisation terrestre…
>
> Les unités de longueur et de temps dérivent ainsi des dimensions et du mouvement actuel de notre planète, celles de température des masses de la densité et des points de température les plus importants de l'eau, liquide primordial à la surface de la Terre, à la pression correspondant aux propriétés moyennes de l'atmosphère qui nous entoure. Il ne serait pas moins arbitraire si nous prenions, disons, la longueur d'onde invariable de la lumière du sodium comme unité de longueur. Là encore,

le choix du sodium parmi les nombreux éléments chimiques pourrait peut-être se justifier seulement par son abondance sur Terre, ou sa double raie dans notre champ de vision, mais il n'est pas du tout le seul élément de ce type. Il est donc concevable qu'à d'autres moments, sous des conditions externes modifiées, chacun des systèmes d'unités adoptés jusqu'à présent puisse perdre, totalement ou en partie, sa signification naturelle d'origine. »

Il voyait plutôt l'établissement d'

« unités de longueur, de masse, de temps et de température indépendantes d'éléments ou de substances particulières, qui conservent forcément leur signification quels que soient le temps ou l'environnement terrestre, humain ou autre[41] ».

Alors que Stoney avait vu un moyen de trancher le nœud gordien de la subjectivité liée au choix d'unités pratiques, Planck utilisa ses unités « que l'on pourrait décrire comme des "unités naturelles" » pour donner une base non anthropomorphique à la physique. La révélation progressive de cette base fut pour lui la marque d'un réel progrès dans l'avancement de la séparation entre phénomènes du monde extérieur et conscience humaine.

Fidèle à ses vues universelles, Planck proposa[42] en 1899 que des unités naturelles de masse, de longueur et de temps soient établies à partir des constantes les plus fondamentales de la Nature : la constante de gravitation $G$, la vitesse de la lumière $c$, et la constante d'action $h$ qui porte maintenant son nom[43]. La constante de Planck détermine la plus petite quantité par laquelle on puisse changer l'énergie (le « quantum »). De plus, l'incorporation de la constante de Boltzmann $k$, qui sert simplement à convertir les unités d'énergie en celles de température, lui permit de définir aussi une température naturelle[44]. Les unités de Planck sont la seule combinaison de ces constantes que l'on puisse former avec les dimensions de masse, de longueur, de temps et de température. Leur valeur n'est pas très différente de celle de Stoney :

$$m_{pl} = (hc/G)^{1/2} = 5,56 \times 10^{-5} \text{ gramme}$$
$$l_{pl} = (Gh/c^3)^{1/2} = 4,13 \times 10^{-33} \text{ centimètre}$$

$$t_{pl} = (Gh/c^5)^{1/2} = 1,38 \times 10^{-43} \text{ seconde}$$
$$T_{pl} = k^{-1} (hc^5/G)^{1/2} = 3,5 \times 10^{32} \text{ Kelvin}$$

Là encore, nous voyons un contraste entre la petite, mais pas énormément, unité naturelle de masse et les autres unités naturelles de temps, de longueur et de température fantastiquement extrêmes[45]. Ces quantités ont une signification suprahumaine pour Planck. Elles touchent aux fondements de la réalité physique :

> « Ces quantités conservent leur signification naturelle tant que restent valides les lois de la gravitation et de la propagation de la lumière dans le vide et les deux principes de la thermodynamique. On doit donc toujours les retrouver, qu'elles soient mesurées par les intelligences et les méthodes les plus différentes possibles. »

Dans sa conclusion, il fait ainsi allusion à l'idée que des observateurs ailleurs dans l'Univers puissent définir et apprécier ces quantités de la même manière que nous[46].

Quelque chose de frappant ressortait à l'époque des unités de Planck comme celle de Stoney : elles impliquaient la gravité dans la définition de constantes régissant l'électricité et le magnétisme. La gravité a toujours été une branche sans histoires de la physique. Newton avait apparemment trouvé la loi de la gravité et cela ne souleva que très peu de questions par la suite. Il est vrai qu'il y avait de petits écarts troublants entre ce qu'elle prédisait et les oscillations de Mercure que l'on observait dans son mouvement au voisinage du Soleil. Certains avaient même suggéré de faire une très légère modification à la loi de Newton pour l'expliquer mais la plupart des astronomes s'attendaient plutôt à ce que de petits effets dus à la forme non sphérique du Soleil ou que des erreurs d'observation viennent au secours de Newton. L'histoire semblait terminée.

Du côté des lois de l'électricité et du magnétisme, il y avait au contraire un débat et des progrès permanents. Ces lois parurent au départ séparées, qu'elles concernent l'électricité statique (qui nous fait dresser les cheveux sur la tête), l'électricité dynamique (à la source des courants) ou le magnétisme. Mais on trouva progressivement que les deux types d'électricité étaient deux aspects d'une seule et même force électrique. Puis Maxwell montra qu'électricité et magnétisme étaient en réalité les deux faces d'une même pièce : un aimant mobile pouvait produire un courant électrique tandis que ce dernier pouvait être à l'origine d'une force magnétique. Mais la gravité ne semblait jamais se mêler à l'électricité, au magnétisme ou au comportement des atomes et des molécules. Du coup, il existait une conception des unités naturelles très différente de celle de Planck et de Stoney. Le physicien Paul Drude, un acteur de premier ordre dans l'étude des ondes électromagnétiques, des matériaux et en optique, et qui détenait le prestigieux titre de professeur de physique à Leipzig proposa[47] en 1897 un système d'unités absolues de masse, de longueur et de temps lié aux propriétés de l'éther qui imprégnait, pensait-on alors, l'espace. Il avait retenu comme standards la vitesse de la lumière et la distance moyenne parcourue par les particules d'éther avant qu'elles n'interagissent. Drude ne voyait ainsi aucun moyen[48] de rattacher la gravité à l'électricité et au magnétisme et, à la différence de Stoney et Planck, n'introduisit pas la constante $G$ dans son système d'unités naturelles. Même pour Planck, la participation de $G$ dans ses unités naturelles était un mystère. Il ne donna aucune explication de la signification de ses minuscules unités de longueur et de temps. Que signifiaient-elles ? Qu'est-ce qui arrivait si on observait le monde à partir de ces dimensions ? Il s'écoulera beaucoup de temps avant que ces questions ne soient posées[49], et plus encore avant que l'on n'y réponde.

## Le monde réel de Planck

> La distance croissante entre l'image du monde physique et celui de nos sens signifie juste que nous approchons progressivement du monde réel.
>
> Max PLANCK

Nous avons vu comment Max Planck avait recours à l'existence des constantes universelles de la Nature comme argument d'une réalité physique bien distincte de celle des esprits humains. Mais il voulut aller beaucoup plus loin et utilisa aussi cet argument contre les philosophes positivistes qui pensaient que la science était un édifice entièrement humain : des points mesurés et organisés d'une façon commode à l'aide d'une théorie qui finirait par être remplacée par une autre encore meilleure. Planck voyait bien que la formulation d'équations et de théories en physique est une activité humaine mais cela ne voulait pas dire que ce n'était que cela. Pour lui, les constantes de la Nature étaient apparues sans aucune sollicitation et, comme ses unités naturelles le montraient clairement, elles n'étaient pas choisies par commodité pour les hommes. Il écrit[50] :

« Ces [...] nombres, dits "constantes universelles" sont en un sens les blocs immuables de l'édifice de la physique théorique.

Nous devons donc continuer avec la question : quelle est la réelle signification de ces constantes ? Sont-elles en dernière analyse les inventions de l'esprit humain ou possèdent-elles une réelle signification indépendante de son intelligence ?

Le premier point de vue est professé par les adeptes du positivisme, du moins par ses partisans les plus extrêmes. Leur théorie est que la physique n'a pas d'autre base que les mesures sur lesquelles elle est érigée et qu'une proposition n'a de sens en physique que dans la mesure où elle est étayée par des mesures.

Ainsi, jusqu'à récemment, les positivistes de tout bord ont aussi opposé la plus grande résistance à l'introduction des hypothèses atomiques et à la reconnaissance des constantes universelles mentionnées ci-dessus. On peut bien le comprendre, car l'existence de ces constantes apporte une preuve palpable de l'existence dans la nature de quelque chose de réel et indépendant de toute mesure humaine.

Bien sûr, un positiviste cohérent peut même aujourd'hui appeler les constantes universelles de pures inventions qui se sont rendues particulièrement utiles pour décrire précisément et complètement les résultats les plus variés issus des mesures. Mais aucun vrai physicien ne prendra au sérieux cette affirmation. Les constantes universelles n'ont pas été inventées pour des raisons de commodité pratique, mais se sont irrésistiblement présentées à nous à cause de la concordance entre les résultats de toutes les mesures pertinentes et, c'est essentiel, parce que nous savons très bien à l'avance que toutes les futures mesures nous ramèneront à ces mêmes constantes. »

Il y avait bien sûr beaucoup d'autres arguments possibles pour ceux qui s'opposaient à Planck. Les constantes qu'il avait choisies auraient pu ne pas l'être du tout après examen beaucoup plus précis. Elles pourraient varier très lentement, de peut-être quelques parties par million sur la durée de l'Univers. Ou elles pourraient être constantes seulement d'un point de vue statistique ou en moyenne. Comme on ne peut écarter ces possibilités si ce n'est par supposition ou préjugé, il faut des études expérimentales détaillées des constantes et de leur caractère immuable. Les physiciens commencèrent à déterminer les valeurs des constantes de la Nature avec une précision de plus en plus grande et mettre au point les moyens de vérifier si elles étaient vraiment constantes. Cette recherche semblaient à certains le but ultime de la physique. Car, chose amusante, à la fin du XIXe siècle il était largement admis que toutes les découvertes intéressantes avaient déjà été faites en physique et que tout ce qui restait à faire était d'effectuer des mesures de plus en plus précises. Caricaturant cette idée, Albert Michelson écrit en 1894 qu'on pensait parfois à l'étranger que :

> « Les lois fondamentales les plus importantes et les faits de la physique ont tous été découverts et cela est maintenant tellement établi que la possibilité qu'elles soient supplantées suite à de nouvelles découvertes paraît bien éloignée... Il faudra chercher les futures découvertes au sixième rang après la virgule[51]. »

Même Planck subit l'influence de ces idées. Il rappela qu'en 1875, alors étudiant, son tuteur lui conseilla de travailler en biologie parce que tous les problèmes importants de physique étaient résolus et que le domaine était en passe d'être complètement exploré. Chose ironique, Planck fut le leader dans la création de la nouvelle approche quantique de la réalité qui sera suivie des assauts d'Einstein contre nos conceptions du temps, de l'espace et de la gravité. Loin d'être épuisée, la physique avait à peine commencé.

# À *propos du temps*

> La personne âgée croit tout, d'âge moyen suspecte tout,
> jeune sait tout.
>
> Oscar WILDE[52]

L'un des paradoxes de l'étude de l'Univers qui nous entoure est que plus les descriptions de son fonctionnement sont précises et réussies, plus elles s'éloignent énormément de notre expérience quotidienne. Les prédictions les plus fines que nous pouvons faire ne portent pas sur le fonctionnement des banques, les caprices des consommateurs ou les intentions de vote mais sur les particules élémentaires et les étoiles filantes. On s'attendrait exactement à l'opposé si notre description du monde était fortement biaisée par notre esprit au lieu d'être en un sens une véritable découverte. Cela aurait pu ne pas être le cas. Nos tentatives de comprendre la complexité du comportement humain sont à l'évidence empreintes de beaucoup de subjectivité, nos conclusions devenant beaucoup moins solides lorsqu'elles s'appliquent à des situations ou des personnes qui nous sont éloignées.

Par contre, notre découverte de l'existence de constantes de la Nature derrière les réalités décrites par les lois du changement et de l'invariance nous a permis de formuler des standards absolus grâce auxquels nous pouvons juger si une chose est grosse ou petite, jeune ou vieille, chaude ou froide. Quand nous disons que l'Univers a été en expansion durant treize milliards d'années, que signifie dire qu'il est *vieux* ? Cela semble très vieux au regard de l'éphémère existence humaine ou comparé au jour ou à l'année terrestres. Mais là encore, l'Univers pourrait continuer son expansion pour des millions de millions d'années ou peut-être pour toujours. Il serait alors très jeune. Les unités naturelles nous disent d'une façon bien définie que l'Univers *est* déjà très vieux, d'environ $10^{60}$ unités de Planck. La vie sur la Terre n'est pas apparue avant qu'il ne soit âgé de $10^{59}$ unités de Planck. Nous sommes arrivés bien tardivement.

# CHAPITRE 3

# Des standards suprahumains

Mon frère Mycroft arrive.

A. Conan DOYLE[1]

## *Einstein et les constantes*

Ce qui m'intéresse vraiment est de savoir si Dieu aurait pu faire le monde différemment ; c'est-à-dire si la nécessité d'une simplicité logique laisse un tant soit peu de liberté.

Albert EINSTEIN[2]

Albert Einstein a plus contribué au tableau actuel des lois de la Nature que n'importe quel autre scientifique. Son rôle, majeur, a été d'apporter la bonne perspective sur le caractère à la fois atomique et quantique de la matière à petite échelle, de montrer comment la vitesse de la lumière introduisait une relativité dans chaque observation de l'espace, de la masse et du temps, et de trouver seul la théorie de la gravité qui a supplanté celle classique créée par Isaac Newton deux cent cinquante ans auparavant. Einstein était aussi fasciné par la manière dont certaines choses paraissent toujours les mêmes quelle que soit la manière dont l'observateur se déplace. Le premier exemple qu'il a donné a été la vitesse de la lumière dans le vide. Quelle que soit la vitesse de déplacement de la source de lumière par rapport à vous, lorsqu'elle a émis sa lumière celle-ci aura toujours la même vitesse relativement à vous. Cela diffère complètement des mouvements à faible vitesse dont nous sommes familiers : si vous lancez un missile à 500 km/h d'un train se déplaçant dans la même direction à 100 km/h, sa vitesse par rapport au sol sera de 600 km/h. Mais lancez un rayon de lumière d'un train bougeant à la vitesse de la lumière (300 000 km/s), il se déplacera toujours à la vitesse de la lumière par rapport au sol. La vitesse de la lumière est une constante particulière de la Nature. Elle est le critère pour savoir de façon absolue si le mouvement est « rapide » ou « lent », et cela quelle que soit notre position dans l'Univers. Il s'agit d'une vitesse limite dans le cosmos : aucune information ne peut être transférée plus rapidement qu'elle dans le vide[3].

Einstein a dit beaucoup de choses intéressantes sur les constantes de la Nature au cours de sa vie. C'est sa théorie de la relativité qui a conféré à la vitesse de la lumière son statut spécial de vitesse maximale par laquelle peut être transmise l'information dans l'Univers. Il a pleinement dévoilé ce que Stoney et Planck avaient simplement supposé, à savoir que la vitesse de la lumière était l'une des constantes suprahumaines de la Nature. Dans la seconde partie de sa vie, il a été de plus en plus absorbé par la recherche d'une théorie ultime de la physique. Il appelait théorie du « champ unifié » ce que nous nommons actuellement « Théorie du Tout[4] ». Malheureusement, les physiciens pensent maintenant que les efforts d'Einstein ont été peu fructueux durant cette période où il s'acharnait à trouver une théorie plus étendue et plus aboutie que celle de la relativité générale, une théorie qui puisse inclure d'autres forces de la Nature que la gravité[5]. Il croyait ainsi en l'existence d'une théorie dont le caractère unique et complet ne laisserait aucune incertitude mathématique. Elle aurait donc comporté le nombre minimal de constantes de la Nature[6] uniquement accessibles par l'expérimentation.

Einstein n'était pas vraiment satisfait du fait qu'il y ait de telles constantes libres. Il réalisa que la recherche d'une théorie ultime revenait à en trouver de progressivement meilleures qui remplacent les précédentes. Nos théories actuelles sont temporaires et présentent donc des constantes libres de la Nature qu'il nous reste à mesurer. Cette situation devait finalement changer. Il s'attendait à ce que sa théorie unifiée détermine les valeurs de constantes comme $e$, $G$ et $c$ en termes de nombres purs qui puissent être calculés aussi précisément qu'on le voulait.

Einstein n'a presque rien écrit sur ces idées-là, ni dans ses articles, ni dans d'autres ouvrages scientifiques. Il a cependant entretenu toute sa vie une correspondance avec une ancienne étudiante à lui et amie, Ilse Rosenthal-Schneider qui s'intéressait à la philosophie des sciences et avait aussi été proche de Planck dans sa jeunesse. Elle et son mari émigrèrent en Australie en 1938 à Sydney pour échapper à l'Allemagne nazie. Durant une période s'étalant de 1945 à 1949, leur échange par courrier[7] porta sur la question des constantes de la Nature. Einstein réfléchit soigneusement à ses explications et affirme clairement et en détail ce qu'il croit et espère pour le futur en physique.

Ilse Rosenthal-Schneider (photo à la figure 3.1[8]) écrivit pour la première fois à Einstein sur les constantes en 1945. Quelles sont-elles ? Que nous disent-elles des lois de la Nature ? Sont-elles toutes reliées ? Elle fut surprise de recevoir très rapidement un courrier où Einstein commençait à répondre vraiment à ses questions. Elle savait que des questions sur sa santé, sa situation générale ou d'ordre personnel restaient sans réponses, mais les constantes étaient un sujet sur lequel il voulait réfléchir. Sa réponse fut envoyée de Princeton le 11 mai 1945 :

« Avec la question des constantes universelles, vous abordez l'une des plus intéressantes questions qui puissent être posées. Il y a deux types de constantes, les apparentes et les réelles. Les apparentes sont simplement le résultat de l'introduction d'unités arbitraires mais peuvent être éliminées. Les réelles sont des nombres authentiques que Dieu a choisis arbitrairement, comme elles étaient, quand Il a daigné créer ce monde. Mon opinion maintenant est – brièvement énoncée – que les constantes du second type n'existent pas et que leur existence apparente est due au fait que nous n'avons pas encore été assez loin. Je pense donc que de tels nombres ne peuvent être que de base, comme par exemple $\pi$ ou $e$. »

**Figure 3.1** : Ilse Rosenthal-Schneider (1891-1990).

Ce qu'Einstein dit est qu'il y a des constantes apparentes dues à notre habitude de mesurer les choses dans des unités particulières. La constante de rayonnement de Boltzmann est de ce type. Il s'agit juste d'un facteur de conversion entre les unités de température et d'énergie, un peu comme ceux permettant de passer de l'échelle des Fahrenheit aux Celsius pour la température. Les vraies constantes doivent être des nombres purs et non des quantités qui ont des « dimensions » comme une vitesse, une masse ou une longueur. Les quantités avec dimensions changent toujours leurs valeurs numériques si nous changeons les unités dans lesquelles elles sont exprimées. Même la vitesse de la lumière dans le vide ne peut être une véritable constante du type de celle qu'Einstein recherche. Une vitesse a ainsi des unités de longueur par unité de temps et ne peut donc résulter de la combinaison de nombres « de base » tels que $\pi$. Elle peut aussi bien être 186 000 milles par seconde ou 300 000 km/seconde. Ces deux nombres ne peuvent s'expliquer par une ultime théorie de la physique. Nous devons plutôt chercher d'autres constantes de la Nature possédant les dimensions d'une vitesse. Le rapport de cette quantité avec la vitesse de la lumière nous donnera alors un nombre pur, sans dimension. Il serait alors possible que ce nombre puisse être calculé sous la forme d'une quantité comme $\pi$ ou n'importe quel autre nombre des mathématiques.

Ilse Rosenthal-Schneider répond[9] et mentionne les idées de Planck, avec lequel elle a travaillé lorsqu'elle était étudiante, concernant les trois constantes spéciales qu'il a utilisées pour créer ses unités « naturelles » :

« Pourtant je me demande encore, et c'est pourquoi je vous embarrasse encore de mes questions, quelles sont les constantes universelles, telles que Planck les énumérait : constante de gravitation, vitesse de la lumière, quantum d'action... qui ne dépendent pas de conditions extérieures comme la pression, la température... et qui sont donc distinctes des constantes des processus irréversibles. Si elles étaient entièrement non existantes, les conséquences en seraient catastrophiques.
Si j'ai bien compris Planck, il considérait ces constantes universelles comme des " quantités absolues ". Si vous deviez maintenant affirmer qu'elles sont toutes non existantes, que nous resterait-il dans les sciences naturelles ? Cela est bien plus troublant pour un mortel ordinaire que vous ne l'imaginez. »

La correspondante d'Einstein est inquiète des conséquences du fait qu'il n'y ait pas de véritables constantes de la Nature. Si elles sont toutes illusoires, quel fondement donner à la réalité physique ? Pourquoi l'Univers semble-t-il le même d'un jour à l'autre ? Elle comprend mal Einstein lorsqu'il écrit qu'il n'y a pas de constantes libres dans la Nature, pensant qu'il nie le fait qu'il y ait des constantes alors qu'il lui dit simplement qu'il ne croit pas qu'elles soient libres. Une théorie plus avancée finira par les déterminer. Sentant qu'il s'est mal fait comprendre, Einstein répond plus en détail[10] le 13 octobre 1945 par une analyse complète de la situation. D'abord, il remarque que de simples quantités comme 2, $\pi$ ou $e$ (une constante numérique égale à environ 2,718) apparaissent dans les formules de physique. Nous reviendrons sur elles dans un paragraphe ultérieur. Einstein note qu'elles ont tendance à apparaître dans les formules mais que leur valeur n'est ni très grande, ni très petite[11] : elles ne diffèrent jamais beaucoup du nombre 1. Elles peuvent être plus grandes ou petites de dix fois mais pas de millions de fois, et c'est une chose qu'il ne peut expliquer. Cela semble juste un heureux hasard pour les physiciens[12].

« Je vois d'après votre lettre que vous n'avez pas saisi mon allusion à propos des constantes universelles de la physique. Je vais donc essayer de rendre les choses plus claires.

1. Les nombres de base. Il s'agit de ceux qui, dans le développement logique des mathématiques, apparaissent par une certaine nécessité, comme des formes uniques individuelles. Par exemple, $e = 1 + 1 + 1/2 ! + 1/3 ! + ...$

C'est la même chose pour $\pi$ qui est étroitement en rapport avec $e$. Contrairement à de tels nombres, les autres ne dérivent pas de 1 par le biais d'une construction évidente.

Il pourrait sembler dans la nature des choses que de tels nombres de base ne diffèrent du nombre 1 que d'un ordre de magnitude, du moins tant qu'on limite ces considérations à des formes " simples " ou " naturelles " selon le cas. Cette proposition n'est toutefois pas fondamentale ni précisément définissable. »

Mais Einstein sait que ces nombres de base ne sont pas les constantes les plus intéressantes de la Nature. Il explique que les constantes usuelles, telles que la vitesse de la lumière, la constante de Planck ou de gravitation ont des dimensions de différentes puissances de masse, de longueur et de temps. À partir d'elles, on peut faire des combinaisons donnant des nombres purs mais avoir besoin d'introduire d'autres quantités pour le faire. Il dit ainsi :

« Maintenant, disons qu'il y ait une théorie complète de la physique où interviennent dans les équations fondamentales les constantes "universelles" $c_1$... $c_n$. Les quantités peuvent être réduites d'une certaine manière à gm. cm. sec. Le choix de ces trois unités est évidemment parfaitement conventionnel. Chacune de ces $c_1$... $c_n$ a une dimension dans ces unités. Nous choisirons maintenant des conditions de telle manière que $c_1$, $c_2$, $c_3$ aient des dimensions telles qu'il ne soit pas possible de construire à partir d'elles un produit sans dimension $c_1{}^a c_2{}^b c_3{}^g$. Puis nous pouvons multiplier $c_4 c_5$, etc., par les facteurs construits à partir de puissances de $c_1$, $c_2$, $c_3$ de sorte que ces nouveaux symboles $c_4{}^*$, $c_5{}^*$, $c_6{}^*$ soient des nombres purs. Ce sont les vraies constantes universelles du système théorique qui n'ont rien à voir avec les unités conventionnelles. »

Supposez que ses $c_1$, $c_2$, $c_3$ soient les constantes choisies par Planck $c$, $h$ et $G$, alors il n'y a pas moyen de les combiner en puissance de façon à obtenir un nombre pur sans dimension[13]. Vous devez pour cela les multiplier par d'autres constantes de la Nature ayant une dimension. Par exemple, en multipliant G/hc par le carré d'une masse, disons celle du proton, nous obtenons le nombre pur $Gm_{pr}^2/hc$, soit $c_4^*$, qui vaut[14] approximativement $10^{-38}$. Ce nombre « à astérisque » que nous venons de créer est issu de la mesure d'une constante de la Nature exprimée en unités de masse par la masse de Planck. Nous pouvons en faire d'autres en divisant un temps ou une longueur par le temps ou la longueur de Planck respectivement. Ce sont ces nombres purs « à astérisque » qu'Einstein considère comme les plus fondamentaux. Quelles que soient les unités utilisées pour les mesurer ou les exprimer, ils auront toujours la même valeur. D'où viennent-ils ? Qu'est-ce qui les détermine ? Pourquoi $Gm_{pr}^2/hc$ est-il plutôt égal à $10^{-38}$ que $10^{+3}$ ou $10^{-68}$ ? Einstein ne le sait pas mais il croit fermement qu'ils sont fixés de manière absolue[15]. Ils n'ont aucune marge de liberté :

> « Je m'attends maintenant à ce que ces constantes $c_4^*$ etc., soient des nombres de base dont la valeur est établie par les fondations logiques de la théorie globale.
>
> Autrement dit, dans une théorie raisonnable, il n'y a aucun nombre sans dimension dont la valeur n'est déterminée que de façon empirique.
>
> Je ne peux pas prouver cela bien sûr. Mais je ne peux pas imaginer une théorie unifiée et raisonnable qui contiendrait explicitement un nombre que le Créateur, par caprice, aurait pu choisir différemment et dont aurait résulté un monde soumis à des règles qualitativement différentes. On peut encore l'exprimer ainsi : une théorie qui contiendrait explicitement dans ses équations fondamentales une constante qui ne soit pas de base devrait d'une certaine manière être construite par morceaux logiquement indépendants ; mais je crois que le monde n'est pas fait de telle sorte qu'une construction aussi laide soit nécessaire à sa compréhension théorique. »

Einstein est connu pour avoir dit ailleurs que ce qui l'intéressait vraiment est de savoir si « Dieu avait un choix quelconque en créant le monde ». Ce qu'il entend par là est clairement exprimé dans cet extrait de sa lettre à Ilse Rosenthal-Schneider. Il veut savoir si les constantes sans dimensions de la Nature auraient pu prendre des valeurs numériques différentes sans changer les lois de la physique ou si il n'y avait qu'un choix possible pour elles. Allant plus loin, il a pu se demander si différents choix de valeurs sont possibles pour différentes lois de la Nature. Nous ne le savons pas encore[16].

L'échange de lettres avec Rosenthal-Schneider sur les constantes se termine le 24 mars 1950, Einstein réitérant son point de vue « religieux » que Dieu n'avait aucun choix concernant les constantes fondamentales et leurs valeurs :

> « Des constantes sans dimensions dans les lois de la nature qui pourraient aussi bien avoir d'autres valeurs d'un point de vue purement logique ne doivent pas exister. Pour moi, avec ma "confiance en Dieu", cela me paraît évident mais il y en aura peu du même avis que moi. »

Au moment de laisser Einstein et ses réflexions sur l'inévitabilité des constantes de la Nature, il est intéressant de jeter un œil sur ce que d'autres grands physiciens ont pu penser de la signification et de la possibilité d'une compréhension finale de leurs valeurs. Prenons George Gamow, le russe excentrique qui a risqué sa vie pour s'échapper de l'Union soviétique et vivre en Amérique, où il est devenu l'un des fondateurs de la cosmologie moderne et a même contribué à une première compréhension de la molécule d'ADN et du code génétique. Comme ses contemporains, Gamow distinguait quatre forces distinctes dans la nature (de gravité, électromagnétique, d'interactions forte et faible). Chacune pouvait être à l'origine d'un des nombres purs d'Einstein définissant le monde. Gamow n'explore pas particulièrement la question de savoir si les quatre forces ne peuvent prendre qu'une seule valeur. Mais pour lui le but ultime des physiciens serait la compréhension complète de ces valeurs, la capacité à les calculer ou à les prédire précisément. Ils auraient alors atteint une compréhension complète des forces de la Nature. Gamow est un peu déprimé par cette perspective, comme d'arriver à la fin d'une belle histoire ou de s'asseoir au sommet d'une montagne que l'on a cherché à gravir, car :

> « Si et quand les lois gouvernant les phénomènes physiques seront finalement découvertes et toutes les constantes empiriques présentes dans ces lois finalement exprimées avec les quatre constantes de base indé-

pendantes, nous pourrons dire que la physique est arrivée à son terme, qu'il n'y aura plus d'attrait à engager de nouvelles explorations et que tout ce qui restera au physicien sera de faire un travail fastidieux sur des détails de l'étude ou d'adorer la magnificence du système complet. Arrivée à ce stade, la physique passera de l'époque de Christophe Colomb et de Magellan à celle du *National Geographic Magazine*[17]. »

## *La signification plus profonde des unités de Stoney-Planck : la nouvelle mappemonde*

> Un Anneau pour tous les gouverner, un Anneau pour les trouver.
> Un Anneau pour les amener tous et dans les Ténèbres les lier.
>
> J. R. R. TOLKIEN[18]

Pour les physiciens, savoir interpréter les unités naturelles de Stoney et Planck ne fut pas évident du tout. Mis à part quelques remarques occasionnelles, ce ne fut qu'au début des années 1960 et avec le renouveau de la cosmologie que l'on commença à apprécier pleinement ces étranges standards. L'un des curieux problèmes de la physique est qu'elle a deux belles théories qui marchent, la mécanique quantique et la relativité générale, mais dans des domaines différents de la Nature.

La mécanique quantique régit le micromonde des atomes et des particules élémentaires. Elle nous apprend que chaque masse dans la Nature, aussi solide ou ponctuelle qu'elle paraisse, possède un aspect ondulatoire. Cette onde n'est pas comme celle à la surface de l'eau. Elle ressemble plus à une vague de crimes ou d'hystérie : c'est une onde d'information. Elle nous dit la probabilité que nous aurons à détecter une particule. Si une onde électronique passe par votre détecteur, il y aura plus de chance que vous la détectiez exactement comme de se faire attaquer si une vague de crimes frappe votre quartier. Plus la particule est massive, plus la longueur d'onde quantique devient petite. La situation est dominée par les ondulations quantiques quand la longueur d'onde quantique de ses participants dépasse leur taille physique. Tous les objets quotidiens comme les voitures et les ballons de football ont des masses tellement élevées que leur longueur d'onde quantique est largement plus petite que leur taille, aussi peut-on laisser tomber les influences quantiques en conduisant une voiture ou en regardant un match de football.

La relativité générale, de son côté, a toujours été nécessaire lorsqu'on avait affaire à des situations où quelque chose voyageait à une vitesse proche ou égale à celle de la lumière, ou quand la gravité était très forte. On l'utilise dans la description de l'expansion de l'univers et du comportement de situations extrêmes comme la formation des trous noirs. La gravité est toutefois une force très faible comparée à celle qui lie les atomes et les molécules, et beaucoup trop faible pour avoir un effet quelconque sur la structure des atomes ou des particules sous-atomiques.

Il en résulte que théorie quantique et gravitation règnent sur des domaines différents qui ont peu de raisons d'interagir. Personne ne sait comment les réunir dans une nouvelle théorie, meilleure et plus générale, qui traiterait des aspects quantiques de la gravité. Aucune des théories candidates n'a été testée. Mais comment pourrons-nous dire qu'une telle théorie est essentielle ? Quelles sont les limites de la théorie quantique et de celle de la relativité générale d'Einstein ? La réponse est simple, heureusement, et ce sont les unités de Planck qui nous la donnent.

Supposons que nous prenions la masse entière de l'Univers visible et que nous déterminions sa longueur d'onde quantique. Nous pouvons nous demander quand cette longueur d'onde dépasse la taille de l'Univers visible[19]. La réponse est que cela se produit quand l'Univers est plus petit que la longueur de Planck ($10^{-33}$ cm), moins âgé que le temps de Planck ($10^{-43}$ s) et plus chaud que la température de Planck ($10^{32}$ degrés). Les unités de Planck marquent les limites de l'application de nos théories actuelles. Pour comprendre à quoi ressemble à une échelle inférieure à la longueur de Planck, nous devons bien comprendre comment l'incertitude quantique se mêle à la gravité. Et pour comprendre ce qui a bien pu se produire aux environs de l'événement que nous sommes tentés d'appeler le commencement de l'Univers ou du temps, nous devons franchir la barrière de Planck. Les constantes de la Nature marquent les frontières de nos connaissances actuelles et nous montrent où nos théories commencent à montrer leurs limites.

Avec les récentes tentatives de créer une nouvelle théorie décrivant la nature quantique de la gravité, les unités naturelles de Planck ont pris une nouvelle signification. Le concept que nous appelons « information » se révèle riche en signification dans l'univers. Nous sommes habitués à vivre dans ce que l'on appelle parfois « l'âge de l'information ». Celle-ci peut, sous forme électronique, être conservée, envoyée et reçue plus facilement que jamais. Le progrès que nous avons accompli dans un traitement rapide et bon marché de l'information est couramment représenté sous une forme qui vérifie la prédiction de Gordon Moore, le fondateur d'Intel, et appelée la loi de Moore (voir figure 3.2). En 1965, Moore a remarqué que l'aire des transistors était réduite de moitié environ tous les douze mois. En 1975, il a ajusté ce temps à vingt-quatre mois : tous les vingt-quatre mois vous obtenez à peu près deux fois plus de circuits informatiques, fonctionnant à une vitesse double, pour le même prix car le coût des circuits intégrés reste en gros constant.

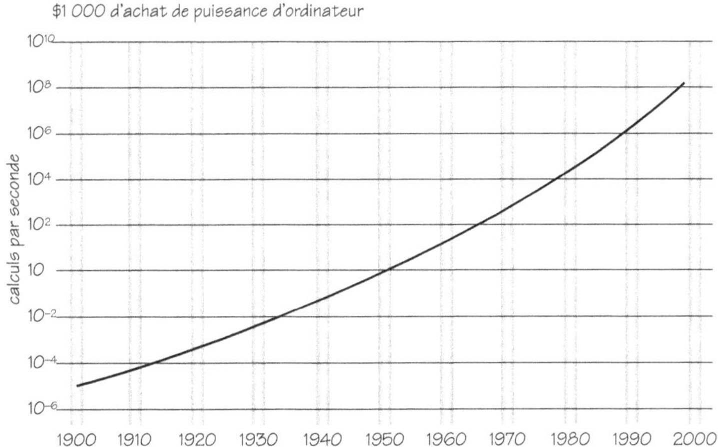


**Figure 3.2** : La loi de Moore montre l'évolution de la vitesse du traitement informatique en fonction du temps. Tous les deux ans, le nombre de transistors qui peuvent être rassemblés sur une même surface de circuit intégré double. Cela signifie que la vitesse de calcul de chaque transistor double tous les deux ans pour le même prix.

Les limites ultimes que nous pouvons mettre en fin de compte au stockage de l'information et à la vitesse de son traitement sont fixées par les constantes de la Nature. En 1981, un physicien israélien, Jacob Bekenstein, a fait une prédiction originale inspirée par ce qu'il savait de l'étude des trous noirs. Il a calculé qu'il existe une quantité maximale d'information stockable dans quelque volume que ce soit. Cela ne doit pas nous surprendre. Mais ce qui est surprenant est que cette valeur maximale est seulement déterminée par la surface entourant le volume et non par le volume lui-même. Le nombre maximal de bits d'information qui peuvent être conservés dans un volume est donné par le calcul de sa surface en unités de Planck. Supposez que la région soit sphérique. Sa surface est juste proportionnelle au carré de son rayon et l'aire de Planck est proportionnelle au carré de la longueur de Planck ($10^{-66}$ cm$^2$). Le nombre total de bits dans une sphère de rayon R centimètres est donc donné par $10^{66} \times R^2$. Cela est largement plus grand que toute capacité de stockage d'information produite jusqu'à présent. Les constantes de la Nature imposent de même une limite à la vitesse de traitement de l'information.

Il est aussi remarquable que nous puissions utiliser les unités de Planck et de Stoney pour classer la gamme complète d'objets que nous voyons dans l'Univers, du monde des particules élémentaires aux plus larges structures astronomiques. On peut les voir en figure 3.3[20]. Les structures présentées sont les entités stables qui existent dans l'Univers. Leur existence est due à un équilibre entre des forces opposées de répulsion et d'attraction. Par exemple, dans le cas d'une planète comme la Terre, un équilibre se met en place entre la force attractive de la gravité et la répulsion atomique se produisant lorsque les atomes sont trop près les uns des autres. Tous ces équilibres peuvent s'exprimer en gros à l'aide de deux nombres purs créés avec les constantes $e$, $h$, $c$, $G$ et $m_{pr}$

$$\alpha = 2\,\pi e^2/hc \approx 1/137 \text{ et } \alpha_g = Gm_{pr}^2/hc \approx 10^{-38}$$

Il y a trois choses intéressantes à dire à propos de cette représentation. D'abord, nous remarquons que la plupart des entités s'alignent sur une diagonale montant de la gauche vers la droite. Elle correspond au tracé de densité constante égale à ce que nous appelons la « densité atomique ». Tout ce qui est fait d'atomes a une densité très proche de celle d'un simple atome donnée par le rapport de la masse d'un atome sur son volume[21]. Ensuite, il y a de grandes zones vides dans le dessin. Si nous y délimitons la zone où les trous noirs se situent nous enlevons un large triangle en haut à gauche. On ne peut rien voir de ce qui se trouve dans cette région. Sa gravité serait trop forte pour laisser la lumière s'échapper. De même, rien dans le coin inférieur gauche ne serait détectable. Cette « région quantique » contient des objets si petits que le simple fait de les observer les ferait se déplacer dans une autre partie de la figure. Il s'agit de la région où s'applique le principe d'incertitude d'Heisenberg. Rien ne peut y être observé. On peut noter que la ligne quantique coupe celle des trous noirs, là où les deux réalités quantique et gravitationnelle se rencontrent. Et c'est ce point qui a la masse et la taille de Planck. Les échelles du réel s'articulent autour des unités de Planck.

## *Les autres mondes*

Pourquoi George Best quitte le match Barcelone-Manchester United cinq minutes avant la fin ? Parce qu'il le regardait en vidéo et ne voulait pas connaître le résultat.

Angus DEAYTON[22]

L'identification de constantes de la Nature sans dimension comme $\alpha$ et $\alpha_G$ ainsi que les nombres jouant le même rôle dans la définition des forces d'interaction fortes et faibles de la Nature nous invitent à réfléchir un moment à d'autres mondes que le nôtre. Ces mondes pourraient être définis par les mêmes lois de la Nature qui régissent notre Univers mais ils se caractériseraient par des constantes sans dimensions de valeurs différentes. Ces changements numériques modifieraient toute la création de ces mondes imaginaires. L'équilibre entre leurs forces serait différent de celui présent dans notre monde. Les atomes pourraient avoir des propriétés différentes. La gravité pourrait jouer un rôle dans un monde à petite échelle. La nature quantique de la réalité pourrait apparaître à des endroits inattendus.

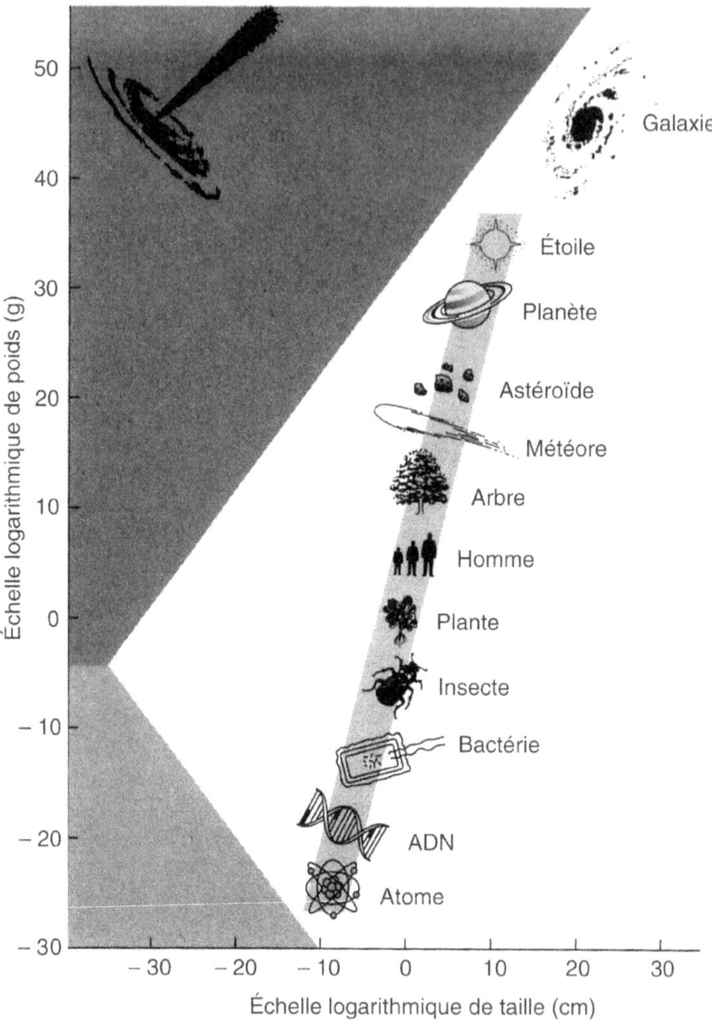


**Figure 3.3** : La répartition des structures observables dans l'Univers
en fonction de leur masse et de leur taille est conditionnée par trois facteurs.
La ligne de la densité constante de l'atome, la ligne délimitant la région
des trous noirs à l'intérieur de laquelle les choses seraient dans les trous noirs
(et donc invisibles) et la ligne due au principe d'incertitude de la mécanique
quantique qui marque la région quantique où les concepts de masse et de taille
ne peuvent être considérés simultanément. Nous voyons que la plupart des structures
de l'Univers qui nous sont familières se trouvent sur la ligne de la densité constante
de l'atome ou à proximité. La masse des objets solides le long de cette ligne est
proportionnelle à leur volume ou en gros au cube de leur taille.

Cette petite expérience de l'esprit est en relation étroite avec les profondes questions posées par Einstein. Si les lois de la Nature permettent un, et seulement un, choix de valeurs pour les constantes de la Nature, alors c'est par ignorance que nous prenons la liberté de considérer des mondes où elles sont différentes. Nous pensons qu'il y existe une marge de liberté pour changer leur valeur tout simplement parce que nous ne comprenons pas dans quelle mesure ces valeurs sont fortement définies dans les lois elles-mêmes. D'un autre côté, si les constantes ne sont pas uniquement déterminées par des lois de la Nature ayant une seule forme possible, il pourrait exister d'autres mondes où elles prennent des valeurs différentes.

La dernière leçon importante que nous tirons de la manière dont les nombres purs comme $\alpha$ définissent le monde est ce que veut réellement dire des mondes différents. Le nombre pur que nous appelons constante de structure fine et notons $\alpha$ est la combinaison de la charge de l'électron $e$, de la vitesse de la lumière $c$, et de la constante de Planck $h$. À première vue, on pourrait penser qu'un monde dans lequel la vitesse de la lumière serait plus faible serait différent. Mais ce serait une erreur. Si les valeurs de $c$, $h$ et $e$ étaient changées de sorte qu'elles soient différentes dans nos tableaux des constantes physiques mais que celle de $\alpha$ reste la même, *on ne pourrait distinguer par l'observation* ce nouveau monde du nôtre. La seule chose qui compte dans la définition du monde sont les valeurs des constantes sans dimensions de la Nature. Si toutes les masses doublaient en valeur, vous ne pourriez le dire parce que tous les nombres purs définis par les rapports de n'importe quelle paire de masses resteraient inchangés.

## Le principe supercopernicien

> Un physicien est un mathématicien avec une sensibilité
> pour la réalité.
>
> Norman PACKARD[23]

Le nom du grand astronome polonais Nicolaus Copernicus sera toujours lié au moment où l'on abandonna l'idée que la Terre était au centre des choses. Ce qui préoccupait Copernic était la présomption en vigueur depuis des millénaires que la Terre était au centre du système solaire. Il donna une image du mouvement des planètes autour du Soleil dans laquelle la Terre ne l'était plus. Ce modèle héliocentrique s'avéra mieux décrire ce qu'observaient les astronomes et expliquait bien plus de choses que l'ancien schéma de Ptolémée et de ses successeurs où la Terre occupait une place centrale.

Dans les siècles qui suivirent, cet affranchissement par Copernic des préjugés anthropocentriques se fit sentir dans tous les domaines de recherche. Nous avons alors commencé à comprendre que notre place dans l'Univers n'était pas du tout centrale. En fait, elle apparaît sous de nombreux angles presque périphérique.

On peut considérer que la progression vers l'établissement de constantes de la Nature qui ne sont pas explicitement anthropocentriques mais fondées sur la découverte et la définition d'attributs universels de la Nature est une seconde étape copernicienne. La construction de l'Univers et la structure décisive de ses lois universelles découlaient de standards et d'invariants qui étaient vraiment suprahumains et extraterrestres. L'unité fondamentale du temps dans la Nature ne présentait aucun rapport évident avec l'âge des hommes et des femmes, ni avec les périodes des jours, des mois et des années qui définissaient nos calendriers, et elle était trop brève pour permettre une mesure directe.

Il y avait une troisième étape à franchir dans cette extension de la perspective copernicienne. Elle fut de montrer que les *lois* de la Nature présentaient un aspect copernicien. Il s'agit de quelque chose de beaucoup plus subtil, dont la découverte a demandé toute son intuition à Einstein. Mais qu'est-ce que cela veut dire ?

Einstein avançait que les lois de la Nature doivent apparaître les mêmes à tous les observateurs dans l'Univers, quels que soient leur emplacement ou la façon dont ils se déplacent. Si ce n'était pas le cas, alors il devrait exister des observateurs privilégiés pour lesquels les lois de la Nature paraissent plus simples que pour les autres. Une telle situation serait anticopernicienne : elle donnerait à quelqu'un, pas nécessairement nous sur Terre, une position spéciale dans l'Univers. On pourrait penser de prime abord que le fait d'avoir des constantes universelles de la Nature fondées sur des standards physiques suprahumains suffirait à garantir que les choses paraissent les mêmes pour tout le monde. Mais cela est loin de suffire. Un cas classique est donné par les fameuses lois du mouvement de Newton. Prenez la première loi par exemple. Elle nous dit que les corps ne subissant aucune force n'accélèrent pas. Elles sont au repos ou se déplacent à vitesse constante. Mais comme Newton en avait très clairement conscience, cette fameuse loi « universelle » ne l'est pas réellement. Elle ne sera reconnue comme correcte que par une classe particulière d'observateurs dans l'Univers, ceux appelés « inertiels ». Ces observateurs sont ceux qui ne sont pas dans un mouvement d'accélération ou de rotation par rapport à un fond cosmique imaginaire défini par les étoiles les plus distantes[24]. Ils violent ainsi l'impératif copernicien et voient un Univers dont les lois sont particulièrement simples. Pour le comprendre, imaginez que vous êtes situés dans un vaisseau d'où vous pouvez observer de lointaines étoiles fixes. Supposez maintenant que les réacteurs soient allumés de manière à faire tourner le vaisseau sur lui-même. Si vous regardez à travers le hublot, vous verrez les étoiles tourner (en sens opposé) dans l'espace : elles sembleront accélérer même si aucune force ne s'exerce sur elles[25]. L'observateur non inertiel en rotation ne considérera pas comme valide la loi de Newton. En faisant un peu plus attention, il pourra trouver la loi qui gouverne ce qu'il voit de son point de rotation mais elle sera plus compliquée que celle vue par l'observateur inertiel. Cette situation non démocratique, qui permet à certains de voir des lois plus simples de la Nature, fut le signe clair pour Einstein qu'il y avait quelque chose d'imparfait dans la manière dont Newton avait choisi d'exprimer ses lois de la Nature. Elles ne pouvaient être de vraies lois universelles de la Nature si elles n'étaient valables que pour des observateurs particuliers.

Einstein a énoncé ce qu'il appelle le principe de covariance : les lois de la Nature doivent être exprimées sous une forme qui soit la même pour tous les observateurs, quelles que soient leur localisation et la façon dont ils se déplacent. Quand il en vint à appliquer ce principe, Einstein eut beaucoup de chance. Durant la dernière partie du XIX<sup>e</sup> siècle, de purs mathématiciens en Allemagne et en Italie s'étaient lancés dans une compréhension détaillée de toutes les géométries possibles qui pouvaient exister sur des surfaces courbes. Ils avaient développé pour cela un langage mathématique où chaque équation possédait une forme restant la même si les coordonnées qui la décrivaient étaient changées de quelque manière que ce soit. Ce langage fut appelé le calcul tensoriel. De tels changements de coordonnées reviennent à se demander quel type d'équation serait vu par quelqu'un se déplaçant d'une manière différente. L'un des plus anciens amis d'Einstein était Marcel Grossman, un mathématicien qui connaissait bien ces derniers développements en mathématiques. Il présenta la nouvelle mathématique des tenseurs à Einstein qui comprit peu à peu que c'était exactement ce dont il avait besoin pour donner une image précise de son principe de covariance. Tant qu'il exprimait ses lois de la Nature sous forme d'équations tensorielles, elles auraient automatiquement la même forme pour tous les observateurs.

Cette étape franchie par Einstein achève un changement spectaculaire dans la conception de la Nature par les physiciens au XX<sup>e</sup> siècle, marqué par l'éloignement régulier d'un point de vue préférentiel du monde, qu'il soit sous l'angle humain, de la Terre ou fondé sur des standards humains. Il s'est effectué par étapes. D'abord, la révolution copernicienne en astronomie a fourni l'idée que notre position dans l'Univers et le point que nous occupons dans l'espace et le temps ne sont pas particulièrement privilégiés. Ensuite, nous avons assisté à la création d'unités de mesure et de constantes de la Nature qui ne reflètent pas les dimensions humaines ou les mouvements astronomiques locaux de la Terre ou du Soleil. Elles sont plutôt fondées sur des constantes universelles de la Nature qui transcendent la dimension humaine. Finalement, nous avons vu comment Einstein a reconnu que les lois de la Nature elles-mêmes doivent être formulées de manière à garantir que tout observateur de l'Univers, quelles que soient sa localisation ou sa manière de se déplacer, retrouve l'application de ces mêmes lois.

Ces étapes ont dépersonnalisé la physique et l'astronomie en ce sens qu'elles ont essayé de classer et de comprendre les choses dans l'Univers en se référant uniquement à des principes valables pour n'importe quel observateur. Si nous identifions ces constantes et ces lois correctement, elles offrent la seule base que nous connaissions pour pouvoir entamer un dialogue avec des intelligences extraterrestres. Elles sont l'ultime expérience partagée par tout habitant de l'Univers.

# Plus générale, plus profonde, plus concise : la quête d'une Théorie du Tout

> Les physiciens ont l'habitude d'étudier un problème avant d'arriver à une conclusion. Les juristes, les publicitaires, parmi d'autres, font exactement l'opposé : ils recherchent ce qui confirmera une décision qu'ils ont déjà prise.
>
> Robert CREASE[1]

## Des nombres sur lesquels on peut compter

> Une équation n'a aucun sens pour moi à moins qu'elle n'exprime une pensée de Dieu.
>
> Srinivasa RAMANUJAN[2]

Il y a bien longtemps, nos ancêtres ont progressivement appris que la Nature présentait des phénomènes prévisibles et d'autres dont le caractère imprévisible était à craindre et source de danger. Dans ce dernier cas, il s'agissait peut-être de punitions envoyées par les dieux pour marquer leur déplaisir devant le comportement humain. Ils ne passaient pas inaperçus et les chroniques sont pleines d'histoires de fléaux, de désastres et autres maux. Il y avait aussi, moins digne d'être souligné mais finalement plus chargé de sens, ce qui pouvait être régulièrement prédit dans la Nature. C'est en notant et en tirant partie des changements périodiques de l'environnement que l'on a pu faire des récoltes, entreposer des stocks pour l'hiver et établir des défenses contre les assauts du vent ou de l'eau. Ces éléments réguliers de la Nature ont permis par la même occasion de structurer des sociétés stables et suscité la croyance en une loi et un ordre cosmiques. Finalement, avec le renfort de la foi monothéiste de beaucoup de sociétés occidentales[3], ces idées ont aidé à concevoir l'existence de choses appelées « lois de la Nature » qui restent valables toujours et en tout lieu. Ces lois universelles disent comment les choses vont se produire et non, à l'instar des lois humaines, comment elles devraient se passer.

Nous avons progressivement appris que l'on peut toujours remplacer une loi du changement par l'exigence d'invariance d'un autre aspect de la Nature, un principe dit « de conservation ou d'invariance » de la Nature. Le cas de l'énergie est ainsi exemplaire. Elle peut être échangée et recyclée sous différentes formes mais au bout du compte, lorsque l'on fait l'addition, le total doit rester le même.

Dans les années 1970, les physiciens étaient tellement impressionnés par cette correspondance entre lois de la Nature et propriétés immuables qu'ils passèrent en revue ces dernières pour dénicher les lois du changement qui pouvaient leur correspondre. Leur recherche fut très fructueuse. Les quatre forces fondamentales de la Nature – de gravité, électrique et magnétique, radioactive et les interactions nucléaires – furent toutes décrites par des théories de la sorte. À chacune de ces forces de la Nature correspond une propriété distincte préservée quel que soit le changement considéré, qu'un noyau radioactif se désintègre ou qu'un aimant mobile dans la dynamo de votre vélo produise un courant électrique.

C'était autant de bonnes nouvelles pour les physiciens. Vers le milieu des années 1970, ils avaient des théories séparées pour la gravité, l'électromagnétisme, les interactions faibles (dont dérive la radioactivité) et fortes (dont dérivent les forces dans le noyau) qui s'accordaient avec tous les événements observés. La préservation d'une propriété immuable requérait dans chaque cas l'existence d'une force naturelle correspondante et déterminait en détail comment et sur quoi cette force devait agir.

Mais ils n'étaient pas encore satisfaits. Pourquoi le monde devait-il être gouverné par *quatre* propriétés immuables ? Même si vos considérations religieuses incluent la notion de saint Quadrige, la perspective d'*une* propriété et d'une seule loi unifiée de la Nature, peut vous paraître d'instinct plus séduisante tant du point de vue esthétique, logique que physique. Que l'Univers puisse être issu du mélange de lois différentes et sans rapport peut suggérer que le monde est un grossier bricolage. Il n'y a bien sûr aucune preuve que l'Univers obéit vraiment à une seule règle harmonieuse ou à un ensemble de principes parfois en conflit[4]. De fait, comme les États-Unis l'ont découvert à propos de leur Constitution après les élections présidentielles de 2000, on peut être persuadé de la première chose et s'apercevoir que la réalité est plus proche de la seconde. Mais les scientifiques supposent sagement que, jusqu'à preuve du contraire, ce qui est à l'origine de ce que nous appelons « lois de la Nature » dépasse largement notre intelligence et ne néglige pas d'autres belles dispositions qui nous seraient évidentes. Et cela n'est pas par fausse modestie mais dû à notre expérience passée. Nombre de fois, nous avons trouvé que les lois de la Nature étaient plus intelligentes, plus abstraites et moins arbitraires que nous ne l'avions imaginé.

Cette foi dans une simplicité et une unité ultimes derrière les règles qui régissent l'Univers nous amène à penser qu'il doit y avoir une configuration immuable par-delà des apparences. Celle-ci peut se cristalliser suivant les conditions en des manifestations superficielles qui prennent la forme des quatre forces séparées gouvernant le monde autour de nous. Le mécanisme probable à l'origine de ce processus a été progressivement découvert.

Nous avons appris que les forces de la Nature ne sont pas aussi distinctes qu'elles le paraissent de prime abord. Elles semblent avoir des intensités très différentes et agir sur des particules élémentaires propres. Mais ceci est une illusion créée par le fait que nous devons habiter un endroit de l'Univers où la température est plutôt basse, assez du moins pour permettre aux atomes et aux molécules d'exister. Au fur et à mesure que la température augmente et que les particules élémentaires entrent en collision avec des énergies de plus en plus élevées, les forces séparées gouvernant notre monde tranquille à basse température se ressemblent de plus en plus. Les interactions fortes deviennent plus faibles et les faibles plus fortes. Avec les hautes températures, de nouvelles particules apparaissent qui permettent des interactions entre les diverses familles de particules jusqu'alors isolées les unes des autres. Progressivement, en atteignant les conditions inimaginables de la température « ultime » que Planck a définie avec les quatre constantes $G$, $k$, $c$ et $h$, nous nous attendons à la disparition de ces distinctions et à ce que les forces de la Nature se présentent finalement sous un seul front.

## Cubisme cosmique

On pourrait dire qu'il y a deux classes de gens dans le monde : ceux qui divisent constamment les gens dans le monde en deux classes et ceux qui ne le font pas.

Robert BENCHLEY[5]

Le physicien soviétique George Gamow est l'auteur d'une série de romans où sont retracés les exploits de Monsieur C. G. H. Tompkins, un employé de banque animé d'un irrésistible intérêt pour la science moderne[6] (voir figure 4.1[7]).

Pour expliquer les nouveaux aspects de la physique quantique et de la relativité, Gamow créa un monde fictif où les effets étaient énormément grossis. Dans la pratique, on obtient cela en changeant la valeur des constantes de la Nature. Si la vitesse de la lumière était de 300 km/h au lieu de 300 000 km/s[8], nous assisterions quotidiennement aux effets particuliers du mouvement sur le passage du temps et la mesure des distances. Nous ne pourrions pas conduire une voiture sans nous en rendre compte. De même, si la constante de Planck était beaucoup plus grande, les aspects ondulatoires de type quantique de la matière nous sauteraient aux yeux en permanence. Quand Monsieur Tompkins frappe une boule au billard, il s'aperçoit qu'elle suit plusieurs trajectoires à la fois, qui se combinent en une seule dans un monde comme le nôtre où les effets quantiques sont très petits[9].

**Figure 4.1** : L'incorrigible Monsieur. G. C. H. Tompkins, le héros du roman
scientifique éponyme de George Gamow, *Mr Tompkins in Wonderland*.

Les initiales G. C. H. de Monsieur Tompkins témoignent de
l'importance des constantes de la Nature qui caractérisent la gravité
($G$), la lumière ($c$) et la réalité quantique ($h$). Nous pouvons les utiliser pour illustrer simplement les correspondances existant entre les
différentes lois de la Nature. Il nous suffit de comprendre un principe
simple. Si $G$ est égale à zéro, nous éliminons la force de gravitation
et la négligeons. Si $h$ est égale à zéro, nous ne tenons pas compte de
la nature quantique de l'Univers par laquelle les énergies ne peuvent
prendre que certaines valeurs comme les barreaux sur une échelle.
La taille de l'espace qui sépare ces derniers est fixée par $h$. Si $h$ était
nul, il n'y aurait aucun espace et l'énergie d'un atome pourrait
prendre n'importe quelle valeur, si petite soit-elle[10]. Enfin, si $c$ est
égale à l'infini, ou encore que le rapport $1/c$ est égal à zéro, les
signaux lumineux se déplacent à une vitesse infinie. C'était l'image
que l'on avait du monde à l'époque de Newton, avec une gravité agissant instantanément entre la Terre et le Soleil.

Maintenant nous pouvons nous représenter dans les trois
dimensions ces possibilités en dessinant un cube[11] dont les axes correspondent aux valeurs de $h$, $G$ et $1/c$ sur la figure 4.2. Notre cube
a huit angles et chacun représente une théorie physique différente.
La plus simple est celle de l'origine du cube où la gravité n'est pas
prise en compte ($G = 0$), ni l'aspect quantique ($h = 0$) ni la relativité
($1/c = 0$) : il s'agit de la mécanique newtonienne (MN). En se déplaçant

verticalement le long de l'axe des $1/c$ avec $h = G = 0$, nous rencontrons la théorie de la relativité restreinte (RR). Le déplacement horizontal sur l'axe des $h$ avec $1/c = G = 0$ correspond à la généralisation de la mécanique newtonienne à celle quantique (MQ). Avec la gravité obtenue en se déplaçant le long de l'axe des $G$, nous avons la théorie de la gravité de Newton. En allant verticalement et en gardant $h = 0$, nous obtenons la théorie de la relativité générale d'Einstein (RG) qui est aussi retrouvée en combinant la gravité à la relativité restreinte. De même, en allant horizontalement à partir de la mécanique quantique et en incorporant une valeur finie de $1/c$, nous tombons sur la théorie de champs quantique (TCQ). En gardant $1/c = 0$, nous avons verticalement la version quantique de la gravité newtonienne (NQG). Finalement, le dernier angle est pour une théorie relativiste, gravitationnelle et quantique (TDT), une généralisation qui reste à trouver de toutes les autres théories. Jusqu'à présent, les physiciens ont trouvé une gamme de théories dites « supercordes » qui sont des cas particuliers d'une théorie plus vaste appelée M (pour Mystère). Mais la forme que prend cette dernière, dont les théories des supercordes ne sont que des ombres portées dans différentes directions, reste inconnue.

Cette image nous illustre une profonde vérité sur la manière dont le progrès avance dans les sciences : celui-ci n'est pas une succession de révolutions qui balayent les vieilles théories pour en installer de nouvelles. Si c'était le cas, alors la seule chose que nous saurions sur nos théories actuelles serait qu'elles ne sont pas justes. Et elles finiraient toutes par apparaître fausses. Mais l'histoire ne se résume pas à cela. Ces théories ont été élaborées sur la base de millions de prédictions correctes. Comment pouvons-nous le prendre en compte ?

Les théories de Newton vieilles de trois cents ans sur le mouvement et la gravité nous donnent des lois merveilleuses de précision pour comprendre et prédire la manière dont les objets bougent à des vitesses bien inférieures à celle de la lumière et en présence d'une faible gravité. Pendant les quinze premières années du XX<sup>e</sup> siècle, Einstein a trouvé une théorie plus large qui pouvait s'appliquer là où celle de Newton montrait ses limites, pour des mouvements rapides en présence d'une forte gravité. Mais, point crucial, cette théorie plus

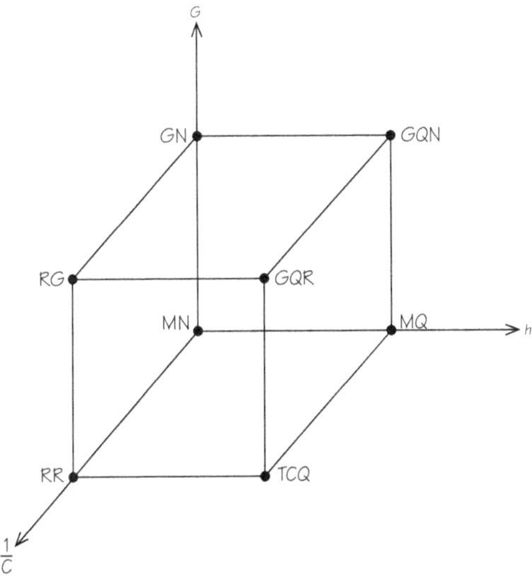


**Figure 4.2** : Comment la structure des théories de la physique est gouvernée par les constantes $G$, $c$ et $h$. Quand $G = 0$, la gravité est éliminée ; quand $h = 0$, il n'y a pas d'énergie sous forme quantique dans la Nature ; quand $c$ est égale à l'infini ou $1/c = 0$, il n'y a pas de vitesse maximale à la transmission de l'information et la relativité est omise. En représentant juste des valeurs significatives non nulles ou des valeurs nulles pour $G$, $h$ ou $1/c$, nous pouvons localiser les régions d'application des théories physiques de plus en plus générales.

Au premier niveau nous avons :
MN : la mécanique newtonienne ($G = h = 1/c = 0$)
Au second niveau nous avons :
GN : la théorie de la gravité de Newton ($h = 1/c = 0$, $G \neq 0$)
RR : la théorie de la relativité restreinte d'Einstein, excluant la gravité
($h = G = 0$, $1/c \neq 0$)
MQ : la mécanique quantique ($G = 1/c = 0$, $h \neq 0$)
Au troisième niveau nous avons :
RG : la théorie de la relativité générale d'Einstein, ajoutant la gravité à la relativité
restreinte ($h = 0$, $G \neq 0$, et $1/c \neq 0$)
TCQ : la mécanique quantique relativiste ou théorie des champs quantiques
($G = 0$, $h \neq 0$, $1/c \neq 0$)
GQN : la gravité quantique newtonienne ($1/c = 0$, $h \neq 0$, $G \neq 0$)
Et finalement, une théorie unifiée dite « Théorie du Tout » qui reste à trouver :
GQR : la gravité quantique relativiste ($1/c \neq 0$, $h \neq 0$, $G \neq 0$).
Ce diagramme illustre aussi comment les nouvelles théories, plus étendues, contiennent leurs prédécesseurs comme étant des cas limites que l'on retrouve en prenant la limite appropriée : $1/c \to 0$, $h \to 0$ ou $G \to 0$.

étendue retombe sur celle de Newton quand les mouvements sont lents et la gravité faible.

Il en a été de même avec les théories quantiques révolutionnaires trouvées durant le premier quart du XX$^e$ siècle. Elles ont donné une description plus complète que celle de Newton des phénomènes dans le monde du très petit. Leurs prédictions sur le micromonde non newtonien sont effarantes de précision. Mais là encore, quand nous avons affaire à de grands objets elles deviennent des descriptions du mouvement de plus en plus newtoniennes. C'est ainsi que le noyau de vérité d'une ancienne théorie peut subsister en tant que partie d'une meilleure théorie plus récente. Les révolutions scientifiques ne se produisent plus.

Si nous nous tournons à nouveau vers notre cube des théories, nous pouvons voir les relations entre les théories nouvelles et passées. Prenons le cas par exemple de la mécanique quantique qui devient newtonienne lorsque $h$ approche de zéro. Cette limite correspond à la situation où l'aspect ondulatoire quantique des particules devient négligeable. Et c'est pourquoi nous pouvons être sûrs que les théories vieilles de trois cents ans de Newton sur le mouvement et la gravité seront enseignées et utilisées dans mille ans exactement comme aujourd'hui. Quelle que puisse être finalement la Théorie du Tout, elle présentera aussi une forme limitée décrivant le mouvement à des vitesses bien inférieures à celle de la lumière dans des champs de faible gravité, où les aspects ondulatoires quantiques de la masse sont négligeables. Cette forme sera celle que Newton a trouvée.

# De nouvelles constantes
## pour un nouveau travail

> EINSTEIN : « Vous savez, Henri, j'ai étudié les mathématiques autrefois mais je les ai abandonnées pour faire de la physique.
> POINCARÉ : Oh, vraiment, Albert, et pourquoi cela ?
> EINSTEIN : Parce que bien que je pusse discerner les énoncés vrais des faux, je ne pouvais tout simplement pas dire parmi les faits ceux qui étaient importants.
> POINCARÉ : C'est très intéressant, Albert, parce qu'à l'origine j'ai étudié la physique mais quitté ce domaine pour les mathématiques.
> EINSTEIN : Vraiment, et pourquoi ?
> POINCARÉ : Parce que je ne pouvais dire parmi les faits importants ceux qui étaient vrais. »
>
> Conversation entre Albert EINSTEIN
> et Henri POINCARÉ[12]

Nous avons commencé à voir comment la découverte de nouvelles constantes de la Nature peut aider à structurer notre compréhension du monde. Elles sont comme des balises qui nous permettent de faire le point. De vraies avancées dans notre compréhension du monde physique semblent toujours impliquer soit :

— une révélation : la découverte d'une nouvelle constante de la Nature,

— une élévation : le rehaussement du statut d'une constante connue,

— une réduction : la découverte que la valeur d'une constante de la Nature est déterminée par les valeurs numériques d'autres constantes,

— une élucidation : la découverte qu'un phénomène observé est régi par une nouvelle combinaison de constantes,

— une variation : la découverte qu'une quantité connue pour être constante ne l'est pas vraiment,

ou

— une énumération : le calcul et non plus la mesure de la valeur d'une constante de la Nature peut s'effectuer à partir des premiers principes, ce qui explique sa valeur.

Comme exemple de *révélation*, nous nous rappelons comment l'introduction de la théorie quantique par Planck, Einstein, Bohr, Heisenberg, entre autres, a introduit la nouvelle constante fondamentale *h*, qui porte le nom de Planck. Cela a donné une valeur numérique finie à quelque chose qui était autrefois supposé égal à zéro : le plus petit changement d'énergie observable dans la Nature.

Un autre exemple plus récent est suggéré par le développement d'un candidat pour le titre de « Théorie du Tout », appelé la « théorie des supercordes », dans laquelle les ingrédients les plus fondamentaux ne sont pas des particules de masse mais des boucles ou cordes d'énergie qui possèdent une tension, un peu comme des élastiques. Cette tension des cordes est la constante de base qui définit la théorie. Presque toutes les autres propriétés du monde en découlent, bien que cela doive encore être démontré dans la plupart des cas. Cette tension des cordes pourrait s'avérer aussi fondamentale que les unités de masse et d'énergie de Planck.

Comme exemple d'*élévation*, nous pouvons voir comment le développement par Einstein de la théorie de la relativité restreinte a donné un nouveau statut universel à la vitesse de la lumière dans le vide, *c*. Einstein montre qu'elle fournit le lien entre les concepts de masse ($m$) et d'énergie ($E$) par sa fameuse formule $E = mc^2$. Einstein n'a pas découvert que la lumière se déplaçait à une vitesse finie. Cela avait été observé depuis longtemps et des mesures précises de cette vitesse avaient été faites au XIXe siècle[13]. Mais la nouvelle théorie du mouvement d'Einstein a définitivement changé le statut de la vitesse de la lumière dans le vide. Elle est devenue la limite ultime de la vitesse. Aucune information ne peut aller plus vite. Plus fondamental encore, c'était la seule vitesse que tous les observateurs, quel que soit leur déplacement propre, pouvaient toujours retrouver identique. Elle était unique parmi toutes les vitesses.

La découverte d'une *réduction* est quelque chose qui survient plus tard dans le processus que la *révélation* ou l'*élévation*. Il nous faut déjà connaître des constantes candidates ; puis nous devons élaborer une explication plus générale qui fasse le lien entre les différents domaines de son application. Souvent, les constantes définissant chacun des domaines qui peuvent se recouvrir s'avèrent être en relation. C'est ce qui arrive typiquement quand des physiciens réussissent à créer une théorie qui « unifie » deux forces de la Nature auparavant distinctes. En 1967, Glashow, Weinberg et Salam proposèrent une théorie faisant le lien entre électromagnétisme et force faible de la radioactivité qui fut confirmée par l'observation en 1983. Cette mise en relation permet de réduire le nombre supposé de constantes indépendantes.

La découverte d'une *élucidation* est légèrement différente de celle d'une *réduction* mais tout aussi révélatrice. Elle se produit lorsqu'une théorie prédit qu'une quantité obtenue par l'observation, une température ou une masse par exemple, est donnée par une nouvelle combinaison de constantes. La combinaison nous dit quelque chose sur les relations existant entre différentes parties de la science.

Un bon exemple en est fourni par la prédiction faite par Stephen Hawking en 1974 que les trous noirs ne sont pas entièrement noirs. Ce sont des corps noirs du point de vue thermodynamique, étant de parfaits émetteurs de rayonnement thermique. On croyait auparavant qu'ils étaient juste de monstrueux cookies cosmiques, engloutissant tout ce qui se trouvait dans leur champ gravitationnel. Une fois que vous tombiez à l'intérieur d'une surface connue sous le nom d'horizon, le retour vers le monde extérieur n'était plus possible.

Hawking a réussi à découvrir ce qui se passerait si des phénomènes quantiques étaient inclus dans l'histoire. Chose remarquable, les trous noirs n'apparaissent plus alors complètement noirs. Le fort changement de gravité au voisinage de l'horizon pourrait transformer l'énergie gravitationnelle du trou noir en particules qui pourraient alors en rayonner, sapant progressivement la masse du trou noir jusqu'à l'explosion finale de ce dernier[14]. Ce qui est curieux dans ce processus d'évaporation est que, selon les prédictions, il est gouverné par les simples lois de la thermodynamique s'appliquant à tous les corps chauds connus en équilibre. Les trous noirs s'avèrent ainsi être des objets à la fois gravitationnels, relativistes, quantiques et thermodynamiques. La formule donnant la température de rayonnement qu'un trou noir de masse M irradie d'après le processus d'évaporation d'Hawking comporte les constantes $G$, $h$, et $c$. Mais elle inclut aussi la constante thermodynamique de Boltzmann $k$ liant énergie et température. C'est une manière spectaculaire d'élucider la structure qui relie des pièces disparates et superficielles de la Nature.

La découverte d'une *variation* est bien différente des quatre développements possibles décrits jusqu'à présent. Elle signifie qu'une quantité que nous pensions être constante ne l'est pas vraiment et a donc usurpé son rôle de constante. Elle varie dans le temps ou dans l'espace. En général, la variation découverte est très petite, ce qui explique que la quantité a d'abord été considérée comme constante. Aucune des constantes fondamentales de la Nature n'a subi clairement une telle révision à la baisse de son statut cosmique. Mais certaines, comme nous le verrons plus loin, sont dans le collimateur à la suite de mesures de plus en plus précises de leur caractère constant.

La première constante qui a toujours été soupçonnée d'infimes variations est $G$, celle de gravitation. La gravité est la plus faible, et de loin, des forces de la Nature, et la moins précisément estimée par l'expérimentation. Si vous jetez un coup d'œil aux valeurs des principales constantes dans un manuel de physique, vous découvrirez que $G$ est donnée avec beaucoup moins de décimales que $c$, $h$ ou $e$. Vers le milieu des années 1960, on a pensé que la théorie générale de la relativité d'Einstein était prise en défaut par des observations du mouvement de la planète Mercure autour du Soleil. La première chose qui fut faite pour réconcilier théorie et observation fut d'étendre la théorie d'Einstein en permettant à $G$ de varier avec le temps. Le problème a finalement été attribué à des observations incorrectes mais, comme un génie libéré de sa bouteille, la théorie d'un $G$ variable n'a plus pu être réduite au silence.

Bien que $G$ ait été la plus ancienne à avoir vu sa constance remise en cause, les attaques les plus récentes et les plus précises ont été menées contre la constante de structure fine. Elles sont si spécifiques que nous les verrons en détail au chapitre 12. La constante de structure fine fait le lien entre la vitesse de la lumière, la constante de Planck et la charge de l'électron : si elle varie, nous devons choisir laquelle de ces constantes change avec le temps.

Ces cinq manières d'aborder les constantes de la Nature montrent le rôle central que jouent ces dernières dans notre appréciation du progrès. Il y en a une sixième dans notre liste. Nous l'appelons *énumération*. C'est le Saint-Graal de la physique fondamentale et elle correspond au calcul numérique de l'une des constantes de la Nature.

Cela n'a jamais été fait. Seule la mesure a permis de connaître leur valeur jusqu'à présent[15], ce qui n'est pas satisfaisant car d'énormes marges de valeur restent possibles pour les constantes sans que cela remette en cause les théories. Or ce n'est pas ce qu'imaginait Einstein comme nous l'avons vu dans le dernier chapitre. Il pensait que la vraie théorie devait permettre un seul choix de valeur pour les constantes qui la définissent, celles que nous observons. Certains partagent encore ses vues mais il est devenu de plus en plus évident que les constantes qui définissent le monde n'ont pas besoin d'être toutes corsetées de cette manière. Il est probable que des constantes sont déterminées plus librement par le hasard quantique.

Beaucoup de gens espèrent qu'une théorie complète nous permettrait de calculer les valeurs numériques de constantes comme $c$, $h$ et $G$ aussi précisément que nous le voulons. Ce serait également un merveilleux moyen de tester une théorie aussi « complète ». Jusqu'à présent, c'est juste un rêve. Aucune des constantes que nous croyons être vraiment fondamentales n'a été trouvée de cette manière à partir d'une théorie où elle est présente. Mais nous ne sommes peut-être pas si éloignés de ce type de calcul. Il y a à peine quelques années, les physiciens étaient dans l'impasse avec les multiples théories des cordes, chacune paraissant également valable comme Théorie du Tout. C'était bizarre. Pourquoi notre Univers n'utilisait-il que l'une d'entre elles ? C'est alors qu'Ed Witten, de l'Université de Princeton, a fait une découverte majeure. Il a montré que toutes ces théories des cordes d'apparences différentes ne l'étaient en fait pas. Elles sont juste des situations limites d'une théorie unique et plus étendue qu'il nous reste à trouver. C'est comme si nous éclairions un objet étrange sous différents angles en projetant des ombres distinctes sur un mur. Il serait possible de reconstruire l'objet à partir d'une quantité suffisante de ces ombres. Cette théorie générale est la théorie M introduite plus tôt dans ce chapitre. Elle recèle une explication des valeurs numériques des constantes de la Nature. Jusqu'à présent, personne n'a pu la pénétrer pour en extraire cette information. Nous en savons un peu sur la structure de la théorie M mais les mathématiques nécessaires pour l'élucider sont redoutables. Les physiciens ont l'habitude d'utiliser les outils mathématiques déjà développés par les mathématiciens pour construire de nouvelles théories. Pour la première fois depuis Newton, on a découvert dans la Nature des propriétés qui demandent le développement de nouvelles mathématiques pour les comprendre. Witten pense que nous avons été assez chanceux de tomber sur la théorie M avec près de cinquante ans d'avance. D'autres pourraient nous rappeler que la chose la plus dangereuse en science est lorsqu'une idée arrive avant son temps.

Malgré le manque d'une théorie fondamentale qui permette de procéder au calcul des constantes, les efforts pour les expliquer numériquement n'ont pas manqué. Ces tentatives ont une histoire, une anthropologie et une sociologie propres. Leurs résultats sont assez originaux et parfois fantastiques comme nous allons le voir.

## Numérologie

> Ici repose Paul Musil
> Qui fut tué par un coup de fusil
> Son nom n'était pas Musil mais Buffet,
> Mais Buffet ne rimerait pas avec fusil
> Alors que Musil le fait.
>
> Épitaphe[16]

Nombres de la chance ou porte-malheur, nombres particuliers, beaucoup de gens pensent pouvoir compter sur eux. C'est ce qui reste à notre époque d'une vieille superstition. Si nous nous tournons vers le passé aux alentours de 550 ans avant Jésus-Christ, nous trouvons que Pythagore et ses disciples grecs se livraient à certaines des plus anciennes études de mathématiques pour elles-mêmes. Ils s'intéressaient à tout ce à quoi on pouvait attribuer un nombre dans l'Univers. C'était un moyen de réunir entre elles des parties disparates du monde, de transformer le mouvement des planètes en gamme de musique et des quantités en formes géométriques. Ils ne pensaient pas comme nous que les nombres étaient juste un attribut pour les choses. Ils estimaient que tout *était* nombre. Les nombres avaient des significations propres, ils n'étaient pas juste des liens entre les choses. De ces croyances religieuses, il s'est ensuivi une recherche pour explorer les nombres associés aux choses de quelque manière que ce soit, se penchant sur les liens fortuits qui pouvaient exister entre les nombres de différents domaines du vivant. Certains avaient de bonnes propriétés, d'autres de mauvaises. Certains devaient rester secrets, d'autres pouvaient être divulgués.

Pour comprendre comment Pythagore en est venu à croire fortement à la numérologie, nous devons voir quelques exemples de jeux qu'il aimait faire avec les nombres. L'un de ses favoris était la séquence des nombres triangulaires. Cela nous montre comment une configuration simple de nombres peut émerger assez naturellement de galets ou d'autres repères placés sur le sol. Si nous superposons des rangées successives de un, deux, trois... points, nous construisons une progression de nombres qui est « triangulaire » dans sa forme (voir figure 4.3[17]). Additionnons les nombres de chaque ligne pour avoir une progression de nombres triangulaires :

1, 1 + 2 = 3, 1 + 2 + 3 = 6, 1 + 2 + 3 + 4 = 10, et ainsi de suite[18].

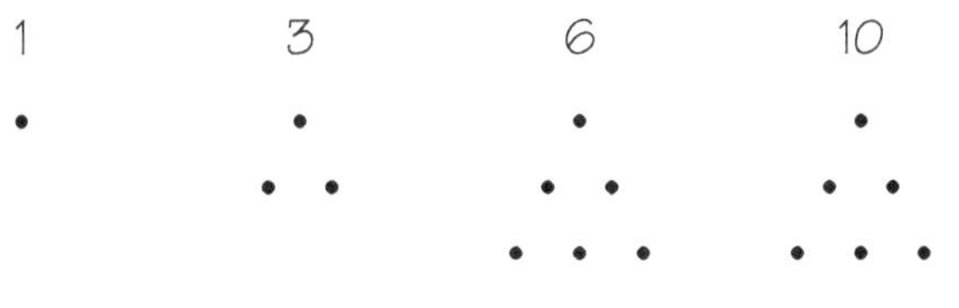

**Figure 4.3** : Les nombres triangulaires sont créés en superposant des lignes de points ayant à chaque fois un point de plus.

C'était particulièrement démonstratif pour les pythagoriciens car les Grecs notaient les nombres par des lettres de leur alphabet et cela masquait les motifs qui nous apparaissent d'emblée dans les séquences de nombres. La représentation imagée par Pythagore des triangles de nombres était fascinante. L'image de 1 était donc un point, de 2 une ligne joignant deux points et de 3 un triangle, le premier nombre à correspondre à une surface. Le nombre 4 symbolisait le premier nombre solide, une pyramide formée de quatre surfaces triangulaires avec quatre points à ses angles.

De la même manière, on pouvait parler de nombres « carrés », 4, 9, 16, 25... qui peuvent se construire avec des points disposés en carrés. Ils remarquèrent que ces nombres pouvaient également être construits en ajoutant des nombres impairs successifs, comme par exemple[19]

$4 = 1 + 3$

$9 = 1 + 3 + 5$

$16 = 1 + 3 + 5 + 7$

$25 = 1 + 3 + 5 + 7 + 9$

$36 = 1 + 3 + 5 + 7 + 9 + 11$

*etc.*

Ces exemples montrent comment Pythagore est finalement arrivé à l'idée que les nombres puissent être considérés comme des choses, des objets géométriques. Il a fait ensuite une découverte encore plus impressionnante. Il s'est aperçu que l'accord des instruments de musique grecs dépendait de rapports numériques simples, 1/2, 3/2, 4/3 et 8/9. C'étaient les seuls intervalles de musique que les Grecs considéraient comme consonants et agréables à entendre. Cette découverte eut des conséquences importantes dans la pensée de Pythagore. Il pensa avoir découvert que les changements perçus par les hommes obéissaient aux mathématiques. De plus, l'existence de nombres similaires dans la description des intervalles de musique et le mouvement des planètes convainquirent les pythagoriciens que ces phénomènes différents en apparence étaient intimement liés.

Au cœur de la numérologie se trouve la croyance que les nombres ont une signification intrinsèque, que le caractère du 7 est une qualité partagée par toutes les choses liées au chiffre sept, que ce soit sept fiancées et sept frères ou les sept jours de la semaine. Il faut peu de chose pour qu'un nombre soit considéré comme un porte-malheur comme le 13 ou propice comme le 7. Les pythagoriciens attribuaient à certains nombres des qualités particulières comme la bonté ou la justice, et ils devinrent des symboles à de multiples titres. Voici un commentaire sur leur manière de penser :

> « Parce qu'ils supposaient que la propriété de répartition ou d'égalité définissait la justice et qu'ils la retrouvaient dans les nombres, ils disaient que la justice était le premier nombre carré car tout ce qui avait la même formule était selon eux le mieux placé pour répondre à ce nom. Pour certains, ce nombre était 4, étant à la fois le premier nombre carré, divisible en parts égales et égal en toute chose car il est

deux fois 2. D'autres pourtant disaient que c'était 9, le premier carré d'un nombre impair, c'est-à-dire 3 multiplié par lui-même.

L'opportunité selon eux était par ailleurs le 7, car dans la nature le temps de l'accomplissement pour ce qui est de la naissance et de la maturité va par sept. Chez l'homme, par exemple, il peut naître après sept mois, perdre ses dents après une autre période de sept, atteindre la puberté à la fin de sa deuxième période de sept ans et avoir sa barbe à la fin de la troisième[20]. »

Certains nombres étaient particulièrement révérés en raison de leurs propriétés particulières. Les nombres « parfaits » devaient ainsi leur nom au fait d'avoir la remarquable propriété d'être égaux à la somme de tous les nombres qui les divisent exactement, eux exceptés. Le premier nombre parfait est $6 = 1 + 2 + 3$, le second $28 = 14 + 7 + 4 + 2 + 1$. Les suivants sont 496 et 8 128 et ceux-ci étaient aussi connus des Grecs. Même aujourd'hui, on n'en connaît[21] que 33 et personne ne sait s'il en existe une infinité comme c'est le cas pour les nombres premiers[22].

Pythagore était aussi très impressionné par une série de nombres qu'il appelait « amis ». Deux nombres sont « amis » si la somme des diviseurs du premier nombre est égale au second et vice-versa. On jugeait qu'ils avaient d'une certaine manière les mêmes « parents » et le divin serait plus bienveillant pour des choses comptées avec des paires de ces nombres amis. Par exemple, 220 et 284 sont amis[23]. Vous pouvez diviser 220 par 1, 2, 4, 5, 10, 11, 20, 22, 44, 55, et 110. Ajoutez-les et vous obtenez 284. Vous pouvez aussi diviser 284 par 1, 2, 4, 71, et 142, et leur somme fait 220. Les érudits juifs étaient à l'origine très amateurs de numérologie pour valider les textes de leurs écritures ou pour en extraire des significations cachées[24]. Cela a évolué vers les formes les plus extrêmes de cabalisme, avec sa vénération pour ce qui touche au nombre 7. Voici une version numérologique de médecine alternative pour guérir le paludisme :

« Prendre sept fruits de sept palmiers, sept copeaux de sept poutres, sept clous de sept ponts, sept cendres de sept fours, sept pelletées de sept seuils de porte, sept morceaux de bitume de sept navires, sept poignées de cumin et sept poils d'un vieux chien et les fixer à l'encolure d'une chemise avec une corde blanche torsadée[25]. »

Les plus « saints » des nombres pythagoriciens étaient les quatre premiers 1, 2, 3 et 4, qui formaient le nombre triangulaire 10 (voir figure 4.4).

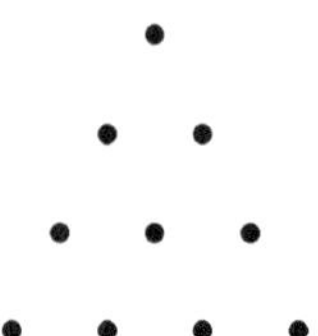

Figure 4.4 : Le tétraktys sacré, la représentation triangulaire du nombre 10 comme étant 1 + 2 + 3 + 4.

Cette représentation triangulaire du nombre 10 était le symbole du tétraktys par lequel les initiés de l'ordre de Pythagore devaient jurer obéissance et ne rien divulguer. Ils devaient, pour être intégrés, prêter serment de garder le secret pendant trois ans et cela se traduisit sous la Renaissance par le fait que le nombre de jours correspondant à cette durée ($3 \times 365 = 1\,095$) symbolisait le silence. Le tétraktys n'était rien de moins que la clé de notre compréhension de toute la vie. Voici ce que dit un commentateur du Ier siècle sur les dix ensembles de quatre choses qu'il symbolisait[26] :

« Nombre : 1, 2, 3, 4.
Grandeurs : le point, la ligne, la surface, le solide.
Corps simples : le feu, l'air, l'eau, la terre.
Dessins de corps simples : les pyramides, l'octaèdre, l'icosaèdre, le cube.
Êtres vivants : la graine, la croissance en longueur, en largeur, en épaisseur.
Sociétés : l'homme, le village, la cité, la nation.
Les facultés : les raisons, la connaissance, l'opinion, la sensation.
Saisons de l'année : printemps, été, automne, hiver.
Âges : l'enfance, la jeunesse, l'âge adulte, la vieillesse.
Parties du corps humain : le corps et les trois parties de l'âme. »

Ces curieuses idées ont persisté de façon extraordinaire. À chaque époque, dans chaque lieu, des écrivains et des penseurs ont été fascinés par la signification des nombres. Ils ont pris les équations et les formules pour des codes secrets chiffrant la véritable signification de l'Univers. Cette manière de voir n'a pas complètement disparu aujourd'hui. Bien que nous utilisions les mathématiques pour établir des relations entre les choses, il y a encore une population de chercheurs amateurs en quête de la « formule » spéciale qui nous dira quelque chose sur la nature ultime du monde physique. Et quelle meilleure formule choisir que celle contenant les nombres au cœur de la réalité physique, les valeurs des constantes de la Nature ? La numérologie s'est tournée vers ces constantes pour tenter de les expliquer par un enchaînement de nombre $\pi$, de racines carrées et de nombres communs.

Ces efforts se sont nourris de coïncidences. Certaines, parmi les plus impressionnantes, ne revêtent aucune signification claire. Par exemple[27], on a pu remarquer que

$$\exp\{\pi(\sqrt{67})/3\} \approx \text{le nombre de pieds dans un mille}$$

avec une précision d'une partie pour 300 millions ! Ou l'annonce que le nombre $\exp\{\pi(\sqrt{163})\}$ est entier faite en premier par Charles Hermite en 1859. Il en est extraordinairement proche, étant de

$$262\ 537\ 412\ 640\ 768\ 743{,}99999999999925\ldots$$

Cela faisait partie d'un poisson d'avril du mathématicien Martin Gardner qui prétendait que c'*était* un nombre entier et que le mathématicien indien Ramanujan l'avait prédit[28]. Du coup, il est devenu connu sous le nom de « constante de Ramanujan ».

Mais il y a pléthore de nombres et encore plus de possibilités de les permuter. Les coïncidences nous semblent plus frappantes car nous ne pensons pas aux nombreuses « non-coïncidences » que nous rencontrons avant. Quand nous analysons les choses du point de vue statistique, il s'avère que de telles coïncidences ne sont pas si inhabituelles. Rappelez-vous lorsque Uri Geller se présentait à la télévision et annonçait qu'il allait arrêter les pendules dans les chaumières. Il y avait des millions de téléspectateurs et on pouvait s'attendre à ce qu'un nombre d'horloges qui se remontent cessent de bouger au moment où il parle. Les foyers où cela se produit sont terriblement impressionnés. Les autres pensent simplement qu'ils n'ont pas été sur la même longueur d'onde psychique et qu'après tout il a réussi à stopper beaucoup d'autres pendules.

Ma coïncidence numérique préférée, je la dois à mon ami littéraire Stephen Medcalf qui me l'a présentée comme un exemple défiant toute tentative mathématique d'évaluer sa probabilité. Je crois qu'elle a été signalée par un élève d'Eton il y a soixante-dix ans environ. Voici d'abord quelques éléments de fond que je suis incapable de juger. Il y a une tradition ou une légende qui dit que William Shakespeare a pris part à la rédaction anglaise de quelques psaumes présents dans la Bible[29] dans la version autorisée par le roi James. On a suggéré que sa trace était détectable dans le psaume 46, écrit l'année où Shakespeare avait 46 ans. Car, comme le note l'élève, le 46e mot de ce psaume[30] est « shake ». Et le 46e mot en partant de la fin est « spear ». Coïncidence ou signature cachée ?

On peut trouver dans la littérature scientifique toutes sortes de coïncidences numériques impliquant des valeurs de constantes de la Nature et plus encore dans la correspondance de physiciens. Voici quelques formules, aucune prise au sérieux, proposées pour la constante de structure fine et qui sont à comparer avec la meilleure valeur expérimentale :

$$1/\alpha = 137{,}035989561\ldots$$

D'abord, nous avons des tentatives pour « prouver » que $1/\alpha$ est égal aux expressions suivantes en spéculant sur des bases connues en physique :

Lewis et Adams[31] $1/\alpha = 8\ \pi(8\ \pi^5/15)^{1/3} = 137{,}348$
Eddington[32] $1/\alpha = (16^2 - 16)/2 + 16 + 1 = 137$
Wyler[33] $1/\alpha = (8\ \pi^4/9)\ (2^4 5\ !/\ \pi^5)^{1/4} = 137{,}036082$
Aspden[34] et Eagles $1/\alpha = 108\ \pi(8/1843)^{1/6} = 137{,}035915$

Bien sûr, si la théorie M aboutit et présente une détermination de la valeur de $1/\alpha$, elle pourrait bien ressembler à l'une de ces formules spéculatives. Elle ajouterait toutefois un cadre théorique à la fois cohérent et global à la prédiction. Elle devrait aussi permettre de prédire d'autres choses que nous n'avons pas encore mesurées, par exemple les décimales suivantes de $1/\alpha$ que les futurs expérimentateurs pourraient chercher et vérifier.

Tous ces représentants de gymnastique numérique approchent de façon impressionnante la valeur expérimentale (elles en étaient même plus proches par le passé lorsqu'elles ont été proposées) mais le prix de l'ingéniosité accumulée doit revenir à Gary Adamson[35], dont on peut voir la galerie amusante de 137-logie à la figure 4.5.

Ces exemples ont au moins le mérite de venir de tentatives d'obtenir une théorie de l'électromagnétisme et des particules. Mais il y a aussi de « purs » numérologistes à la recherche de n'importe quelle combinaison de puissances de petits nombres et de constantes mathématiques de poids comme $\pi$ qui puisse s'approcher de 137,035989561... En voici quelques exemples :

Robertson[36]   $1/\alpha = 2^{19/4} 3^{10/3} 5^{17/4} \pi - 2 = 137{,}03594$

Burger[37]   $1/\alpha = (137^2 + \pi^2)^{1/2} = 137{,}0360157$

Même le grand théoricien de la physique Werner Heisenberg n'a pu se retenir d'hasarder, avec tout son sérieux[38] :

« Pour la valeur numérique, je suppose que $1/\alpha = 2^4 3^3/\pi$, mais cela reste à voir bien sûr. »

Nous avons vu assez de numérologie. Après un moment, on peut en devenir accro. On imagine facilement pourquoi elle a fasciné tellement de monde pendant aussi longtemps. Notre dessein en présentant quelques exemples n'était pas dépourvu de sérieux. L'une des formules que nous avons citées porte le nom d'Arthur Eddington, l'un des plus grands astrophysiciens du XX<sup>e</sup> siècle. Nous ferons sa connaissance au prochain chapitre. L'homme est une remarquable combinaison de profondeur et de fantastique. Plus que toute autre figure moderne, il a lancé le mouvement sans fin qui cherche à expliquer les constantes de la Nature par des prouesses de pure numérologie. Il a aussi relevé un nouvel aspect saisissant chez ces constantes.

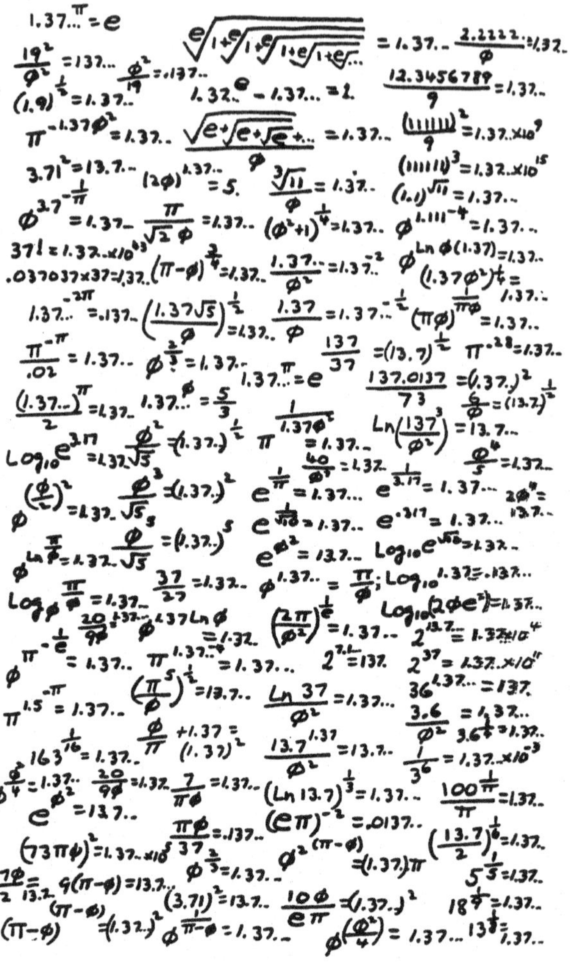

**Figure 4.5** : Quelques fantaisies numériques avec le nombre 137 compilées par Gary Adamson.

# CHAPITRE 5

# La symphonie inachevée d'Eddington

> J'ai eu une vision des plus rares, j'ai eu un rêve – dire ce que c'était comme rêve dépasse l'entendement humain : l'homme n'est qu'un âne s'il se met à expliquer ce rêve… Il pourrait s'appeler le rêve du Fond, parce qu'il est sans fond.
>
> A. S. EDDINGTON[1]

*Compter jusqu'à*
*15 747 724 136 275 002 577 605 653 961 181 555 468 044*
*717 914 527 116 709 366 231 425 076 185 631 031 296*

> Le conservatisme tient la pensée pour suspecte, parce qu'elle mène en général à de mauvaises conclusions, à moins que vous ne pensiez très, très dur.
>
> Roger SCRUTON[2]

« Toute coïncidence est bonne à noter », nous a dit Miss Marple ; après tout, « vous pouvez toujours l'oublier plus tard si c'est *juste* une coïncidence ». L'un des aspects les plus frappants des études astrono-miques au XXe siècle a été le rôle joué par les coïncidences : leur existence, leur négligence et leur reconnaissance. Lorsque les physiciens ont commencé à reconnaître le rôle des constantes dans le domaine quantique et à utiliser la nouvelle théorie de la gravité d'Einstein pour décrire l'Univers dans sa globalité, le temps était venu d'essayer de réunir ces deux approches de la réalité.

Entre alors en scène Arthur Stanley Eddington, un remarquable scientifique qui a été le premier à découvrir comment les étoiles étaient alimentées par les réactions nucléaires. Il a aussi contribué de façon importante à notre compréhension des galaxies, écrit la première présentation complète de la théorie de la relativité générale d'Einstein et fut responsable de l'un des tests expérimentaux qui furent décisifs pour cette théorie. Il a ainsi dirigé l'une des deux expéditions visant à mesurer la minuscule déviation de la lumière due à la gravité du Soleil, mesure uniquement possible durant son éclipse complète. La théorie d'Einstein prédisait que le champ de gravité du Soleil devait infléchir près de sa surface la lumière venant des étoiles d'environ 1,75 seconde d'arc. En prenant la photo d'un champ éloigné d'étoiles au moment où le disque solaire était recouvert par la Lune puis lorsque le Soleil était ailleurs dans le ciel, on pouvait détecter un infime déplacement de la position apparente des étoiles et tester la prédiction d'une déviation de la lumière. L'équipe d'Eddington réussit pour la première fois une telle mesure sur l'île de Principe dans le golfe de Guinée malgré de mauvaises conditions météorologiques. Sa confirmation de la prédiction d'Einstein fit de ce dernier le plus grand scientifique pour le public de l'époque. La figure 5.1 montre Einstein en train de discuter avec Eddington dans son jardin à l'University Observatories à Cambridge[3].

Eddington fit une visite au Cal Tech à Pasadena en 1924 et s'aperçut que ses explications de la relativité et sa confirmation expérimentale de la déviation de la lumière avaient fait associer son nom à celui d'Einstein. De caractère extrêmement modeste et réservé, il fut ravi de voir que les astronomes avaient non seulement organisé un dîner en son honneur mais que l'un des physiciens avec lesquels il jouait au golf avait écrit une merveilleuse parodie de *The Walrus and the Carpenter* pour célébrer leur appréciation mutuelle de la relativité, du golf et de Lewis Carroll.

**Figure 5.1 :** Albert Einstein et Arthur Eddington dans le jardin de ce dernier pris en photo en 1930 par la sœur d'Eddington.


## L'Einstein et l'Eddington

L'Einstein et l'Eddington
Comptaient leurs points
La carte d'Einstein montrait quatre-vingt-dix-huit
Et celle d'Eddington allait plus loin
Et les deux restaient coincés derrière un bunker
Et les deux, debout, pestaient dans un coin.

Je déteste voir, [l'Einstein dit]
De telles quantités de sable
Pourquoi ont-ils mis un bunker ici

Je trouve cela impensable
Si l'on pouvait aplanir le paysage
Je pense que ce serait formidable.

Le temps est venu, dit Eddington,
De parler de beaucoup de choses ;
De cubes, d'horloges et d'étalons métriques,
Et pourquoi un pendule oscille,
Et combien l'espace est de travers,
Et si le temps a des ailes.

Et l'espace a quatre dimensions,
Au lieu de seulement trois,
Le carré de l'hypoténuse
N'est plus ce qu'on croit.
Cela me fait de la peine, ce que vous avez fait
Pour aplanir la géométrie.

Vous soutenez que le temps est sérieusement tordu,
Que même la lumière est courbe ;
Je pense que je vois l'idée ici,
Si c'est cela que vous voulez dire :
Le courrier que le postier apporte aujourd'hui,
Sera envoyé demain.

Le chemin le plus court, répondit Einstein,
N'est pas le plus droit ;
Il s'incurve sur lui-même,
Comme la figure d'un huit,
Et si vous allez trop vite
Vous arriverez trop tard.

Mais Pâques est le moment de Noël
Et le très lointain est proche,
Et deux et deux font plus que quatre
Et là-bas est proche.
Vous avez peut-être raison, dit Eddington,
Cela semble un peu louche.

W. H. WILLIAMS

Eddington était une personnalité complexe[4] avec des goûts bizarres. C'était un quaker réfléchi et un pacifiste. Son attitude de non-combattant durant la Première Guerre mondiale fit qu'on le choisit pour conduire l'expédition sur l'éclipse. Le grand public le découvrit progressivement au travers d'une série de livres de vulgarisation étonnamment clairs sur les progrès de la conception scientifique du monde et sur sa propre philosophie à propos des sciences. Ses écrits sur le début et la fin du monde ont inspiré de nombreux écrivains qui y ont puisé des idées scientifiques pour leurs intrigues, tandis que les théologiens et les philosophes étaient informés, avec des réactions variables, du caractère inévitable de la mort thermique de l'Univers. L'histoire de Peter Wimsey dans le roman *Have His Carcase*[5] de Dorothy Sayers fait un usage amusant de la seconde loi de la thermodynamique et de l'accroissement régulier du désordre que cela suppose pour rassurer un témoin troublé que tout cela soit en accord avec le cheminement thermodynamique du monde. Le rôle de la « Seconde loi » dans l'évolution de l'Univers était alors un thème important des ouvrages de vulgarisation d'Eddington. Voici ce que Sayers invente pour son héroïne, Mlle Kohn. Quelqu'un s'inquiète de ce qu'avec des arguments si confus personne ne la croie...

« Mais vous, vous me croyez, n'est-ce pas ?
– Nous vous croyons, mademoiselle Kohn, dit Wimsey d'un ton solennel, d'une manière aussi aveugle qu'en la seconde loi de la thermodynamique.
– Que voulez-vous dire par-là ? dit M. Simons d'un air soupçonneux.
– La seconde loi de la thermodynamique, expliqua volontiers Wimsey, qui garde l'Univers sur sa route, et sans laquelle il reviendrait en arrière comme un film se déroulant à l'envers.
– Non, il le ferait ? s'exclama Mlle Kohn, plutôt contente.
– Les autels peuvent basculer, dit Wimsey, M. Thomas abandonner son smoking et M. Snowden renoncer au libre échange, mais la seconde loi de la thermodynamique durera tant que la mémoire conservera sa place dans ce globe dénigré, terme par lequel Hamlet voulait dire sa tête mais que moi, avec plus d'envergure intellectuelle, j'applique à la planète que nous avons l'extrême plaisir d'habiter. L'inspecteur Umpelty paraît choqué, mais je vous assure que je ne connais pas de façon plus impressionnante d'exprimer toute ma foi dans votre intégrité absolue. – Il fit un large sourire : Ce que j'aime dans ce que vous avancez, mademoiselle Kohn, c'est que cela ajoute une touche finale d'obscurité complète et impénétrable au problème que l'Inspecteur et moi avons entrepris d'élucider. Cela le réduit à la complète quintes-

sence d'une absurdité incompréhensible. Donc, en vertu de la seconde loi de la thermodynamique, qui pose que nous sommes d'heure en heure et en ce moment en train de progresser vers un état de plus en plus hasardeux, nous avons l'assurance positive de nous diriger gaiement et sûrement dans la bonne direction. »

Eddington était un homme timide avec peu de talent pour s'exprimer en public mais il écrivait magnifiquement, et ses métaphores, ses analogies, sont encore largement utilisées par les astronomes cherchant à expliquer graphiquement des idées compliquées. Il ne se maria jamais et vécut à l'University Observatories à Cambridge où sa sœur s'occupait de la maison pour lui et leur vieille mère. Ses goûts étaient traditionnels mais pas toujours prévisibles ; il appréciait les histoires policières et le football (le vrai qui se joue avec une balle sphérique) et aimait se joindre à la foule des ouvriers londoniens à Highbury pour aller voir les exploits d'Arsenal, le meilleur club de l'époque[6]. Il jouait médiocrement au golf et au tennis mais était plus sérieux dans ses randonnées à vélo où performances étaient notées par un simple « nombre d'Eddington », E, qui était le nombre de jours où il avait fait plus de E milles. Lorsque E devient grand, il faut fournir un effort considérable pour l'augmenter ne serait-ce que de un. Au moment de sa mort, le nombre d'Eddington s'élevait à 87.

Eddington occupait la chaire plumienne[7] de professeur d'astronomie et de philosophie expérimentale à l'Université de Cambridge. Cet ancien titre était traditionnellement celui de l'astronome senior de l'université. Durant un moment passé à ce poste, Eddington fut contemporain de Paul Dirac, le professeur lucasien[8] de mathématiques et le plus jeune Nobel de physique. Dirac fut l'un des grands physiciens du $XX^e$ siècle, qui prédit l'existence de l'antimatière, développa l'exposé le plus clair de la mécanique quantique, découvrit comment se comportait l'électron ainsi que beaucoup d'autres choses. Ses études faisaient appel à des mathématiques des plus fondamentales et il travailla entièrement seul. Il n'avait ni collaborateur ni groupe et ses étudiants ne l'étaient que sur le papier.

Ce fut dans ce climat local de recherches de nouvelles lois de la Nature et sur le comportement des particules les plus élémentaires qu'Eddington commença un programme d'étude qui lui valut toutes sortes de réactions de la part de ses pairs, de l'admiration béate au ridicule complet. Il le nomma « Théorie fondamentale ». Il s'agissait de la recherche de la théorie la plus fondamentale possible de la physique, celle qui serait à même d'expliquer les valeurs numériques des constantes de la Nature.

Eddington pensait que la pensée pure pouvait arriver à donner une description complète du monde physique. C'était encore plus ambitieux à l'époque que maintenant. Voici une brève description de son credo :

> « Ma conclusion est que non seulement les lois de la Nature mais aussi les constantes de la Nature peuvent être déduites de considérations épistémologiques, de sorte que nous pouvons en avoir une connaissance *a priori*[9]. »

Voilà bien le manifeste ultime du théoricien. Eddington croyait qu'il serait possible de déduire par la pure pensée toutes les lois et constantes de la Nature et de prédire l'existence de choses comme les étoiles et les galaxies dans l'Univers. L'image qu'il préférait était celle d'un astronome qui, sur une planète recouverte de nuages, déduisait l'existence d'étoiles invisibles au-dessus de lui. Bien sûr, les expériences et les observations rendaient la tâche bien plus facile mais Eddington pensait que c'était *tout* ce qu'elles faisaient. Sans elles, son objectif était plus difficile à atteindre mais restait accessible.

Le programme d'Eddington ne fut jamais achevé. Son livre n'était pas terminé[10] au moment de sa mort en 1944, mais les années précédentes il avait publié des articles et écrit dans ses ouvrages des paragraphes annonçant de grands progrès dans son programme pour comprendre les valeurs des constantes de la Nature. Il concentrait son attention sur un petit nombre de constantes de la Nature, les démarquait et mettait ensuite au défi les scientifiques de les expliquer avant de s'embarquer dans un enchaînement complexe de raisonnements mathématiques propres conçu pour expliquer leur valeur, exactement.

## *Fondamentalisme*

> Dans l'ancien temps, deux aviateurs se procurèrent des ailes. Dédale vola d'une manière sûre dans l'air entre deux altitudes au-dessus de la mer et fut justement célébré à son atterrissage. Le jeune Icare monta en flèche vers le Soleil jusqu'à ce que la cire qui tenait ses ailes fonde, et son vol se termina par un fiasco. En évaluant leur performance, on doit peut-être dire quelque chose à propos d'Icare. Les autorités classiques nous ont dit qu'il avait juste « fait une acrobatie », mais j'aime le voir comme l'homme qui a mis en lumière un défaut de construction des machines volantes de son époque.
>
> Arthur EDDINGTON[11]

Eddington entreprend d'abord sa recherche en 1921 pour expliquer les nombres purs qui définissent notre Univers, dans les pages de son fameux manuel sur la relativité générale. Il propose que les caractéristiques des particules élémentaires comme l'électron dérivent localement de la structure de l'espace et du temps où elles se trouvent[12], de sorte qu'il doit exister une équation inconnue exprimant cette relation sous la forme :

*« rayon de l'électron dans toutes les directions = constante numérique x rayon de courbure de l'espace-temps dans cette direction »*

Parmi les nombres qu'Eddington considérait d'importance primordiale, il y avait le « nombre d'Eddington » égal au nombre de protons dans l'Univers visible[13]. Eddington calcula[14] ce nombre avec une énorme précision (à la main) au cours d'une traversée de l'Atlantique en bateau, et conclut de façon mémorable :

> « Je crois qu'il y a
> 15 747 724.136 275 002.577 605 653 961.181 555 468 044.717 914 527 1 16.709 366 231 425.076 185 631.031 296 protons dans l'univers et le même nombre d'électrons. »

Ce nombre énorme, noté $N_{Edd}$, vaut approximativement $10^{+80}$. Il attira l'attention d'Eddington parce qu'il devait être un nombre entier et pouvait donc, en principe, être calculé *exactement*.

Durant les années 1920 où Eddington entamait sa recherche pour expliquer les constantes de la Nature, on n'avait pas une bonne compréhension des forces faibles et fortes de la Nature. Les seules constantes avec dimension qui étaient connues et interprétées étaient celles définissant les forces de gravité et électromagnétiques. Eddington les convertit en trois nombres purs sans dimension. En utilisant les valeurs expérimentales du moment, il prit le rapport de la masse du proton et de l'électron

$$m_{pr}/m_e \approx 1\ 840$$

l'inverse de la constante de structure fine

$$2\ \pi h/e^2 \approx 137$$

et le rapport de la force gravitationnelle sur la force électromagnétique entre un électron et un proton,

$$e^2/Gm_{pr}m_e \approx 10 + 40^{15}$$

Il y ajouta son nombre cosmologique, $N_{Edd} \approx 10^{80}$. Il appela ces quatre nombres les « constantes ultimes » et présenta à la science théorique son plus grand défi, celui d'expliquer leur valeur :

> « Ces quatre constantes sont-elles irréductibles ou une unification ultérieure de la physique montrera-t-elle que l'on peut se dispenser de certaines d'entre elles ? Ont-elles pu être différentes de ce qu'elles sont aujourd'hui ?... La question se pose de savoir si les rapports ci-dessus peuvent être donnés arbitrairement ou s'ils sont inévitables. Dans le premier cas, nous pouvons seulement connaître leur valeur par la mesure, dans le second cas il est possible de les retrouver par la théorie... Je pense que l'opinion qui prévaut maintenant largement est que les [quatre] constantes... ne sont pas arbitraires mais s'avéreront finalement avoir une explication théorique, même si j'ai aussi entendu des points de vue opposés[16]. »

Allant plus loin dans la spéculation, Eddington pensait que le nombre de constantes inexpliquées était un indice utile de l'écart nous séparant encore d'une théorie unifiée des forces de la Nature. Sur le fait de savoir si cette théorie contiendrait une constante ou pas du tout, il faudrait encore attendre pour voir :

> « Notre reconnaissance présente de quatre constantes au lieu d'une indique simplement la quantité d'unification de la théorie qu'il reste à accomplir. Il se peut que la constante qui demeurera ne soit pas arbitraire mais là-dessus je ne sais rien[17]. »

Eddington espérait qu'il pouvait créer une théorie qui rassemblerait le monde macroscopique de l'astronomie et de la cosmologie avec celui sous-atomique des protons et des électrons. Ses nombres cosmiques étaient originaux à plusieurs titres. D'abord, bien sûr, personne n'avait la moindre idée de la raison pour laquelle ils prenaient ces valeurs. Ensuite, ils s'étendaient sur une énorme échelle de taille. Le rapport de la masse proton-électron et la constante de structure fine ne sont pas trop éloignés des nombres purs voisins de un et il est plausible qu'ils puissent se présenter comme de petits produits de nombres comme 2, 3 ou $\pi$ dans des formules mathématiques. C'était ce qu'espérait Eddington. Mais les deux autres nombres qu'il a retenus sont complètement différents. Ils sont immenses. La présentation d'un nombre comme $10^{40}$ dans une formule de physique demande des explications très particulières, du moins très différentes de celles employées d'habitude pour trouver des choses en science. Pis encore, le nombre bien plus grand de $N_{Edd} \approx 10^{80}$ ne pose pas seulement un gros problème de crédibilité mais il est, d'une façon provocante, voisin du carré du premier nombre déjà énorme. Cela ne peut certainement pas être une coïncidence ! Eddington sentit que s'il devait y avoir un seul nombre restant comme quantité définissant l'Univers alors cette « constante arbitraire » était à l'origine de ces deux nombres immenses[18]. Il écrit ainsi à propos de $N_{Edd}$, le nombre le plus grand et le plus mystérieux :

> « Pris comme le nombre de particules dans l'Univers, il a été considéré en général comme quelque chose de particulier [plutôt que comme une vérité nécessaire]. On pense qu'un univers pourrait être fait de n'importe quel nombre de particules. Et pour ce qui concerne la physique, nous devons juste accepter le nombre attribué à notre Univers

comme le fruit du hasard ou un caprice du Créateur. Mais l'approche épistémologique nous donne une autre idée de sa nature. Un Univers ne peut être fait avec un autre nombre de particules élémentaires si l'on suit le cadre de définitions assignant en mécanique ondulatoire le "nombre de particules" à un système. Nous ne devons donc plus voir ce nombre comme quelque chose de particulier à propos de l'Univers mais comme un paramètre présent dans les lois de la nature et qui en fait donc partie[19]. »

Nous aurons beaucoup plus à dire sur les « grands » nombres parce qu'ils ont joué un rôle important dans le développement de maintes théories cosmologiques. Eddington n'avait pas de théorie qui puisse en rendre compte, mais il a beaucoup travaillé sur celles qui pourraient expliquer les nombres plus petits proches de 137 et de 1840. Ces nombres régissent pratiquement tous les caractéristiques générales des atomes et des structures atomiques.

Comment Eddington chercha-t-il à expliquer ces nombres ? Un moyen d'aborder le problème dans tous ses calculs était de justifier son équation particulière :

$$10 \, m^2 - 136 \, m + 1 = 0$$

C'est le type d'équation que l'on commence à rencontrer à l'école vers l'âge de 15 ans. Il y a deux solutions possibles[20] qui sont dans un rapport de 1 847,6 à 1. C'était assez proche du rapport de la masse proton-électron, qui même à son époque était pourtant plus près de 1836, pour motiver Eddington de chercher tous les moyens de justifier son équation et tous les petits ajustements qui pouvaient expliquer de petits « écarts ». La forme de l'équation elle-même était dictée selon lui par le nombre de combinaisons, de permutations de nombres et de directions possibles qui caractérisaient nos quatre dimensions de l'espace et du temps. Les quantités 1, 10 et 136 qui apparaissent sont « dérivées » du fait qu'il y a $3^2 + 1^2 = 10$ quantités simples disponibles pour décrire l'espace et le temps et $10^2 + 6^2 = 136$ au niveau le plus compliqué. Eddington avait d'abord pris 136 comme l'explication probable de la valeur inverse de la constante de structure fine. Mais il s'était progressivement persuadé qu'il était nécessaire de multiplier ce nombre par 137/136 (pour obtenir 137 !) en raison du mystérieux argument qu'il fallait prendre en compte que les charges électriques effectives de deux particules ont un aspect propre que l'on ne peut distinguer. Il affirma « qu'il n'y avait rien de mystique dans ce caractère indistinguable[21] », mais malheureusement presque tout le monde pensa le contraire.

Cette suite de déductions souleva l'intérêt et la critique dans les cercles scientifiques, à la fois en raison du facteur suspect qui faisait passer de 136 au plus plausible 137 et des faits têtus de l'expérimentation qui ne faisaient malheureusement pas du tout apparaître la constante de structure fine comme un nombre entier. Eddington écrivit même un article pour un journal londonien expliquant les problèmes posés par ses déductions ésotériques. Beaucoup de scientifiques furent complètement mystifiés et certains, comme Vladimir Fock[22], versèrent carrément dans la poésie sur le sujet :

« Bien que nous le mesurions comme nous le voulons,
Épuisé et délirant
*Cent trente-sept* est encore
Pour nous bien mystérieux.
Mais Eddington, *lui*, le voit clairement,
Dénonçant ceux qui vont s'en moquant ;
C'est le nombre, dit-il,
Des dimensions du monde. *Se peut-il* ? ! »

L'approche des grands nombres suivie par Eddington n'était pas si obscure. Elle était bien sûr spéculative mais au moins ses collègues pouvaient-ils la comprendre. Il espérait que les masses de particules comme l'électron puissent dériver d'une certaine manière des fluctuations statistiques de toutes les masses de l'Univers. La magnitude des fluctuations statistiques d'un ensemble de N particules est classiquement donnée par $\sqrt{N}$ et on pourrait de là être persuadé que le rapport de la force électrique à la force gravitationnelle entre deux protons soit une fluctuation statistique dont la grandeur est déterminée par $\sqrt{N_{Edd}} \approx 10^{80}$, qui est très proche de $10^{40}$.

# De la physique théâtrale

> Les analogies ne prouvent rien, c'est vrai, mais elles peuvent permettre de se sentir plus chez soi.
>
> Sigmund FREUD

La méthodologie d'Eddington fut l'objet d'impitoyables pastiches par des physiciens sceptiques de l'époque. En voici un plaisant exemple que Beck, Bethe et Riezler réussirent à faire passer[23] en 1931 dans la revue allemande *Naturwissenschaften* au nez et à la barbe de son très sérieux éditeur :

« Remarque sur la théorie quantique de la température zéro

Nous considérons un réseau cristallin hexagonal. Le zéro absolu de celui-ci est caractérisé par l'état où tous les degrés de liberté du système gèlent, c'est-à-dire que tous les mouvements internes au réseau cessent. Une exception à cela étant, bien sûr, le mouvement de l'électron autour de son orbite de Bohr. Selon Eddington, chaque électron possède $1/\alpha$ degré de liberté, où $\alpha$ est la constante de structure fine de Sommerfeld. En plus des électrons, notre cristal contient uniquement des protons, et le nombre de degrés de liberté pour eux est le même puisque, selon Dirac, un proton peut être considéré comme un trou dans un gaz d'électron. Ainsi, comme un degré de liberté demeure à cause du mouvement orbital, pour atteindre le zéro absolu nous devons enlever d'une substance $2/\alpha - 1$ degrés de liberté par neutron (= 1 électron + 1 proton ; puisque notre cristal doit être électriquement neutre dans son ensemble). Nous obtenons donc pour la température zéro $T_0$

$$T_0 = - (2/\alpha - 1) \text{ degrés}$$

En prenant $T_0 = - 273°$ nous obtenons pour $1/\alpha$ la valeur de 137, ce qui, dans les erreurs limites, est en accord complet avec la valeur obtenue d'une façon indépendante. On peut aisément se convaincre que notre résultat ne dépend pas d'un choix particulier de structure cristalline. »

Cambridge, le 10 décembre 1930
G BECK, H BETHE, W RIEZLER

En fait, cette absurdité parut tellement convaincante à certains lecteurs qu'on demanda à Riezler de faire une présentation de son travail à Munich au séminaire hebdomadaire de physique de Sommerfeld. Cela n'amusa pas toutefois Eddington ni M. Berliner, l'éditeur de la revue, quand il découvrit qu'on l'avait fait passer pour un âne. Le très sérieux M. Berliner publia immédiatement un « erratum » le 6 mars qui relevait :

> « La note de G. Beck, H. Bethe et W. Riezler publiée dans le numéro du 9 janvier de cette revue n'était pas à prendre au sérieux. Elle voulait caractériser une certaine catégorie d'articles en physique théorique de ces dernières années qui sont purement spéculatifs et fondés sur de faux arguments numériques. Dans une lettre reçue par les éditeurs, ces gentlemen expriment leurs regrets que la formulation donnée à cette idée ait pu conduire à des incompréhensions. »

Mais le malicieux George Gamow n'était pas en reste quand il s'agissait de faire de bonnes blagues et peu après, Rosenfeld, Pauli et lui écrivirent des lettres distinctes de différentes adresses européennes protestant auprès de l'éditeur que la revue avait maintenant publié un autre de ces articles pastiches. Ils désignaient un autre article semi-numérologique, « Origin of Cosmic Penetrating Radiation », d'un pauvre auteur qui ne se doutait de rien[24], et ils demandaient à l'éditeur que son auteur le retire immédiatement pour maintenir le standard de la revue.

Voici une autre satire extraite du cours *Experiment and Theory in Physics*[25] de Max Born en 1944 :

> « Eddington relie les constantes physiques sans dimensions avec le nombre n des dimensions de ses espaces E et sa théorie mène à la fonction $f(n) = n^2(n^2 + 1)/2$ qui, pour des nombres pairs consécutifs $n = 2, 4, 6...$ prend les valeurs 10, 136, 666... Des nombres apocalyptiques en fait. On a proposé que certaines lignes de l'*Apocalypse* de saint Jean devraient être écrites de la sorte : " Et je vis une bête sortant de la mer ayant $f(2)$ cornes et son nombre est $f(6)...$ " mais si le chiffre x dans "... et on lui donna l'autorité de continuer x mois..." doit être interprété comme $1 \times f(3) - 3 \times f(1)$ ou comme $[f(4) - f(2)]/3$ est encore sujet à débat. »

Un autre épisode qui illustre bien la difficulté qu'eurent beaucoup à concilier le travail d'Eddington sur les constantes fondamentales avec sa monumentale contribution à la relativité générale et à l'astrophysique est donné par une anecdote de Sam Goudsmit[26] à propos de lui et du physicien néerlandais Kramers :

« Le grand Arthur Eddington a donné un cours sur sa prétendue manière de dériver la constante de structure fine de la théorie fondamentale. Goudsmit et Kramers étaient tout deux dans l'audience. Goudsmit ne comprit pas grand-chose mais la prit pour une absurdité tirée par les cheveux. Kramers en comprit beaucoup et y vit une absurdité complète. Après la discussion, Goudsmit alla voir son ami et mentor Kramers et lui demanda : "Est-ce que tous les physiciens déraillent complètement quand ils deviennent vieux ? Je commence à le craindre." Kramers répondit : "Non Sam, tu n'as pas à avoir peur. Un génie comme Eddington peut peut-être perdre la boule mais un type comme toi devient juste de plus en plus bête." »

Ce qui est le plus intéressant dans les tentatives d'Eddington d'expliquer les constantes de la Nature par une gymnastique numérique et algébrique est l'effet durable qu'elles ont eu sur les lecteurs de ses ouvrages de vulgarisation. Il aimait leur parler de ses nouveaux « calculs » des constantes de la Nature et il laissait la forte impression qu'il serait possible de découvrir quelques-uns des secrets les plus profondément enfouis de l'Univers par un petit jeu bien inspiré de devinettes et de numérologie. Si vous aviez trouvé certaines équations dont les solutions étaient proches de nombres comme 137 et 1840, vous étiez alors dans la course pour rivaliser avec Einstein. Il n'était pas nécessaire d'observer le monde et de faire une quelconque prédiction sur les choses qui n'avaient pas encore été vues ; le tout était de relier des nombres.

Je crois que le travail d'Eddington et sa large vulgarisation par des livres qui se sont énormément vendus et continuent d'être lus plus de soixante ans après ont inspiré une génération d'adeptes rêvant de trouver l'explication numérologique des constantes de la Nature. Chaque semaine, je reçois des lettres qui contiennent des formulations dans un style qui doit beaucoup à celui d'Eddington. Elles se caractérisent par des calculs numériques très détaillés, un intérêt confiné à un petit sous-groupe de constantes de la Nature et aucun désir de prédire quelque chose de nouveau.

Pour évaluer la signification de telles relations ou de celles que nous avons vues au chapitre dernier proposées pour expliquer la valeur numérique de la constante de structure fine, nous devons nous poser une question simple. Quelle est la probabilité qu'une formule apparemment impressionnante soit due purement au hasard ? Si nous prenons quelques nombres évocateurs comme 2, 3, ou $\pi$ et que nous les multiplions ensemble quelques fois, quelle est la chance de tomber sur un nombre correspondant étroitement à une constante de la Nature ? Malheureusement pour les numérologues, la réponse est qu'il n'y a rien de très surprenant à ces formules[27]. On peut facilement être impressionné par des formulations numériques car on imagine difficilement toute la recherche délibérée qu'il y a derrière et le nombre de manières différentes d'obtenir une bonne concordance. Par exemple, il suffit d'un peu de travail pour trouver ce type d'équation dont tout pythagoricien moderne serait fier[28] :

$$666 + 6 + 6 + 6 = (6 - 6/6)^{(6 + 6 + 6)/6 + 6\,(6 + 6 + 6)/6}$$
$$+ (6 + 6/6)^{(6 + 6 + 6)/6}$$

Mais on ne doit lui conférer aucune signification apocalyptique.

Les tentatives poussées d'Eddington pour expliquer la valeur des constantes de la Nature n'ont pas ouvert une voie fructueuse mais ont quand même soulevé de nouvelles possibilités. Elles ont élargi l'horizon des physiciens et donné une nouvelle frontière à atteindre. Son éternel rival James Jeans a parfaitement résumé la signification de cette quête inachevée quand il écrit en 1947 sur la recherche infructueuse par Eddington d'une théorie fondamentale :

> « Peu si ce n'est aucun des collègues d'Eddington n'acceptaient ses points de vue dans leur intégralité ; en fait, peu si ce n'est aucun prétendaient les comprendre. Mais cette manière de raisonner ne semble pas dépourvue en soi de raison, et il est probable qu'une telle synthèse générale puisse un jour expliquer la nature du monde dans lequel nous vivons, même si ce temps n'est pas encore venu[29]. »

Eddington, dans ses efforts pour donner une explication unifiée des constantes de la Nature a eu peu d'émules. Les grands physiciens de l'époque comme Dirac, Einstein, Bohr, trouvaient ces tentatives inutiles et ils avouaient poliment ne rien y entendre. Eddington était frustré par cet accueil et ne pouvait comprendre pourquoi les autres ne voyaient pas les choses comme lui. En 1944, il se plaignait ainsi à son ami Herbert Dingle[30] :

> « Je cherche en permanence à trouver pourquoi les gens trouvent la procédure obscure. Je ferais cependant remarquer que même Einstein était considéré comme obscur, et des centaines de gens ont jugé qu'il était nécessaire de l'expliquer. Je ne crois pas sérieusement avoir jamais atteint l'obscurité à laquelle arrive Dirac. Mais dans le cas d'Einstein ou de Dirac, les gens ont pensé qu'il valait la peine de pénétrer l'obscurité. Je crois qu'ils me comprendront bien quand ils se rendront compte qu'ils doivent faire la même chose et quand viendra la mode d'"expliquer" Eddington. »

Ce jour n'est jamais arrivé.

# CHAPITRE 6

# Le mystère des très grands nombres

L'histoire est la science des choses qui ne se répètent pas.

Paul VALÉRY[1]

## *Des nombres à faire peur*

Bien que nous parlions tant de coïncidences, nous n'y croyons pas vraiment. Au fond de nous-mêmes, nous avons une meilleure idée de l'Univers, nous sommes secrètement convaincus qu'il n'est pas une affaire bâclée ou due au hasard mais que tout en lui a une signification.

J. B. PRIESTLEY

Le plus grand mystère entourant les valeurs des constantes de la Nature est sans doute que certains nombres énormes se retrouvent partout et dans des contextes apparemment dénués de rapports. Le nombre d'Eddington en est un remarquable exemple. Le nombre total de protons de l'Univers observable[2] est proche de

$10^{80}$

Si nous cherchons le rapport des forces électromagnétique et gravitationnelle entre deux protons, la réponse ne dépend pas de la distance les séparant[3] mais vaut approximativement

$$10^{40}$$

C'est un peu troublant. Que des nombres purs liés à des constantes de la Nature diffèrent d'un facteur cent est déjà notable, mais qu'ils atteignent $10^{40}$ et son carré $10^{80}$ est franchement bizarre ! Et cela ne s'arrête pas là. Si nous calculons avec Planck le nombre d'« actions[4] » dans l'Univers observable en unités fondamentales d'action de Planck[5], nous obtenons alors :

$$10^{120}$$

Nous avons déjà vu qu'Eddington avait tendance à faire le lien entre le nombre de particules de l'univers observable et une quantité faisant intervenir la constante cosmologique. Cette quantité a eu une histoire tranquille depuis, réémergeant à l'occasion lorsque les cosmologistes avaient besoin d'un moyen de concilier leur théorie avec de nouvelles observations déroutantes. Ce scénario s'est produit récemment. On a pu observer des supernovae dans de lointaines galaxies grâce à des mesures inédites en précision et en distance faites par le télescope spatial Hubble aidé d'instruments basés au sol. L'étude des fluctuations de la lumière de ces supernovae permet de déduire leur distance à partir de leur brillance apparente. Chose remarquable, elles apparaissent s'éloigner de nous bien plus rapidement que ce que l'on pensait. L'expansion de l'Univers est passée d'un état de décélération à celui d'accélération. Ces observations impliquent l'existence d'une constante cosmologique positive. Si nous exprimons sa valeur numérique sous la forme d'un nombre pur sans dimensions en prenant pour unité le carré de la longueur de Planck, nous tombons sur un nombre très proche de

$$10^{-120}$$

Aucune valeur aussi petite n'a encore pu être mesurée directement.

Qu'allons-nous faire de tous ces grands nombres ? Y a-t-il une signification cosmologique à $10^{40}$, ses carrés et ses cubes ?

## Une hypothèse hardie

Regardez ce qui arrive aux gens lorsqu'ils se marient !
George GAMOW[6]

La valeur particulière de quelques-uns de ces grands nombres a été une source d'émerveillement depuis leur première mention par Hermann Weyl en 1919. Eddington avait essayé de construire une théorie permettant de les expliquer, mais il ne réussit pas à convaincre une proportion significative de cosmologistes. Eddington était quand même arrivé à persuader des gens que quelque chose demandait une explication. De manière complètement inattendue, ce fut l'un de ses célèbres voisins à Cambridge qui, en écrivant une courte lettre à la revue *Nature*, renouvela l'intérêt dans le problème avec une idée qui reste encore valide de nos jours.

Paul Dirac fut le professeur lucasien[7] de mathématiques à Cambridge pendant une période où Eddington vivait à l'Observatories University. Les histoires sur son approche simple et parfaitement logique de la vie et des interactions sociales sont légion, aussi personne ne sera vraiment surpris de savoir que cette percée inattendue dans le domaine des Grands Nombres fut écrite pendant sa lune de miel[8], en février 1937.

Peu convaincu par l'approche numérologique d'Eddington pour expliquer la présence de « grands nombres » parmi les constantes de la Nature[9], Dirac avançait que le fait que de très grands nombres sans dimensions prennent des valeurs comme $10^{40}$ ou $10^{80}$ n'était pas dû au hasard : une formule mathématique encore inconnue devait lier ces quantités, et expliquer leur valeur. Voici l'Hypothèse des Grands Nombres de Dirac :

> « N'importe quelle paire de très grands nombres sans dimensions existant dans la Nature est sous-tendue par une relation mathématique simple dans laquelle les coefficients sont de l'ordre de l'unité[10]. »

Les grands nombres que Dirac avançait pour justifier son hypothèse osée s'inspiraient des travaux d'Eddington et étaient :

$N_1$ = (taille de l'Univers observable)/(rayon de l'électron) = $ct/(e^2/m_e c^2)$ $\approx 10^{40}$

$N_2$ = rapport des forces électromagnétique et gravitationnelle entre proton et électron = $e^2/(Gm_e m_{pr}) \approx 10^{40}$

N = nombre de protons dans l'Univers observable = $c_3 t/Gm_{pr} \approx 10^{80}$

Ici, $t$ est l'âge actuel de l'Univers, $m_e$ est la masse de l'électron, $m_{pr}$ est la masse du proton, $G$ la constante de gravitation, $c$ la vitesse de la lumière et $e$ la charge de l'électron.

D'après l'hypothèse de Dirac, les nombres $N_1$, $N_2$, et $\sqrt{N}$ étaient en fait égaux à un petit facteur numérique près de l'ordre de l'unité. Il entendait par là qu'il devait y avoir des lois de la Nature requérant des formules du type $N_1 = N_2$ ou même $N_1 = 2N_2$. Un nombre comme 2, ou 3, pas tellement différent de un est permis en raison de son extrême petitesse au regard des grands nombres présents dans les formules. C'est ce qu'il signifiait par « coefficients... de l'ordre de l'unité ».

Cette hypothèse d'égalité entre les Grands Nombres n'est pas originale de la part de Dirac, Eddington avait entre autres déjà écrit sur de telles relations auparavant mais il n'avait pas fait la distinction entre le nombre de particules de l'Univers entier – qui pourrait être infini – et celui de l'Univers observable défini par une sphère autour de nous ayant un rayon égal à la vitesse de la lumière multipliée par l'âge actuel de l'Univers. Le changement radical entraîné par l'Hypothèse des Grands Nombres de Dirac est qu'elle nous fait supposer qu'*un groupe de constantes traditionnelles de la Nature, comme $N_2$, doit changer avec l'âge $t$ de l'Univers* :

$$N_1 \approx N_2 \approx \sqrt{N} \propto t$$

Comme Dirac avait intégré deux combinaisons incluant l'âge t de l'Univers dans son catalogue des Grands Nombres, il découle de la relation qu'il propose qu'une combinaison de trois des constantes traditionnelles de la Nature n'est pas constante du tout mais doit régulièrement augmenter avec l'âge de l'Univers, soit

$$e^2/Gm_{pr} \propto t \qquad (*)$$

Pour s'accommoder de cette exigence, Dirac choisit d'abandonner le caractère constant de la constante de gravitation newtonienne $G$. Il suggéra qu'elle décroissait en proportion directe avec l'âge de l'Univers sur des échelles de temps cosmiques, selon

$$G \propto 1/t$$

$G$ était ainsi plus grand par le passé et diminuera dans le futur. On voit maintenant que $N_1 \approx N_2 \approx \sqrt{N} \propto t$ et l'énorme grandeur des trois Grands Nombres résultent du grand âge de l'Univers[11] : ils vont grandissant avec le temps[12].

Quelques bruyants scientifiques réagirent à la proposition de Dirac et remplirent la revue *Nature* de lettres avec des arguments en sa faveur ou pas[13]. Pendant ce temps, Dirac garda son profil bas habituel mais écrivit qu'il croyait en l'importance des grands nombres pour la compréhension de l'Univers, utilisant pour se justifier des termes bien proches de ceux d'Eddington et de la philosophie de son infortunée « Théorie fondamentale » :

« Ne se pourrait-il pas que tous les événements actuels correspondent aux propriétés de ce grand nombre $[10^{+40}]$ et plus généralement que toute l'histoire de l'Univers corresponde aux propriétés de toute la séquence des nombres naturels... ? La possibilité existe ainsi que se réalise un jour le vieux rêve des philosophes de réunir toute la Nature avec les propriétés des nombres entiers[14]. »

L'approche de Dirac comporte deux éléments notables. D'abord, il cherche à montrer que ce qui était considéré auparavant comme des coïncidences résultait d'un ensemble plus profond de relations jusquelà ignorées. Ensuite, il sacrifie le caractère constant de la plus ancienne constante connue de la Nature. L'hypothèse de Dirac n'a malheureusement pas fait long feu. Le changement de valeur de $G$ qu'elle proposait était trop radical. La gravité aurait ainsi été trop forte par le passé. L'énergie issue du Soleil aurait été différente et la Terre bien plus chaude que ce que l'on suppose actuellement[15]. En fait, comme l'a montré le physicien américain Edward Teller[16] en 1948, les océans auraient été en ébullition durant l'ère précambrienne il y a plus de

540 millions d'années et la vie telle que nous la connaissons n'aurait pas survécu, alors que nous avons des preuves géologiques bien antérieures de son existence sur Terre. Teller, un émigré hongrois, était un physicien de haut vol qui a joué un rôle important dans la mise au point de la bombe à hydrogène. Lui et Stan Ulam à Los Alamos furent les deux personnes qui eurent l'idée décisive (parallèlement à Andrei Sakharov en Union soviétique) sur la manière de déclencher une bombe nucléaire H. Plus tard, Teller a pris une part controversée au jugement de Robert Oppenheimer et il est devenu un faucon des plus extrêmes durant la guerre froide. Il a servi de modèle pour le personnage du docteur Folamour si bien joué par Peter Sellers dans le film du même nom. Il reste un homme influent aux États-Unis dans les sciences de l'armement et dans les études sur l'énergie.

L'exubérant George Gamow était un bon ami de Teller et répondit au problème posé par l'ébullition des océans en suggérant que l'hypothèse pouvait être améliorée. Il supposait pour cela que les coïncidences de Dirac étaient dues à une variation au cours du temps de $e$, la charge de l'électron, $e^2$ augmentant avec le temps comme l'exige l'équation (*) ci-dessus[17].

Cette suggestion ne fit pas long feu non plus. La proposition d'un $e$ variable faite par Gamow avait malheureusement toutes sortes de conséquences inacceptables pour la vie sur Terre. On s'aperçut rapidement qu'avec la théorie de Gamow le Soleil aurait épuisé son combustible nucléaire depuis longtemps. L'astre ne brillerait plus aujourd'hui si $e^2$ augmentait en proportion de l'âge de l'Univers : ce terme aurait été trop petit par le passé pour permettre la formation d'étoiles telles que le Soleil.

Gamow eut un certain nombre de discussions avec Dirac sur des variantes de son hypothèse d'un $G$ variable. Dirac fit une réponse intéressante à Gamow concernant l'idée que la charge de l'électron, et par là de la structure de constante fine, puisse varier. Se rappelant sans doute l'opinion antérieure d'Eddington que la constante de structure fine était un nombre rationnel, il écrit à Gamow en 1961 sur les conséquences cosmologiques de sa variation avec le logarithme de l'âge de l'Univers :

> « Il est difficile d'élaborer une théorie ferme sur les premières étapes de l'Univers parce que nous ne savons pas si $hc/e^2$ est une constante ou

si elle varie proportionnellement à *log (t)*. Si $hc/e^2$ était entier, il devrait être constant mais si l'expérimentation montre qu'il n'est pas entier il pourrait aussi bien être variable. S'il varie vraiment, la chimie des premières étapes serait bien différente et la radioactivité en serait aussi modifiée. Quand j'ai commencé à travailler sur la gravitation j'espérais trouver un lien entre elle et les neutrinos mais cela a échoué[18]. »

Dirac n'était pas prêt à souscrire à la solution du *e* variable pour l'énigme des Grands Nombres. Son travail scientifique le plus important incluait la compréhension de la structure des atomes et du comportement de l'électron. Tout cela se fondait sur la supposition, partagée par tous, que *e* était une vraie constante, la même depuis toujours et en tout lieu dans l'Univers. Même Gamow finit par abandonner sa théorie du *e* variable et conclut :

« La valeur de *e* se tient comme le rocher de Gibraltar depuis six milliards d'années[19] ! »

La suggestion de Dirac suscita l'intérêt de scientifiques issus d'horizons inattendus. Alan Turing, un pionnier de la cryptographie et des théories de calcul, était fasciné par l'idée de modifier la gravité et spécula sur la possibilité de tester l'idée à partir de fossiles, se demandant si

« un paléontologue pourrait dire à partir de l'empreinte de la patte d'un animal disparu si son poids était tel qu'on le supposait[20] ».

Le grand biologiste J. B. S. Haldane[21] fut passionné par les conséquences biologiques des théories cosmologiques dans lesquelles les « constantes » traditionnelles changeaient avec le temps ou lorsque les processus gravitationnels se déroulaient selon une horloge cosmique différente de celle des processus atomiques. De tels univers à deux types de temps ont été proposés par Milne et représentent les premiers exemples où *G* était supposé pouvoir varier. Des processus tels que la décroissance radioactive ou le taux d'interaction moléculaire, pouvaient être constants sur une échelle de temps mais variables dans une autre. Cela a donné naissance à un scénario dans lequel la biochimie à l'origine de la vie ne pouvait devenir possible qu'après une certaine époque cosmique. Haldane suggère :

> « En fait, il y a eu un moment où toute vie a pu devenir possible pour la première fois et les formes plus évoluées possibles seulement plus tard. Un changement dans les propriétés de la matière peut expliquer de même certaines particularités de la géologie précambrienne. »

Ce scénario produit avec beaucoup d'imagination n'est pas très différent de celui maintenant connu sous le nom d' « équilibre ponctué », dans lequel l'évolution a lieu par saccades d'accélérations entrecoupées par de longues périodes de lents changements.

Toutes ces réponses aux idées d'Eddington et de Dirac ont en commun la reconnaissance croissante que les constantes de la Nature jouent un rôle cosmologique crucial : elles sont le lien entre la structure de l'Univers dans son ensemble et les conditions locales en son sein qui ont été nécessaires au développement et à la persistance de la vie. Si les constantes traditionnelles varient, alors les théories astronomiques comportent de lourdes conséquences pour la biologie, la géologie et la vie elle-même.

## *De ce qui va, en gros, arriver*

> Une image en petit de la masse énorme
> Des choses qui seront développées ensuite.
>
> William SHAKESPEARE, *Troilus et Cressila*[22],
> Acte I, scène 3

Suite à ce premier intérêt dans les grands nombres impliquant les constantes de la Nature, on envisagea la possibilité que certaines de ces constantes traditionnelles puissent varier très lentement au cours des milliards d'années de l'histoire cosmique. De nouvelles théories de la gravité virent le jour qui étendaient la théorie de la relativité générale d'Einstein pour y inclure une gravité variable. Au lieu d'être traité comme une constante le $G$ de Newton était, comme la température, capable de varier en intensité en fonction de l'endroit et du temps. Heureusement, cette nouvelle marge de liberté était limitée. Pour que les changements de $G$ respectent les lois de cause et d'effet, ne propagent pas les changements à des vitesses supérieures à celle de la lumière et ne violent pas la conservation de l'énergie, un seul type de théorie fait l'affaire. Beaucoup de scientifiques ont trouvé des parties de cette théorie mais sa formulation la plus simple et la plus complète a été donnée en 1961 par le physicien américain Robert Dicke et son étudiant Carl Brans.

Dicke était un physicien exceptionnel. Il était aussi à l'aise en tant que mathématicien, physicien expérimental et pour traiter des données complexes d'astronomie ou créer de complexes instruments de mesures. Son intérêt pour la science recouvrait de très larges domaines. Il s'aperçut que l'idée d'une « constante » variable de gravité pouvait être testée par une pléthore d'observations de géologie, de paléontologie, d'astronomie et de physique en laboratoire. Expliquer les Grands Nombres n'était pas sa seule motivation. Au milieu des années 1960, il y avait une raison supplémentaire de développer une version plus étendue de la théorie de la gravité d'Einstein comprenant un $G$ variable, car les prédictions de cette dernière sur l'oscillation de l'orbite de Mercure ne s'accordaient pas avec les observations quand on prenait en compte la forme légèrement non sphérique du Soleil.

Dicke montra que si on s'autorisait une variation de $G$ avec le temps, on pouvait choisir la vitesse de son changement pour avoir une valeur qui cadrait avec les observations sur la trajectoire de Mercure. Mais des années plus tard cette quête s'est malheureusement révélée vaine. Le désaccord avec la théorie d'Einstein était dû à des imprécisions dans la mesure du diamètre solaire. La taille du Soleil n'était pas si facile à mesurer avec la précision requise en raison des turbulences qui ont lieu à sa surface. Lorsqu'en 1977 ce problème fut résolu le besoin d'un $G$ variable pour réconcilier observations et théorie disparut[23].

En 1957, alors qu'il commençait à développer ses théories avec un $G$ variable, Dicke écrivit un article majeur où il passait en revue les indices géophysiques, paléontologiques et astronomiques sur de possibles variations des constantes traditionnelles de la physique. Il fit l'intéressante remarque que l'explication des « grands nombres » d'Eddington et Dirac devait comporter des aspects biologiques[24] :

> « Le problème de la taille importante de ces nombres a maintenant une explication… il y a un seul grand nombre sans dimension d'origine statistique. C'est le nombre de particules dans l'Univers. L'âge de l'Univers "maintenant" n'est pas dû au hasard mais conditionné par des facteurs biologiques… [parce que des changements dans les valeurs des Grands Nombres] excluraient que l'homme existe et considère le problème. »

Quatre années plus tard, il détailla cette idée importante en se référant particulièrement aux coïncidences des Grands Nombres de Dirac dans une courte lettre adressée à la revue *Nature*. Dicke exposa que des formes de vie biochimiques telles que nous-mêmes doivent leurs bases chimiques à des éléments comme le carbone, l'azote, l'oxygène et le phosphore qui sont synthétisés après des milliards d'années d'évolution stellaire. (L'argument s'applique également à toute forme de vie fondée sur n'importe quel élément atomique plus lourd que l'hélium.) Quand les étoiles meurent, ces éléments « lourds » sont dispersés à travers l'espace par les supernovae et incorporés dans des grains, des planétésimaux, des planètes, des molécules « intelligentes » capables de se dupliquer comme l'ADN, et finalement en nous. Les observateurs ne peuvent apparaître jusqu'à ce que, en gros, la durée de vie d'une étoile consommant de l'hydrogène se soit écoulée et il leur est difficile de survivre après que toutes les étoiles ont explosé. Cette échelle de temps obéit aux constantes fondamentales de la Nature selon la formule :

$$t(\text{étoile}) \approx (Gm_{pr}^{2}/hc) - {}^{1}hm_{pr}c^{2} \approx 10^{40} \times 10^{-23} \text{ secondes} \approx 10 \text{ milliards d'années}$$

L'Univers ne peut pas avoir un âge excédant largement celui de *t(étoile)* car autrement toutes les étoiles stables se seraient développées, refroidies et seraient mortes. Et nous ne serions pas capables de voir l'Univers à un moment bien inférieur à *t(étoile)* car dans ce cas nous ne pourrions pas exister ! Il n'y aurait ni étoiles ni éléments lourds comme le carbone. Il semble que le développement de la vie nous force à voir l'Univers et à développer des théories cosmologiques après que s'est écoulé le temps *t(étoile)* suite au Big Bang. Ainsi la valeur du Grand Nombre de Dirac *N(t)* n'est en aucune manière due au hasard : elle doit être proche de celle prise par *N(t)* quand t est voisin de *t(étoile)*.

Si nous considérons la valeur de N au temps *t(étoile)*, nous trouvons qu'elle est précisément une coïncidence des Grands Nombres de Dirac. Tout ce que dit la coïncidence de Dirac est que nous vivons à un moment de l'histoire cosmique entre la formation des étoiles et leur mort. Cela n'est pas surprenant. Dicke nous précise que nous ne pouvions pas éviter d'observer la coïncidence de Dirac : elle est un préalable pour qu'existe une vie de notre sorte. Il n'est nul besoin d'abandonner la théorie de la gravitation d'Einstein en exigeant que *G* varie, comme Dirac le sous-entendait, ou de déceler   des relations numériques entre la force de gravité et le nombre de particules dans l'Univers comme avait pensé Eddington. La coïncidence des Grands Nombres n'est pas plus surprenante que l'existence de la vie elle-même.

La réponse de Dirac après n'avoir rien écrit sur la cosmologie pendant plus de vingt ans à ce point de vue original sur les observations du cosmos fut plutôt narquoise :

« Selon l'hypothèse de Dicke, les planètes habitables ne pourraient exister que durant une période limitée de temps. Selon la mienne, elles pourraient exister indéfiniment dans le futur et la vie ne jamais cesser. Il n'y a aucun argument permettant de trancher entre ces deux hypothèses. Je préfère celle qui permet la possibilité d'une vie sans fin. »

S'il voulait bien admettre que la vie était peu probable avant la formation des étoiles, il n'était pas près d'accepter qu'elle puisse ne pas perdurer longtemps après leur explosion. Avec l'idée de Dirac d'un *G* variable, les coïncidences étaient observables de tout temps mais dans l'hypothèse de Dicke elles ne l'étaient qu'à une époque proche de la nôtre. Dirac ne pensait pas que le fait d'avoir des planètes habitables dans un futur lointain était un problème pour sa théorie. Pourtant, si la gravité faiblit, on ne peut être sûr que les planètes et les étoiles puissent exister à long terme. Pour rendre leur existence possible, il faut à tout le moins que d'autres constantes varient pour maintenir l'équilibre entre la gravité et les autres forces de la Nature.

Il est frappant de constater que d'autres cosmologistes notables comme Milne avaient déjà présenté des arguments opposés à ceux de Dicke. Milne considérait l'apparition des coïncidences des Grands Nombres dans les théories d'Eddington comme suspectes. Il ne pensait pas qu'une « Théorie Fondamentale » de la Nature puisse expliquer ces coïncidences entre les grands nombres, précisément parce que ceux-ci impliquaient l'âge actuel de l'Univers. Comme il n'y avait rien de particulier aux temps où nous vivons, aucune théorie fondamentale de physique ne pouvait le prédire ou le distinguer et donc expliquer les coïncidences :

> « Il y a forcément une quantité définie empiriquement, *t* [l'âge actuel de l'Univers] dans ces expressions, car elle mesure simplement la position à l'instant où nous sommes en train de voir l'Univers. Cela, bien sûr, échappe à toute prédiction... Le fait que la théorie d'Eddington sur les constantes de la nature le prédise... me semble *a priori* être un argument en sa défaveur... car cela revient à prédire l'âge de l'Univers au moment où nous l'observons ; ce qui serait absurde[25]. »

Dicke, au contraire, montra qu'on peut certainement prédire quelque chose de bien spécifique sur l'âge de l'Univers si des êtres à base de carbone font la prédiction.

On peut formuler ce qu'affirme Dicke d'une manière encore plus frappante. Pour qu'un univers dérivé du Big Bang contienne les éléments de base nécessaires à une évolution ultérieure de la complexité biochimique, il doit avoir un âge au moins égal à celui pris par les réactions nucléaires dans les étoiles pour produire ces éléments[26]. Cela signifie que l'Univers observable doit être vieux d'au moins dix milliards d'années et donc, puisqu'il est en expansion, que sa taille doit être au moins égale à dix milliards d'années-lumière. Nous ne pourrions exister dans un Univers qui serait sensiblement plus petit.

Malgré l'aversion qu'avait Dirac pour l'approche prise par Dicke, il eut recours à une idée similaire pour sauver sa théorie où $G$ diminue avec l'âge de l'Univers. Après qu'Edward Teller a, parmi d'autres, découvert les problèmes que posait une variation aussi radicale de la gravité pour l'histoire des étoiles et de la vie sur Terre, on tenta de maintenir la théorie du *G* variable en supposant que les étoiles comme le Soleil passaient périodiquement au travers de nuages denses dont elles capturaient le matériel assez vite pour pouvoir compenser l'effet de la décroissance de *G*. Gamow pensait qu'une telle supposition

> « serait extrêmement *in*élégante, de sorte que la somme totale d'élégance de la théorie entière aurait diminué de façon assez considérable même si l'élégante supposition [$G \propto t^{-1}$] était conservée. Ainsi, nous sommes renvoyés à l'hypothèse que $10^{+40}$ est simplement le plus grand nombre que le Dieu tout-puissant a pu inscrire au premier jour de la création ».

Il est intéressant que Gamow souligne l'« inélégance » de resservir la théorie de cette manière car Dirac a toujours pressé les autres de chercher la « beauté » (qui n'est pas nécessairement la même chose que la simplicité comme il aimait à le faire remarquer) dans les équations décrivant une théorie physique. De fait, il écrivit même à Heisenberg sur l'une de ses théories :

> « Ma principale objection à votre travail est que je ne pense pas que votre équation de base... a suffisamment de beauté mathématique pour être une équation fondamentale de la physique. L'équation correcte, quand elle sera découverte, comportera probablement un nouveau type de mathématiques et suscitera beaucoup d'intérêt chez les purs mathématiciens[27]. »

Mais Dirac tenait à défendre son idée d'accrétion, quelque improbable qu'elle puisse paraître, pour la raison que ce phénomène pouvait être nécessaire à l'existence de la vie :

> « Je ne comprends pas votre objection à l'hypothèse de l'accrétion. On peut supposer que le Soleil est passé à travers des nuages denses, suffisamment denses pour lui permettre de capter assez de matière pour garder la Terre à une température permettant de l'habiter pendant un milliard d'années. Vous pourriez dire qu'il est improbable que la densité ait été juste la bonne pour cela. Je suis d'accord. *C'est improbable.* Mais ce type d'improbabilité importe peu. Si nous considérons toutes

les étoiles qui ont une planète, seule une très petite fraction d'entre elles sera passée à travers des nuages à la bonne densité pour maintenir leurs planètes à une température égale assez longtemps pour le développement d'une vie avancée. Il n'y aura pas tant de planètes avec des hommes comme on le pensait auparavant. Mais pourvu qu'il y en ait une, cela suffit à cadrer avec les faits. Il n'y a donc aucune objection à supposer que notre Soleil a eu une histoire à la fois très inhabituelle et improbable[28]. »

Ceci est une remarquable volte-face, six années après son opposition à Dicke, au fait de prendre en compte la vie humaine pour juger de la probabilité de situations inhabituelles.

Un bel argument par sa simplicité du caractère inévitable de la grande taille de l'Univers est, *pour nous*, le premier qui apparaît dans le texte des Bampton Lectures données par le théologien d'Oxford Eric Mascall. Elles furent publiées en 1956 sous le titre *Christian Theology and Natural Science* et il attribue à Gerald Whitrow l'idée de base. Sous l'influence de ce dernier, il écrit :

« Si nous avons tendance à être intimidés simplement par la taille de l'Univers, il est bon de se rappeler que dans certaines théories cosmologiques il y a un lien direct entre la quantité de matière dans l'Univers et son état dans quelque partie que ce soit, de sorte que l'Univers pourrait devoir posséder cette taille et cette complexité énormes qu'a révélées l'astronomie moderne pour que la Terre puisse héberger des êtres vivants[29]. »

Cette simple observation peut être extrapolée pour nous aider à bien comprendre les liens subtils qui existent entre des aspects différents en apparence de l'Univers que nous voyons autour de nous et les propriétés qu'il doit avoir pour contenir une quelconque forme de vie.

## Big and old, dark and cold

C'est un drôle de vieux monde – un homme a de la chance s'il s'en sort vivant.

W. C. Fields[30]

Nous avons vu que l'alchimie stellaire prend du temps à opérer, des milliards d'années. Et comme notre Univers est en expansion, il doit avoir des milliards d'années-lumière en taille pour qu'il ait eu le temps de produire les matériaux nécessaires à la complexité du vivant. Un univers qui ne serait pas plus gros que notre Voie lactée, avec ses 200 milliards d'étoiles, serait âgé d'un peu moins d'un mois. Une autre conséquence d'un vieil univers en expansion, mis à part sa grande taille, est qu'il est froid, sombre et désolé. Quand une boule de gaz ou de radiation s'étend dans un volume, la température de ses constituants chute en proportion de l'augmentation de sa taille. Un Univers assez vieux et étendu pour contenir les éléments de base du vivant serait très froid et les quantités d'énergie irradiée si faibles que l'espace apparaîtrait noir de toute part.

On peut méditer sur toutes les réponses religieuses et métaphysiques qu'ont suscitées au cours des siècles l'obscurité du ciel la nuit et les étoiles qui l'ornent, l'espace si vaste qui nous entoure et la place accessoire que nous y occupons, simple point dans le grand ordre de la nature. La cosmologie moderne montre que tout cela n'est pas dû au hasard, que ces éléments font partie de l'ensemble des relations unissant l'Univers. Ils sont en fait nécessaires à tout univers contenant des observateurs vivants. Il est à noter que l'effet métaphysique qu'a ce type d'univers sur ses habitants pourrait bien être une autre conséquence inévitable pour n'importe quel autre être sensible de l'Univers. Ce dernier a la curieuse faculté de laisser les êtres vivants penser que ses remarquables propriétés ne sont pas favorables à la vie alors qu'elles lui sont essentielles.

Si nous devions répartir toute la matière de l'Univers en une mer uniforme d'atomes, nous verrions bien le peu de choses qu'il comporte. Il n'y aurait guère qu'un atome par mètre cube d'espace. Aucun laboratoire sur Terre n'a pu produire, et de loin, un tel vide. La limite atteinte actuellement correspond à un milliard d'atomes par mètre cube.

Cette manière de voir l'Univers nous donne une nouvelle idée importante de ses propriétés. Nombre de ses traits les plus frappants, sa taille et son âge immenses, la désolation et l'obscurité de son espace, sont toutes des conditions nécessaires pour qu'il y ait des observateurs intelligents comme nous. Nous ne devrions pas être surpris qu'une vie extraterrestre, si elle existe, soit si rare et si éloignée. La faible densité moyenne de l'Univers signifie que si nous devions rassembler des matériaux pour faire des étoiles ou des galaxies, il en résulterait des distances énormes entre elles. Sur la figure 6.1, la densité de matière dans l'Univers est exprimée de diverses manières et cette représentation nous montre à quelles immenses distances séparant les planètes, les étoiles et les galaxies nous devons nous attendre.

L'Univers visible
contient
seulement

- 1 atome par m$^3$
- 1 Terre par (10 années-lumière)$^3$
- 1 étoile par ($10^3$ années-lumière)$^3$
- 1 galaxie par ($10^7$ années-lumière)$^3$
- 1 « Univers » par ($10^{10}$ années-lumière)$^3$

**Figure 6.1** : La densité de matière de notre Univers exprimée dans différentes unités de volume montrant combien sont disséminés les galaxies, les étoiles, les planètes et les atomes en moyenne. Dans ces conditions, on ne doit pas s'étonner de trouver que la vie extraterrestre soit très rare.

La figure 6.2 nous présente la trajectoire de notre Univers en expansion au cours du temps. Petit à petit, le milieu dans l'Univers se refroidit et permet la formation d'atomes, de molécules, de galaxies, d'étoiles et de planètes. Nous sommes dans un créneau particulier de l'histoire cosmique, entre la naissance et la mort des étoiles.

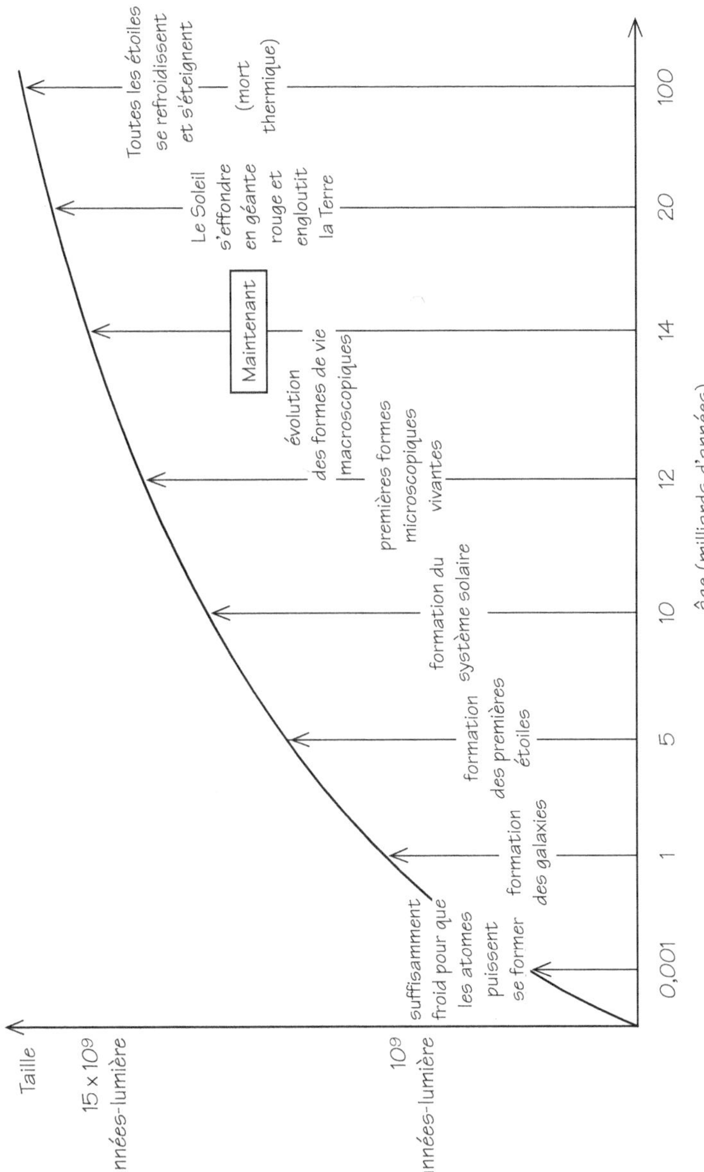


**Figure 6.2** : L'environnement changeant dans un univers en expansion comme le nôtre. Avec le refroidissement de l'Univers la formation des atomes, des molécules, des galaxies, des étoiles et des planètes devient possible au fil du temps.

Le philosophe existentialiste Karl Jaspers fut aussi incité par les textes d'Eddington à considérer notre existence comme liée à un lieu et à un instant particuliers de l'histoire cosmique. Dans son livre[31] écrit en 1949, soit peu après la mort d'Eddington, il se demande :

« Pourquoi vivons-nous et accomplissons-nous notre histoire dans l'espace infini précisément à ce moment-là, sur ce minuscule grain de poussière dans l'Univers, comme dans un coin retiré ? Pourquoi juste maintenant dans le temps infini ? Ce sont des questions qui, ne pouvant avoir de réponse, nous font prendre conscience d'une énigme.
Le fait fondamental de notre existence est que nous sommes isolés dans le cosmos. Nous sommes les seuls êtres intelligents et rationnels dans le silence de l'Univers. Dans l'histoire du système solaire, il est apparu sur terre en un laps de temps si bref une condition où l'homme a évolué, pris conscience de lui-même et d'exister… Dans le cosmos sans limites, sur une minuscule planète, pour une minuscule période de quelques millénaires, il s'est passé quelque chose comme si cette planète était la première à refléter le tout, l'authentique. C'est l'endroit, une tête d'épingle dans l'immensité de l'Univers, où l'être s'est éveillé avec l'homme. »

Il y a là la grande supposition du caractère unique de la vie humaine dans l'Univers. La question est toutefois posée, quoique aucune réponse n'y soit apportée, du pourquoi nous sommes ici, à ce moment-là et à cet endroit-là. Nous avons vu que la cosmologie peut clairement y répondre.

## Le plus grand nombre de tous

> Al-Gore-rithme, n. opération mathématique qui est répétée plusieurs fois jusqu'à ce qu'elle converge au résultat désiré, particulièrement en Floride.
>
> The GRAPEVINE

Les astronomes utilisent des nombres gigantesques. Ils doivent expliquer aux autres ce que signifie au juste des milliards et des milliards d'étoiles avec des analogies de leur cru. Ce ne fut que lorsque la dette nationale américaine a atteint des niveaux astronomiques qu'il y eut soudain en rubrique financière des journaux des nombres supérieurs à celui des étoiles dans la Voie lactée ou dans les galaxies de l'Univers[32]. Pourtant, si vous voulez vraiment avoir de grands nombres, des nombres qui rendent même minuscules les $10^{80}$ d'Eddington et de Dirac, ce n'est curieusement pas en astronomie qu'il faut aller les chercher. Les grands nombres des astronomes s'additionnent. Ils viennent des étoiles, des planètes, des atomes et des photons que nous comptons dans un énorme volume. Si vous voulez vraiment avoir des nombres immenses, vous devez trouver un endroit où les possibilités se multiplient au lieu de s'ajouter. Il vous faut pour cela de la complexité. Et pour avoir de la complexité, il faut de la biologie.

Au XVIIe siècle, le physicien anglais Robert Hooke fit le calcul « du nombre d'idées distinctes que l'esprit est capable d'entretenir[33] ». Il obtint le chiffre de 3 155 760 000. Aussi grand qu'il puisse paraître (vous ne vivriez pas assez longtemps pour le compter !), ce nombre serait maintenant vu comme une atterrante sous-estimation. Notre cerveau contient environ dix milliards de neurones, chacun d'entre eux envoie des prolongements, ou axones, pour le relier à des milliers d'autres. Ces connexions jouent un rôle dans la création de nos pensées et de nos souvenirs. Comment cela se passe est l'un des secrets les mieux gardés de la Nature. Mike Holderness suggère qu'un moyen d'estimer[34] le nombre de pensées possibles est de compter toutes ces connexions. Le cerveau peut faire beaucoup de choses d'un coup, aussi pouvons-nous le concevoir comme, disons, un millier de petits groupes de neurones. Si chaque neurone a un millier de liaisons parmi la dizaine de millions d'autres neurones de son groupe, le nombre de manières différentes pour lui d'effectuer ces liaisons est de $10^7 \times 10^7 \times 10^7 \times$... un millier de fois. Cela donne $10^{7\,000}$ configurations différentes de connexions. Mais c'est juste pour un neurone. Le nombre total pour $10^7$ neurones est $10^{7\,000}$ multiplié par $10^7$. Soit $10^{70\,000\,000\,000}$. Si les mille groupes de neurones peuvent agir indépendamment, alors chacun peut fournir $10^{70\,000\,000\,000}$ contacts, ce qui s'élève au nombre total d'Holderness, $10^{70\,000\,000\,000\,000}$.

C'est l'estimation actuelle du nombre de configurations électriques différentes que le cerveau peut contenir. C'est en quelque sorte le nombre de pensées ou d'idées qu'un cerveau humain pourrait avoir. Nous disons bien *pourrait*. Ce nombre est si élevé qu'il rend minuscule celui des atomes dans l'Univers observable, simplement de $10^{80}$. Mais à la différence de ce dernier, il ne doit pas sa grandeur au remplissage d'un immense volume avec de petites choses. Le cerveau est plutôt petit. Il ne contient qu'environ $10^{27}$ atomes. Le nombre gigantesque vient de la complexité potentielle de celui de ses connexions. C'est ce que nous entendons par complexité. Elle provient du nombre de façons différentes de relier des composantes plutôt que de ce qu'elles sont. Et comme ces nombres sérieusement élevés viennent du nombre de permutations possibles dans un réseau complexe, ils ne peuvent s'expliquer en termes de constantes de la Nature comme c'est le cas pour les Grands Nombres de l'astronomie. Ils ne sont pas seulement plus grands, ils sont aussi différents.

# La biologie et les étoiles

Les choses sont plus ce qu'elles sont maintenant que ce qu'elles ont jamais été.

Dwight D. Eisenhower

## Un Univers âgé ?

Les quatre âges de l'Homme : Langes, Aga, Saga, Gaga.

Anonyme

Quand on pense à l'âge et à la taille de l'Univers, on a en général recours à des unités de temps et d'espace comme l'année, le kilomètre ou l'année-lumière. Comme nous l'avons vu, ces mesures sont extrêmement anthropomorphiques. Pourquoi mesurer l'âge de l'Univers en utilisant une « horloge » qui bat chaque fois que notre planète achève son orbite autour de son étoile ? Pourquoi mesurer sa densité en atomes par mètre cube ? La réponse à ces questions est évidemment la même : parce que c'est commode et que nous avons toujours fait comme ça. Mais voici une situation où il est particulièrement approprié d'utiliser les unités « naturelles » de masse, de longueur et de temps telles que Stoney et Planck les ont introduites pour nous aider à échapper à l'emprise d'une perspective centrée sur l'homme.

Si nous adoptons les unités de Planck, nous voyons que

*l'âge présent de l'univers visible $\approx 10^{60}$ temps de Planck*

La taille de l'Univers visible est également énorme :

*la taille présente de l'univers visible $\approx 10^{60}$ longueurs de Planck*

ainsi que sa masse :

*la masse présente de l'univers visible $\approx 10^{60}$ masses de Planck*

Nous voyons ainsi que la très faible densité de matière dans l'Univers reflète le fait que

*la densité présente de l'univers visible $\approx 10^{-120}$ de la densité de Planck*

et la température de l'espace, trois degrés au-dessus du zéro absolu est

*la température présente de l'univers visible $\approx 10^{-30}$ de la température de Planck*

Ces nombres extrêmement grands et ces infimes fractions nous montrent immédiatement que l'Univers est structuré sur une échelle suprahumaine aux proportions étourdissantes. L'Univers est vieux selon ses propres standards. La durée de vie naturelle d'un monde gouverné par la gravité, la relativité et la mécanique quantique est le fugace temps de Planck. Notre Univers a réussi d'une certaine manière à rester en expansion pendant un très grand nombre de temps de Planck. Il semble bien plus vieux que ce qu'il devrait être. Nous verrons plus tard que les cosmologistes pensent savoir à quoi cela est dû. Et pourtant, malgré cet âge si élevé d'un Univers battant au rythme du temps de Planck, nous avons appris que presque toute cette durée a été nécessaire pour produire les étoiles et les éléments chimiques de base pour la vie.

# La chance d'une vie

> À la fin de l'Univers, vous devez beaucoup utiliser le
> passé... tout a été fait, vous savez.
>
> Douglas ADAMS[1]

Pourquoi notre Univers n'est-il pas aussi vieux que ce qu'il
paraît ? On peut facilement comprendre pourquoi l'Univers n'est plus
si jeune. Les étoiles prennent du temps à se former et à produire les
éléments lourds requis pour la complexité biologique. Mais les vieux
univers ont aussi leurs problèmes. Avec le temps, le processus de formation des étoiles se ralentit. Tout le gaz et la poussière qui forment
la matière première des étoiles sont utilisés par elles et éjectés dans
l'espace intergalactique où ils sont incapables de se ralentir et de
s'agréger en de nouvelles étoiles. Et peu d'étoiles signifie peu de systèmes solaires et peu de planètes. Chaque planète qui se forme alors
est moins active que les précédentes. En effet, la production d'éléments radioactifs dans les étoiles diminue et ceux qui sont formés
auront des demi-vies plus longues. De nouvelles planètes seront
moins actives géologiquement et seront dépourvues des nombreux
mouvements souterrains à l'origine sur Terre du volcanisme, de la
dérive des continents et de la surrection des montagnes. Si cela rend
aussi la présence d'un champ magnétique moins probable sur une
planète, la vie aura encore moins de chance d'évoluer vers des formes
complexes. En effet, des étoiles typiques comme notre Soleil émettent un vent de particules chargées électriquement qui balaye
l'atmosphère des planètes orbitant autour d'elles si ces dernières ne
possèdent pas un champ magnétique propre capable de le détourner.
Dans notre système solaire, le champ magnétique terrestre a protégé
notre atmosphère du vent solaire alors que Mars, exposée en
l'absence de tout champ magnétique, a depuis longtemps perdu son
atmosphère.

Maintenir la vie sur une planète d'un système solaire n'est probablement pas chose aisée. Nous avons progressivement compris

combien son existence était précaire. Même en mettant de côté les tentatives acharnées des êtres vivants de s'exterminer, d'épuiser les ressources naturelles et de répandre des infections mortelles ou des poisons létaux, il y a encore de sérieuses menaces extérieures. Les comètes et des astéroïdes représentent un danger pour le développement et la persistance d'une vie intelligente. Les collisions ne sont pas si rares et ont eu des effets catastrophiques sur la Terre dans un lointain passé. Nous avons la chance d'être doublement à l'abri de leur choc grâce à notre plus proche voisine, la petite Lune, et à un voisin plus distant, le géant Jupiter. Ce dernier est des milliers de fois plus massif que la Terre et se tient à la périphérie du système solaire où sa puissante gravité peut capturer tout ce qui s'y dirige. En juillet 1994, nous avons pu assister à la fragmentation et à la capture de la comète Schumacher-Levy 9 par Jupiter[2]. Il y a eu deux collisions importantes sur Terre au XXe siècle, l'une en Amérique du Sud, l'autre à Tungunska au nord de la Russie. Nous sommes maintenant en dessous de la fréquence attendue pour les impacts et la chance risque un jour de tourner. Certains gouvernements font déjà des efforts dans la surveillance des astéroïdes et prévoient des contre-mesures à l'encontre de ce qui se dirigerait vers la Terre. Il est clair que plus le temps passe, plus une planète a de chances de recevoir un impact (voir figure 7.1[3]).

Ces interventions extérieures sur l'évolution de la Terre ont eu une curieuse contrepartie. Il est vrai qu'elles peuvent entraîner des extinctions globales et faire reculer de plusieurs millions d'années l'évolution de la complexité. Mais, d'une façon modérée, elles peuvent avoir un effet positif d'accélération de cette évolution. Quand les dinosaures disparurent suite à l'impact d'une large météorite ou comète qui s'écrasa dans la péninsule du Yucatán il y a soixante-cinq millions d'années, à la fin de l'ère secondaire, la Terre fut sauvée d'une impasse évolutive. Les dinosaures semblent avoir évolué selon une logique qui favorisait plus la taille corporelle que celle du cerveau. Leur disparition sur Terre, avec la plupart des autres formes de vie de l'époque, a ouvert un espace permettant aux mammifères d'émerger. Elle a aussi libéré la place occupée par des concurrents pour les ressources naturelles. Cela a ainsi provoqué une accélération rapide du développement de la diversité. Peut-être que les collisions jouent un rôle vital pour relancer l'évolution quand celle-ci se trouve

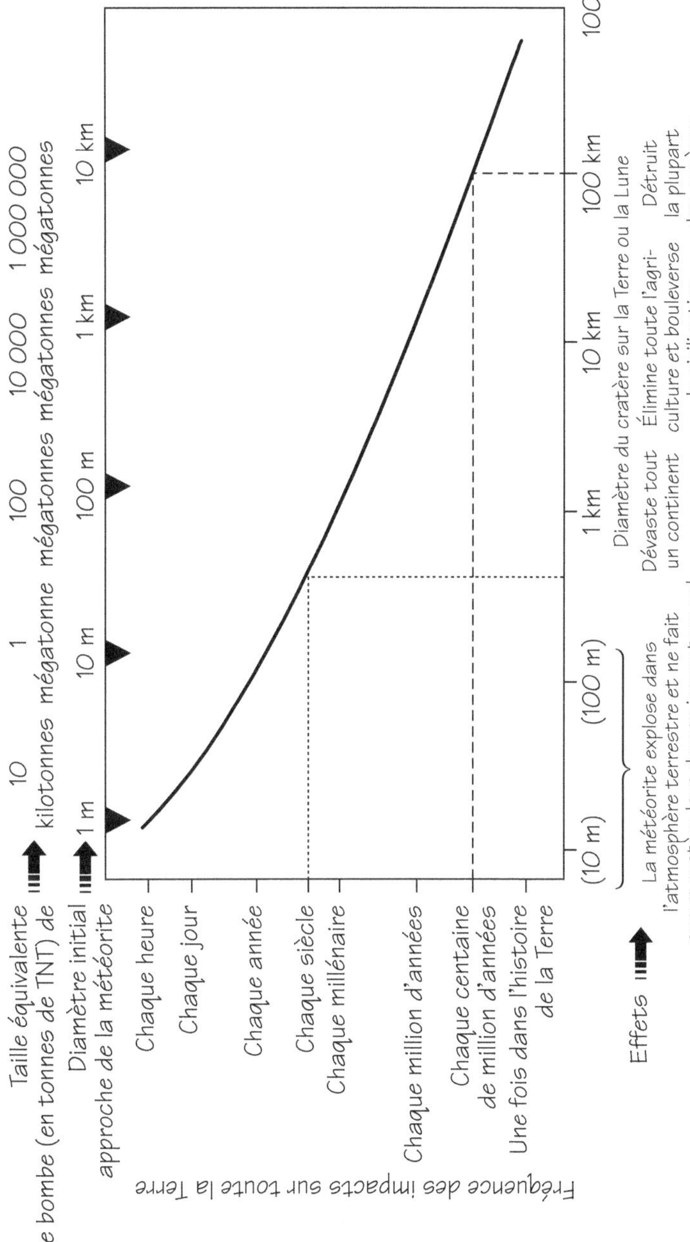


**Figure 7.1** : Fréquence moyenne des impacts météoritiques de différentes tailles sur la Terre. Le diamètre des météorites et leurs effets probables sont aussi montrés.

coincée dans une voie incertaine. Sans ces impacts, le développement de la vie s'installerait peut-être dans une voie stable mais peu intéressante où des extinctions régulières réduisent constamment la diversité des espèces (voir figure 7.2[4]). Des conditions à la fois rudes et changeantes stimulent l'adaptation et accélèrent les processus de l'évolution. Elles augmentent aussi la diversité, qui est la meilleure assurance vie que puisse prendre une planète contre une extinction générale causée par un futur impact. Le point de vue du dinosaure serait évidemment tout autre.

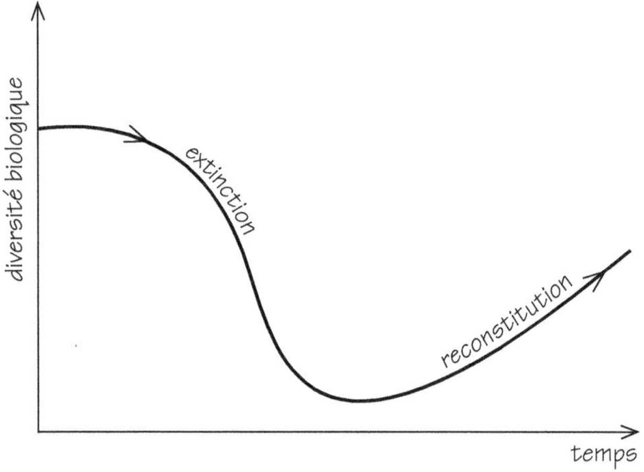


**Figure 7.2** : Type de réponse à une crise environnementale produisant une extinction massive d'êtres vivants sur Terre.

Dans notre système solaire, il est surprenant de voir que la vie a évolué sur Terre juste après la formation d'un environnement qui lui était propice. Cela a quelque chose d'anormal. Supposez que la durée typique pour que la vie évolue soit *t(bio)*. En considérant notre système solaire vieux de 4,6 milliards d'années il ne semble pas que le temps pris pour qu'une étoile se forme et crée une source stable de lumière et de chaleur *t(étoile)* soit très différent de *t(bio)*, parce que nous trouvons des formes de vie simples comme des bactéries terrestres vieilles de plusieurs milliards d'années.

La similitude entre *t(étoile)* et *t(bio)* paraît être une coïncidence. À première vue, on pourrait croire que les microscopiques processus biochimiques et les conditions de l'environnement local qui se combinent pour déterminer la grandeur de *t(bio)* sont *indépendants* de ceux, gravitationnel et d'astrophysique nucléaire, qui conditionnent la durée de vie des étoiles. Mais dans ce cas, il faut s'attendre à ce que les formes extraterrestres de vie doivent être particulièrement rares. Et cela en raison de l'argument suivant, énoncé simplement par Brandon Carter[5] puis développé ensuite par moi-même et Frank Tipler[6] et encore étudié en détail de nos jours[7] : si *t(étoile)* et *t(bio)* ne sont pas en rapport, alors le temps pris par la vie pour apparaître sera aléatoire au regard de l'échelle de temps stellaire *t(étoile)*. Il est donc très probable[8] que *t(bio)* soit largement supérieur à *t(étoile)* ou l'inverse.

Maintenant faisons le point. D'un côté, si *t(bio)* est normalement beaucoup plus faible que *t(étoile)* nous devons nous demander pourquoi le premier système solaire habité (le nôtre !) a un *t(bio)* approximativement égal à *t(étoile)*. Selon notre logique, ce serait extraordinairement improbable. D'un autre côté, si *t(bio)* est normalement beaucoup plus grand que *t(étoile)*, alors le premier système solaire habité que nous observons (le nôtre) est un accident statistique pour avoir un *t(bio)* approximativement égal à *t(étoile)* puisque les systèmes avec *t(bio)* beaucoup plus grands que *t(étoile)* doivent encore évoluer. Nous serions alors une rareté, l'un des premiers systèmes vivants à entrer en scène.

Pour échapper à cette conclusion, nous devons revenir sur une supposition à l'origine de l'un de ces arguments. Par exemple, si nous supposons que *t(bio)* n'est *pas* indépendant de *t(étoile)*, alors les choses prennent un autre aspect. Si le rapport *t(bio)/t(étoile)* augmente avec *t(étoile)* alors il peut y avoir une chance que nous trouvions un *t(bio)* approximativement égal à *t(étoile)*. Mario Livio[9] a suggéré comment *t(bio)* et *t(étoile)* pourraient être ainsi en relation si l'évolution d'une atmosphère favorable à la vie demande une phase initiale durant laquelle l'oxygène est libéré par photodissociation de la vapeur d'eau. Cela a pris 2,4 milliards d'année sur Terre et fit grimper l'oxygène atmosphérique au millième environ des concentrations actuelles. On peut s'attendre à ce que la durée de cette phase soit inversement proportionnelle à l'intensité des radiations de longueurs d'onde comprises entre 1 000 et 2 000 angströms, intervalle où se situent les niveaux moléculaires clés d'absorption de l'eau. De nouvelles études sur l'évolution stellaire pourraient nous permettre de déterminer la durée de cette phase et faire ainsi le lien entre les temps d'évolution biologique et de développement stellaire.

Ce modèle indique un moyen possible d'établir un rapport entre les échelles de temps biochimique pour l'évolution de la vie et astrophysique qui fixe le temps requis pour créer un environnement issu d'une étoile stable brûlant de l'hydrogène. Ce raisonnement a malgré tout des points faibles. Il ne donne qu'une condition pour l'évolution de la vie. Nous pourrions considérer la probabilité de formation d'une planète autour d'une étoile. De nombreux facteurs seraient pris en compte pour déterminer la quantité de matière disponible nécessaire à la formation d'une planète solide avec une atmosphère, à une distance qui permette la présence d'eau liquide et des conditions stables à sa surface. De plus, nous savons qu'il y a eu de nombreux « accidents » au cours de la formation des planètes du système solaire qui ont ensuite joué un rôle majeur pour l'existence de conditions stables sur Terre. Par exemple, comme Jacques Laskar et ses collaborateurs l'ont montré[10], la présence de résonances entre le taux de précession d'une planète en rotation et les perturbations gravitationnelles qu'elle ressent de la part des autres corps du système solaire peut facilement produire une évolution chaotique de son axe de rotation par rapport au plan orbital des autres planètes sur des périodes de temps bien plus courtes que l'âge du système solaire. Sur cette planète, les variations de température en surface et le niveau des mers seront sensibles à ce type d'écart. Or ce changement d'axe détermine les différences climatiques entre ce que nous appelons les « saisons ». Dans le cas de la Terre, la modeste variation de cet angle (environ 23 degrés) aurait ainsi été erratique sans la présence de la Lune. Celle-ci est assez grosse pour que ses effets gravitationnels l'emportent sur ceux de la résonance se produisant entre la rotation précessionnelle de la Terre et la fréquence des perturbations gravitationnelles externes venant d'autres planètes. Il en résulte que la Terre n'oscille que d'un demi-degré sur 23 pendant des centaines de milliers d'années.

Cela montre combien le lien causal entre la durée de vie des étoiles et celle de l'évolution biologique peut n'être qu'un facteur mineur dans l'enchaînement de circonstances fortuites devant se produire pour former une planète habitable, capable d'héberger durablement des conditions favorables à l'évolution de la vie.


## D'autres types de vie


La vie n'est pas donnée à tout le monde.

Michael O'Donoghue[11]


Avec l'hypothèse d'un Univers inévitablement grand et froid, on suppose implicitement que toute forme de vie nous ressemble beaucoup. Si les biologistes paraissent prêts à admettre que d'autres formes de vie peuvent exister, ils sont beaucoup moins sûrs qu'elles puissent évoluer spontanément sans l'aide d'autres formes de vie reposant sur le carbone. La plupart des estimations de la probabilité d'intelligences extraterrestres existant dans l'Univers se limitent à des formes de vie similaires à la nôtre, vivant sur des planètes, ayant besoin d'eau, d'une atmosphère gazeuse, etc. Cela vaut la peine d'imaginer un peu à quoi pourrait ressembler une vie provenant non d'une planète mais de l'espace. L'astronome Fred Hoyle, dans l'espoir d'échapper aux conclusions généralement défavorables sur la probabilité d'extraterrestres issus d'autres planètes, avait pris un exemple intéressant. Non content d'avoir réussi une double carrière d'astrophysicien et de vulgarisateur de la science, Hoyle s'est aussi engagé dans la voie de la science-fiction avec des succès notables. Sa plus fameuse histoire, *The Black Cloud*[12], a été un gros succès de librairie et un thriller tout à fait plausible à notre époque, mettant en scène des scientifiques qui ne sont pas sans ressembler à Hoyle lui-même. De fait, Hoyle a beau assurer que ses personnages sont entièrement imaginaires, il est difficile de ne pas le retrouver dans le héros. *The Black Cloud* a été écrit en 1957, quelques années seulement après la découverte de coïncidences au sujet des valeurs des constantes de la Nature qui ont des conséquences importantes pour la possibilité d'existence du carbone et de l'oxygène, et donc de la vie dans l'Univers. La même année les deux premières sondes spatiales *Spoutnik* avaient été lancées par les Soviétiques et on discutait beaucoup à l'époque de la probabilité d'une vie extraterrestre. La trame du roman était un nuage de gaz, nombreux dans l'espace interstellaire, qui se rapprochait de la Terre et devait passer devant le Soleil. S'il le faisait, la lumière et la chaleur provenant du Soleil pouvaient être suspendues un moment après avoir été amplifiées par leur réflexion sur le nuage, ce qui pouvait avoir des conséquences calamiteuses pour la Terre. Mais le nuage s'avère être une forme de vie amorphe et intelligente, un énorme système d'interactions moléculaires complexes se déplaçant à travers l'espace. Au terme de beaucoup d'intrigues et d'effervescence, la Terre survit à cette brève rencontre avec le nuage après avoir établi un dialogue avec lui et appris à décoder les signaux qu'il utilise pour communiquer avec nous. Le message le plus important que Hoyle essayait de faire passer à travers cette histoire était qu'on pouvait se tromper en supposant que la vie n'existait que sur des planètes solides. Peut-être que la complexité chimique requise pour être qualifiée de « vie » pourrait exister dans d'énormes nuages moléculaires stabilisés par les forces de la gravité. Même le carbone pourrait ne pas être nécessaire dans ces berceaux nébuleux de la vie. Trente ans plus tard, Hoyle devait revenir sur ce thème dans son travail scientifique et en science-fiction, imaginant que des molécules capables de s'autoreproduire pourraient avoir évolué à l'intérieur des comètes et s'être répandues avec elles à travers les galaxies.

D'autres auteurs de science-fiction ont aussi exploré les possibilités d'une chimie autre que celle du carbone. On savait que la silice pouvait constituer des molécules sous forme de chaînes un peu comme le fait le carbone, mais elles ont malheureusement tendance à être comme le quartz ou le sable, des éléments rigides et inintéressants pour la biologie. Ironie du sort, la révolution informatique a montré depuis que la *physique* plutôt que la chimie de la silice était plus prometteuse pour offrir une autre base à la vie. Mais ces formes de vie et d'intelligence artificielles n'ont pas évolué spontanément. Elles ont exigé l'aide d'organismes à base de carbone pour rassembler les configurations hautement organisées, et donc extrêmement improbables, nécessaires à leur persistance et à leur développement. Ces alternatives plus abstraites à la vie de chair et de sang nous sont maintenant familières et les auteurs de science-fiction doivent être beaucoup plus subtils que de simplement imaginer des créatures étrangères avec des chimies exotiques et de nouvelles apparences physiques. Mais à l'époque de Hoyle, en 1957, l'idée était novatrice. Elle a joué un rôle important en élargissant le spectre du possible pour la vie au-delà de ce qu'imaginaient la plupart des astronomes. On n'était plus obligé de déterminer la probabilité d'une vie uniquement à partir de statistiques portant sur l'existence de planètes habitables avec des atmosphères tempérées, de l'eau en surface et orbitant autour d'une étoile favorable.

## Prépare-toi à l'heure du jugement dernier

> Si vous êtes tué, vous avez perdu une partie très importante de votre vie.
>
> Brooke SHIELDS[13]

Il y a une curiosité de plus sur la coïncidence existant entre le temps pris pour l'évolution biologique et l'astronomie. Comme il n'est pas surprenant que l'âge des étoiles classiques soit similaire à celui de l'Univers, il y a aussi une coïncidence apparente entre l'âge de l'Univers et le temps qui a été nécessaire à l'évolution de formes de vie comme nous. Si nous regardons rétrospectivement depuis combien de temps nos ancêtres intelligents (*Homo sapiens*) sont entrés en scène, nous voyons que ce n'est que depuis deux cent mille ans, ce qui est bien peu comparé à l'âge de 13 milliards d'années de l'Univers. Notre histoire humaine a duré moins de deux cent millièmes de celle de l'Univers. Mais si nos descendants pouvaient continuer à vivre indéfiniment dans le futur, la situation serait très différente pour eux. Supposez qu'ils pensent encore à la question lorsque l'Univers est vieux de mille milliards d'années. Ils calculent que leurs ancêtres intelligents ont été sur Terre depuis mille milliards d'années moins treize milliards plus deux cent mille ans. La réponse, de 987,2 milliards, est très proche de mille milliards d'années. Nos descendants ne penseraient alors pas que l'histoire de leur civilisation n'a duré qu'une minuscule fraction de celle de l'Univers. Brandon Carter et Richard Gott ont avancé que cela nous met dans une position particulière par rapport à des observateurs placés dans un lointain futur. Si vous croyez que notre situation dans l'histoire cosmique n'a rien de spécial de ce point de vue, vous arriverez forcément à une conclusion radicale. Pour être sûr que notre propre histoire restera toujours largement minime par rapport à celle de l'Univers, *nous ne devons pas avoir de descendants dans un futur lointain*. Car si la vie sur Terre disparaissait dans quelques milliers d'années, tous nos descendants considéreraient en gros la même fraction de l'histoire cosmique qui a vu exister la civilisation humaine. Gott estimait ainsi que nous pouvions être sûrs à 95 % que la vie sur Terre se terminerait entre 5 000 et 7,8 millions d'années dans le futur.

Il n'y a aucune raison de limiter ce raisonnement à des événements dramatiques comme l'extinction de l'espèce humaine. Il se fonde sur le simple fait statistique que si vous observez quelque chose à un moment pris au hasard, il y a 95 % de chances que vous l'observerez au milieu des 95 % de la période où il peut être observé[14]. Pour montrer la souplesse de ce type de statistique, on a demandé à Gott de faire une série de prédictions pour le *Wall Street Journal* du 1er janvier 2000. Nous en montrons quelques-unes à la figure 7.3[15].

Il est facile de sortir ce type de statistiques pour les choses temporaires de votre choix. Si le moment présent doit être pris au hasard par rapport à la durée totale durant laquelle quelque chose est observable, alors il y a 95 % de chances que son futur se trouve dans un intervalle de temps plus grand entre 1/39[e] et 39 fois son âge. Si nous voulons en être sûr à 50 %, alors son futur s'étendra entre un tiers et trois fois le temps déjà passé.

| Phénomène et date d'apparition | Probabilité de survie | |
|---|---|---|
| | plus de | mais moins de |
| Stonehenge (2000 av. J.-C.) | 102 5 années | 156 000 années |
| Panthéon (126 ap. J.-C.) | 48 années | 73 086 années |
| Humains (*Homo sapiens*) (200 000 ans) | 5 100 d'années | 7,8 millions d'années |
| Grande muraille (de Chine) (210 av. J.-C.) | 56 ans | 86 150 ans |
| Internet (1969) | 9 mois | 1 209 ans |
| Microsoft (1975) | 7 mois | 975 ans |
| General Motors (1908) | 2,3 ans | 3 588 ans |
| Chrétienté (c. 33 ap. J.-C.) | 50 ans | 76 713 ans |
| États-Unis (1776) | 5,7 ans | 8 736 ans |
| Bourse de New York (1792) | 5,2 ans | 8 112 ans |
| Manhattan (achetée en 1626) | 9,5 ans | 14 586 ans |
| *Wall Street Journal* (1889) | 2,8 ans | 4 329 ans |
| *New York Times* (1851) | 3,8 ans | 5 811 ans |
| Université d'Oxford (1249) | 19 ans | 29 289 ans |

**Figure 7.3** : Voici, avec un intervalle de confiance de 95 %, les durées de survie les plus courtes et les plus longues attendues pour les structures et les organisations suivantes selon les prédictions de Richard Gott faites le jour de l'an de l'année 2000.

## De la coïncidence à la conséquence

> MORIARTY : « Tout ce que j'ai à dire a déjà traversé votre esprit.
> HOLMES : Alors il se peut que ma réponse ait traversé le vôtre. »
>
> A. CONAN DOYLE[16]

La réponse de Dicke au problème des Grands Nombre eut de nombreuses conséquences importantes. Il montra que les approches d'Eddington et de Dirac avaient été à la fois extrêmes et injustifiées. Pour expliquer les coïncidences des Grands Nombres, ils avaient tenté de faire des changements majeurs dans les théories de la physique. Eddington voulait créer une ambitieuse « théorie fondamentale » où de nouvelles équations lieraient les constantes de la Nature d'une manière insoupçonnée et montreraient que les coïncidences des Grands Nombres étaient la conséquence d'un profond projet de la Nature. Dirac, de la même manière, abandonna le caractère constant de l'une des constantes traditionnelles de la Nature, $G$, pour permettre aux coïncidences entre différents grands nombres d'être la conséquence d'une théorie jusqu'alors inconnue de la gravité et des phénomènes atomiques. Dicke, par contre, prit une approche moins iconoclaste. Il admit que toutes les périodes de temps ne sont pas égales : nous devons nous attendre à ne voir l'Univers que lorsqu'il est assez vieux pour permettre à des êtres vivants de l'habiter. Il en résulte un biais irrémédiable dans nos observations astronomiques dont il vaut mieux avoir conscience. Ce biais garantit que la coïncidence de Dirac entre les Grands Nombres sera observée par des êtres vivants comme nous. Cette leçon à la fois simple et puissante que donne Dicke aux scientifiques doit être prise en compte pour ne pas courir le risque de s'embarquer, comme Dirac et Eddington, dans des recherches hasardeuses faisant fi des théories bien établies. Certains qui n'ont pas compris l'apport de Dicke objectent « qu'il ne s'agit pas d'une théorie scientifique » parce qu'elle ne fait aucune prédiction et « ne peut donc être testée ».

C'est témoigner d'une profonde incompréhension. La reconnaissance du biais de l'observateur n'est pas une théorie scientifique rivale qui reste à évaluer. C'est un principe de méthodologie scientifique que l'on peut négliger volontairement ou non à ses dépens. Il s'agit juste d'une version élaborée d'un principe bien connu de la science expérimentale, à savoir le biais de l'expérimentation.

Quand nous faisons une expérience ou cherchons à tirer des conclusions à partir de données de l'observation, la conscience des biais susceptibles d'affecter l'expérience a une importance primordiale. De tels biais rendent la collecte de certaines données plus facile par rapport à d'autres et mènent à des résultats trompeurs. Un exemple intéressant de cela que l'on a pu voir dans les journaux est la question controversée des résultats aux tests de mathématiques obtenus par les enfants de différents pays. Pendant longtemps, on a affirmé que les élèves de certains pays du Sud-Est asiatique étaient meilleurs que ceux du Royaume-Uni. Puis il apparut que les élèves les plus faibles dans ces pays étaient écartés plus tôt dans leur système scolaire. Cela avait clairement pour conséquence de biaiser vers le haut les performances moyennes. Un autre exemple récent qui a attiré mon attention était une étude américaine cherchant à savoir si les gens qui allaient à l'église avaient aussi tendance à être en meilleure santé. Au final, un sérieux biais entache les résultats car les gens vraiment malades ont peu de chances d'aller à l'église.

Ces exemples montrent que les scientifiques de toutes sortes doivent veiller à tout type de biais qui peut déformer leurs données et mener à des conclusions erronées. Dicke a remarqué quelque chose de similaire à propos du point de vue des astronomes sur l'Univers. Négliger la leçon de la sélection par l'observateur vous conduira à de mauvaises conclusions.

Le défi posé par les Grands Nombres a joué un rôle important dans nos tentatives de comprendre la structure de l'Univers et la gamme de possibilités offerte pour les constantes de la Nature qui forment la véritable armature dont découlent les lois de la Nature. Ce défi a aussi encouragé une sérieuse remise en question du caractère constant des constantes traditionnelles de la Nature, notamment la constante « *G* » de Newton, et mené à la formulation de nouvelles théories de la gravité étendant celle d'Einstein pour y inclure cette possibilité. Il a aussi provoqué un vaste changement de perspective.

Soudain, des disciplines telles que la biologie ou la géologie qui avaient traditionnellement peu de rapports avec l'astronomie ou la cosmologie ont pris une importance cosmique. Cela a élargi les considérations cosmologiques. Certaines théories cosmologiques pouvaient être testées par des données géophysiques ou paléontologiques, ou déboucher sur des histoires où la vie avec la sélection naturelle pouvait ne pas avoir évolué. Les astronomes ont pris l'habitude de se demander dans quelle mesure existait dans l'Univers un délicat équilibre permettant la vie, qu'elle soit de notre type ou pas. Les valeurs mesurables de beaucoup de constantes de la Nature, ou de quantités décrivant les propriétés globales de l'Univers – sa forme, sa vitesse d'expansion, son uniformité –, semblaient aussi résulter d'un subtil équilibre. De tous petits changements dans le *statu quo* pouvaient rendre impossible toute complexité. Les univers habitables apparurent alors pour le moins difficiles à réaliser.

## *La vie dans un univers édouardien*[17]

> Il est plus important qu'une proposition soit intéressante que vraie... Mais une proposition vraie est bien sûr plus à même d'intéresser qu'une fausse.
>
> Alfred NORTH WHITEHEAD[18]

Pour terminer, il est intéressant de voir après la manière dont Dicke a traité les coïncidences des Grands Nombres l'argument très similaire avancé par Alfred Wallace en 1903. Ce dernier était un scientifique de grande envergure qui ne reçoit pas aujourd'hui tout le crédit qu'il mérite. Ce fut lui, plutôt que Charles Darwin, qui eut le premier l'idée que les organismes vivants évoluaient par un processus de sélection naturelle. Heureusement pour Darwin, qui avait indépendamment et pendant très longtemps profondément réfléchi et rassemblé des éléments en faveur de ce concept, Wallace lui écrivit pour lui parler de ses idées plutôt que de simplement les publier dans la littérature scientifique. De nos jours pourtant, « la biologie de l'évolution » se focalise presque entièrement sur les contributions de Darwin.

Wallace était bien plus éclectique que Darwin et s'intéressait également aux principaux domaines de la physique, de l'astronomie et des sciences de la Terre. En 1903, il publia une large étude des facteurs qui rendaient la Terre habitable et envisagea ce que l'on pouvait en déduire du point de vue philosophique de l'état de l'Univers. Son livre parut sous le titre évocateur de *Man's Place in the Universe*[19]. *Cela se passait avant la découverte des théories de la relativité, de l'énergie nucléaire et de l'expansion de l'Univers*[20]. La plupart des astronomes du XIXe siècle concevaient l'Univers comme un seul îlot de matière, ce que nous appellerions aujourd'hui la Voie lactée, notre galaxie. Ni l'existence d'autres galaxies, ni l'échelle de l'Univers n'étaient établies. Il paraissait clair seulement que ce dernier était grand.

Wallace fut impressionné par le modèle cosmologique simple que lord Kelvin avait développé en utilisant les lois de la gravitation de Newton. Il montrait que si on prend une grande boule de matière, elle s'abat vers le centre sous l'effet de la gravité. Le seul moyen d'éviter cette attraction était de rentrer en orbite autour du centre. L'univers de Kelvin contenait environ un milliard d'étoiles comme le Soleil afin que leur force gravitationnelle contrebalance les mouvements dont on observait les vitesses[21].

Ce qui intrigue dans la discussion[22] de Wallace sur ce modèle de l'Univers est qu'il adopte une attitude non copernicienne parce qu'il voit combien certains endroits de l'Univers sont plus propices à la présence de vie que d'autres. Du coup, on ne doit pas s'attendre à se trouver forcément au centre des choses. Il est remarquable de constater que Wallace fournit un argument proche de celui de Dicke sur le grand âge de tout univers observé par l'Homme. Bien sûr, du temps de Wallace, bien avant la découverte des sources d'énergie nucléaire, personne ne savait comment le Soleil était alimenté. Kelvin avait proposé l'énergie gravitationnelle, mais elle ne convenait pas. Dans sa cosmologie, la matière était attirée par la gravité dans les régions centrales où la Voie lactée était située et elle tombait dans les étoiles déjà présentes, générant de la chaleur et maintenant ainsi leur production de lumière sur d'énormes périodes de temps. De son côté, Wallace voit une raison simple à la grande taille de l'Univers :

« Ici, donc, je pense, nous avons trouvé une explication adéquate à la très longue capacité à produire de la lumière et de la chaleur de notre Soleil, et probablement de beaucoup d'autres situés à peu près dans la même position dans des groupes solaires. Ceux-ci s'agrégeraient d'abord progressivement en des masses considérables à partir d'une matière diffusant lentement des parties centrales de l'Univers originel ; mais à une période plus tardive, ils seraient renforcés par un apport constant et régulier de matière venant de régions périphériques à une vitesse telle qu'elle puisse aider à produire et à maintenir la température requise d'un Soleil comme le nôtre, sur les longues périodes exigées pour le développement continu de la vie. L'énorme extension et masse de l'Univers originel de matière diffuse (comme postulé par lord Kelvin) semble ainsi de la plus grande importance au regard de cet ultime produit de l'évolution, parce que sans elle, les régions centrales relativement plus lentes et plus froides n'auraient pas été capables de produire et de maintenir l'énergie requise sous la forme de chaleur ; l'agrégation de ce qui est de loin la plus grande portion de sa matière dans le grand anneau tournoyant de la galaxie était également importante pour éviter l'afflux trop rapide et trop fort de matière vers ces régions privilégiées... Car [sur] ces [planètes autour des étoiles] dont l'évolution matérielle a été plus vite ou plus lente, il n'y a pas eu ou il n'y aura pas assez de temps pour le développement de la vie[23]. »

Wallace voit clairement un lien entre ces caractéristiques globales de l'Univers et les conditions nécessaires au développement de la vie :

« Nous avons du mal à voir la portée de toutes les grandes caractéristiques de l'univers stellaire sur le développement de la vie. Ce sont ses vastes dimensions, la forme qu'il a acquise dans l'anneau de la Voie lactée et notre position pas exactement en son centre mais proche de lui[24]. »

Il s'attend aussi à ce que ce processus d'afflux et de génération de la puissance solaire à partir de l'énergie gravitationnelle ait un rythme saccadé avec de longues périodes d'apport nourrissant la chaleur des étoiles suivies de périodes de repos et de refroidissement du type de celle que nous commençons juste à vivre :

« J'ai ici suggéré un mode de développement qui pourrait mener à une croissance très lente mais continue des soleils les plus centraux ; à une période excessivement longue d'une puissance stationnaire produisant de la chaleur ; et enfin à une période également longue de refroidissement très progressif que notre Soleil vient juste d'aborder[25]. »

Wallace complète sa discussion des conditions cosmiques nécessaires à l'évolution de la vie en se tournant vers la géologie et l'histoire de la Terre. Il voit là une situation bien plus compliquée que celle existant en astronomie. Il reconnaît la série d'accidents historiques qui ont marqué le chemin de l'évolution jusqu'à nous et pense « qu'il est improbable au plus haut degré » que l'ensemble des caractéristiques qui ont conduit à l'évolution de la vie soit retrouvé ailleurs. Ceci l'amène à spéculer sur le fait que l'énorme taille de l'Univers puisse être nécessaire pour donner à la vie une chance raisonnable de se développer sur seulement une planète, la nôtre, indépendamment de son environnement local :

« Un univers si vaste et complexe tel que nous le connaissons autour de nous a pu être absolument requis... pour produire un monde qui doive être précisément adapté dans tous ses détails au développement ordonné de la vie culminant chez l'homme[26]. »

Aujourd'hui, nous pouvons partager ce sentiment. La grande taille de l'Univers observable, avec ses $10^{80}$ atomes, permet d'envisager de nombreux sites offrant des variations statistiques dans les combinaisons chimiques.

Pourtant, malgré son intérêt pour les dimensions énormes de l'Univers rendant plus probable notre évolution, Wallace était réfractaire à l'idée d'un Univers peuplé de beaucoup d'êtres vivants. Il pensait que l'uniformité des lois de la physique et de la chimie[27] garantissait que :

« Les êtres vivants organisés quel que soit l'endroit où ils puissent exister dans l'Univers doivent fondamentalement, et dans leur nature propre, être les mêmes aussi. Les formes apparentes de vie, si elles existent quelque part, peuvent varier, presque infiniment, comme elles varient sur Terre... Nous ne disons pas que la vie organique ne *pourrait* pas exister sous des conditions entièrement différentes de celles que nous connaissons ou pouvons concevoir, des conditions qui pourraient prévaloir dans d'autres univers construits bien différemment du nôtre, où d'autres substances remplacent la matière et l'éther de nos univers et où d'autres lois prévalent. Mais *dans* l'Univers que nous connaissons, il n'y a pas la moindre raison de supposer que la vie organique soit possible sauf dans les mêmes conditions générales et lois qui prévalent ici. »

Wallace fait d'une manière curieuse le pont entre la manière de penser d'avant l'évolution et la perspective moderne apportée par la découverte que l'Univers est changeant. Son approche de la cosmologie montre combien le fait de considérer les conditions nécessaires à l'évolution de la vie n'est pas lié à une théorie particulière de formation et de développement des étoiles mais reste pertinente dans chaque contexte. Pour Wallace, c'était une nouvelle description de l'Univers donnée par Kelvin. Pour les astronomes modernes, c'est la théorie bien établie de l'Univers en expansion où l'on comprend presque complètement la génération d'énergie par les étoiles. Les deux théories étaient dynamiques : le modèle de Kelvin faisait entrer en jeu de la matière tombant de lointaines distances au centre du système solaire sous l'effet de l'attraction gravitationnelle , tandis que la théorie du Big Bang de Dicke est étendue pour une taille augmentant avec le temps. Dans les deux scénarios, la taille et le temps étaient liés et la grande dimension de l'Univers avait des conséquences indirectes originales sur ce qui pouvait s'y passer, des conséquences qui avaient un effet crucial sur la possibilité pour la vie et l'esprit d'émerger au cours du temps.

# Le principe anthropique

Life is what the least of us make the most of us feel
what the least of us make the most of.

Willard QUINE[1]

## *Arguments anthropiques*

J'ai des opinions personnelles, et de solides, mais je ne
suis pas toujours d'accord avec elles.

Président George W. BUSH

Depuis ces premières prises de conscience qu'il y a des propriétés de l'Univers nécessaires à la vie, on a porté un intérêt croissant à ce que l'on a appelé le « principe anthropique ». Un large débat s'est engagé parmi les astronomes, les physiciens et les philosophes sur son utilité et sa signification dernière. Et cela en raison notamment de la découverte que les valeurs des constantes de la Nature rendaient la vie possible dans l'Univers de plusieurs façons. Plus encore, elles le font parfois de justesse. Nous pouvons facilement imaginer des mondes dans lesquels les constantes de la Nature prendraient des valeurs numériques légèrement différentes et où l'existence d'êtres vivants comme nous ne serait pas possible. Donnez à la constante de structure fine une valeur plus grande et il ne peut y avoir d'atomes ; donnez à la gravité une force plus élevée et les étoiles épuisent très vite leur combustible ; réduisez la force des interactions nucléaires et il ne peut y avoir de biochimie, et ainsi de suite. On peut considérer trois types de changement. D'abord des changements très petits, infinitésimaux. Si nous changeons ainsi la valeur de la constante de structure fine à sa vingtième décimale seulement, cela n'aura pas de mauvaises conséquences pour la vie que nous connaissons. Deuxièmement, si nous la changeons juste un peu, disons au niveau de la seconde décimale, cela aura un effet plus significatif. Les propriétés des atomes seront modifiées et des processus complexes comme le reploiement des protéines ou la réplication de l'ADN pourront être perturbés. Mais de nouvelles possibilités de complexité chimique peuvent apparaître dont les conséquences seront difficiles à évaluer car elles seront nuancées. Enfin, il y a le cas de très grands changements de cette valeur. Ils ne permettront pas l'existence des atomes ou des noyaux et seront un obstacle beaucoup plus évident au développement de la complexité à partir des forces de la Nature. Dans beaucoup de cas, les changements concevables excluent toute forme de vie imaginable.

D'abord, il est très important d'être clair sur la façon dont Dicke a introduit son argument anthropique car il y a eu beaucoup de confusion[2] dans les commentaires ultérieurs. Un état, comme la présence d'étoiles ou de certains éléments chimiques, est reconnu comme une condition *nécessaire* de l'existence de toute forme de complexité chimique dont la vie est l'exemple le plus impressionnant. Cela ne signifie pas que si cette condition est remplie la vie doive exister et ne jamais finir si elle existe, ou qu'il faille de ce fait en déduire que notre Univers fut « conçu » pour accueillir la vie. Ce sont des choses bien distinctes. Si notre « nécessaire » condition anthropique est vraiment une condition requise pour l'existence d'observateurs vivants dans l'Univers, alors c'est une caractéristique que nous devons lui trouver, quelque improbable cela puisse nous paraître *a priori*.

L'erreur que font maintenant beaucoup de gens est de supposer que ce type d'argument anthropique est une nouvelle théorie scientifique sur l'Univers, concurrente d'explications plus conventionnelles de la raison pour laquelle l'Univers possède une condition anthropique « nécessaire ». Il s'agit simplement d'un principe méthodologique qui, s'il est ignoré ou négligé, peut nous amener à de fausses conclusions. Comme nous l'avons vu, l'histoire de Dirac et de Dicke l'illustre bien. Dirac ne comprit pas que la coïncidence des Grands Nombres était une conséquence nécessaire du fait d'être observateur de l'Univers à un moment égal au temps exigé, en gros, pour que les étoiles fassent les éléments chimiques requis pour une évolution spontanée de la vie. Il en tira par conséquent la conclusion erronée qu'il fallait procéder à des changements énormes dans les lois de la physique et changer ainsi la loi de la gravité pour permettre à $G$ de varier au cours du temps. Dicke a montré que bien qu'une telle coïncidence puisse paraître *a priori* improbable, c'était en fait une caractéristique nécessaire d'un univers contenant des observateurs comme nous. C'est donc un trait de l'Univers qui n'est ni plus ni moins surprenant que notre propre existence.

Il a de nombreux exemples intéressants de biais causés par l'observation dans des situations moins cosmiques que celles envisagées par Dicke. Mon préféré concerne notre perception des flux dans le trafic routier. Une récente enquête auprès des conducteurs canadiens[3] a montré qu'ils avaient tendance à penser que la file d'à côté sur l'autoroute allait plus vite que la leur. Les auteurs de l'étude ont alors proposé beaucoup de raisons psychologiques compliquées à cette impression chez les conducteurs : peut-être les conducteurs font-ils plus de comparaison avec l'autre file quand ils sont doublés par des voitures plus rapides que lorsqu'ils les dépassent ? ou le fait d'être doublé marque-t-il plus les esprits que lorsqu'on double ? Les conclusions peuvent avoir leur importance car l'une d'entre elles était que l'on pouvait peut-être éduquer les conducteurs à prendre conscience de ces tendances pour les aider à résister au besoin pressant de changer pour une file plus rapide, ce qui rendrait le trafic plus fluide et plus sûr. Mais si des causes psychologiques sont peut-être à l'œuvre, il y a une explication simple aux résultats de l'étude : *le trafic est plus rapide dans les autres files !* Et cela en raison d'une sélection de l'observateur. Les files les plus lentes sont typiquement celles surchargées[4]. Donc, en moyenne, il y a plus de voitures dans ces dernières que dans celles moins remplies où l'on va plus vite[5]. Si vous prenez un conducteur au hasard et si vous lui demandez si la file d'à côté est plus rapide, vous avez plus de chances de prendre quelqu'un dans la file surchargée où les conducteurs sont les plus nombreux. Malheureusement, à cause du biais de l'observateur, l'étude ne dit rien sur le fait de savoir si c'est une bonne chose de changer de file. L'herbe est peut-être plus verte chez le voisin (figure 8.1[6]).

**Figure 8.1** : Pourquoi les voitures semblent-elles aller plus vite dans l'autre file ?
Parce que c'est le cas en moyenne !

Une fois que nous connaissons une caractéristique de l'Univers qui est nécessaire à l'existence de la complexité chimique, il est souvent possible de montrer que d'autres traits qui n'ont rien à voir avec la vie dérivent forcément de la condition « nécessaire ». Par exemple, l'argument de Dicke nous dit que l'Univers doit avoir des milliards d'années pour que les éléments de base de la vie aient le temps d'être fabriqués au sein des étoiles. Mais les lois de la gravitation nous disent que l'âge de l'Univers est directement en rapport avec d'autres propriétés, comme sa densité, sa température et l'éclat du ciel. Comme l'Univers a dû s'étendre pendant des millions d'années, il doit avoir une étendue visible de plusieurs milliards d'années-lumière. Comme sa température et sa densité diminuent avec son expansion, il devient forcément froid et désolé. Comme nous l'avons vu, la densité de l'Univers est aujourd'hui légèrement supérieure à un atome par mètre cube d'espace. Traduit en termes de distance moyenne entre les étoiles et les galaxies, cette très faible densité explique pourquoi il n'est pas surprenant que d'autres systèmes solaires soient si éloignés et que le contact avec des extraterrestres soit difficile. Si d'autres formes élaborées de vie existent dans l'Univers, elles auront évolué comme nous, bien à l'écart d'êtres issus d'autres mondes, jusqu'à ce qu'elles aient atteint un degré technologique avancé. En outre, les très faibles températures de rayonnement font que l'espace n'est pas seulement un endroit froid mais aussi que le ciel nocturne est obscur. Pendant des siècles, les scientifiques se sont interrogés sur cette caractéristique évidente de l'Univers. S'il y avait un nombre immense d'étoiles dans l'espace, vous pourriez penser que voir le ciel la nuit serait un peu comme regarder à travers une forêt dense (figure 8.2[7]). Chaque regard devrait rencontrer une étoile. L'ensemble de leur surface brillante devrait remplir le ciel et le rendre comparable à la surface du Soleil. Ce qui nous sauve de ce ciel lumineux est l'expansion de l'Univers. Une condition nécessaire à l'existence de la complexité du vivant a été dix milliards d'années d'expansion et de refroidissement. La densité de la matière est tombée à des valeurs si faibles que même si toute cette matière était d'un coup changée en une énergie rayonnante nous ne remarquerions aucune luminosité significative dans le ciel nocturne. Il n'y a plus assez de radiation pour remplir un si grand espace au point de rendre le ciel plus lumineux. Autrefois, lorsque l'Univers était beaucoup plus jeune, âgé de moins d'une centaine de milliers d'années, le ciel entier était brillant, au point qu'aucune étoile ou atome ou molécule ne pouvaient exister. Et aucun observateur n'aurait pu être là pour le voir.

Ces observations ont d'autres conséquences de nature beaucoup plus philosophique. La grande taille et les mornes ténèbres de l'Univers semblent de prime abord profondément réfractaires à la vie. L'aspect du ciel la nuit a inspiré de grands élans esthétiques ou reli-

**Figure 8.2** : Si vous regardez à travers une forêt,
votre regard finit toujours par rencontrer un arbre.

gieux au regard de notre apparente petitesse et insignifiance face à la grandeur et au caractère immuable des étoiles distantes. Beaucoup de civilisations ont vénéré les étoiles ou cru qu'elles gouvernaient leur futur tandis que d'autres, comme la nôtre, ont le désir de les rejoindre.

Dans *The Sense of Beauty*[8], George Santayana a écrit sur l'émotion qui résulte de la contemplation de l'insignifiance de la Terre et de l'immensité des cieux parsemés d'étoiles :

« L'idée de l'insignifiance de notre Terre et de l'incompréhensible multiplicité des mondes est impressionnante au plus haut point ; elle peut même être intensément désagréable... Notre imagination mathématique est mise au supplice à tenter de concevoir cela, avec toute l'angoisse d'un cauchemar et probablement, si nous étions éveillés, toute sa risible absurdité... la parenté de l'émotion produite par les étoiles avec celle vécue à certains moments religieux les fait paraître comme des objets religieux. Elles deviennent, comme une musique prenante, un stimulus à révérer.

Objectivement, rien n'est impressionnant ; les choses ne le sont que lorsqu'elles réussissent à toucher la sensibilité de l'observateur, à trouver leur chemin dans son cœur et son esprit. L'idée que l'Univers est une multitude de minuscules sphères tournant comme des grains de poussière dans un vide obscur et sans limite pourrait nous laisser de marbre, à moins que cela ne nous ennuie ou ne nous déprime, si nous n'identifions pas cet arrangement supposé avec la splendeur visible, l'intensité poignante et le nombre étourdissant des étoiles.

[...] le contraste sensuel entre le fond noir – plus il est sombre plus la nuit est claire et plus nous pouvons voir d'étoiles – et la palpitation lumineuse des étoiles elles-mêmes ne pourrait être surpassé par aucun dispositif. »

D'autres ont adopté un angle de vue plus prosaïque. Le mathématicien et philosophe anglais Frank Ramsey (frère de Michael Ramsey, l'ancien archevêque de Canterbury) a répondu à la terreur de Pascal face au « silence des espaces infinis » qui nous entourent d'une manière optimiste en remarquant :

« Je semble différer de certains de mes amis par le peu d'importance que j'attache à la dimension physique. Je ne me sens pas humble du tout devant l'immensité des cieux. Les étoiles peuvent bien être grandes, elles ne peuvent ni penser ni aimer ; et ce sont là des propriétés qui m'impressionnent beaucoup plus que la taille. Je ne revendique pas le fait de peser près de 110 kilos. Mon image du monde est faite selon une perspective et non comme un modèle qui tient compte de l'échelle. Le devant de la scène est occupé par les êtres humains et toutes les étoiles sont aussi petites que des pièces de trois pence[9]. »

Pourtant, bien que la taille ne soit pas tout, c'est quand même quelque chose à l'échelle cosmique. Les cosmologistes auraient dû saisir bien plus rapidement le lien entre le temps pris par l'expansion de l'Univers (usuellement appelé « âge » de l'Univers) et ce qui avait rapport avec la vie. Cela leur aurait peut-être évité d'explorer pendant près de vingt ans une autre possibilité cosmologique erronée. En

1948, Hermann Bondi, Thomas Gold et Fred Hoyle ont introduit une hypothèse rivale de celle du Big Bang[10]. Cette dernière impliquait que l'expansion de l'Univers commence à un moment précis dans le passé. Du coup, la densité, la température de la matière et le rayonnement dans l'Univers diminuaient régulièrement avec son expansion et celle-ci pourrait continuer pour toujours ou s'inverser en un état de contraction repassant par des conditions de densité et de température toujours plus grandes jusqu'à ce qu'arrive, à un moment donné du futur, un Big Crunch (voir figure 8.3).

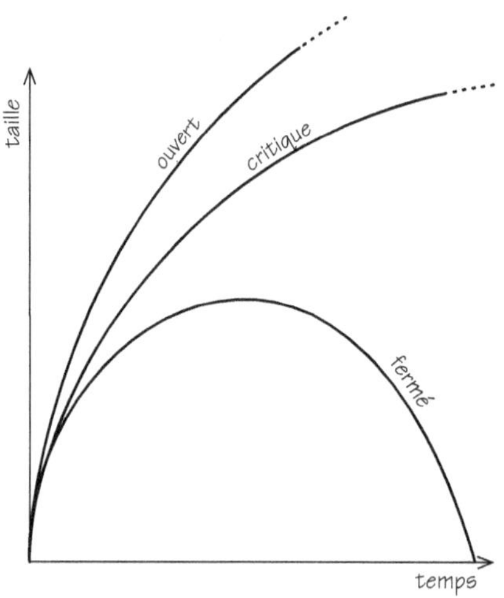


**Figure 8.3** : Les deux types d'univers en expansion : l'univers « ouvert »
s'étend éternellement ; l'univers « fermé » finit par se contracter en un apparent
Big Crunch à un moment donné du futur. L'univers « critique »
fait la démarcation entre les deux et s'étend aussi pour toujours.

Ce scénario d'évolution avait la caractéristique que les conditions physiques passées de l'Univers n'étaient pas les mêmes que celles qui existaient aujourd'hui ou qui existeront dans le futur. Il y a eu une époque où la vie n'était pas possible parce que l'Univers était trop chaud pour que les atomes existent, une époque avant les étoiles comme il y en aura une après elles. Dans ce scénario, il y a un créneau privilégié de l'histoire cosmique où des observateurs de l'Univers ont le plus de chances d'évoluer et de se manifester. Cela implique aussi qu'il y a eu un début à l'Univers, avant lequel lui et peut-être le temps n'existaient pas, mais la théorie ne disait ni le pourquoi ni le comment de ce commencement.

L'autre scénario dû à Bondi, Gold et Hoyle résultait du désir de se débarrasser de la nécessité d'un début ou d'une fin possible à l'Univers. Ils voulaient aussi créer un scénario cosmologique qui paraisse, en gros, toujours le même, de sorte qu'il n'y ait pas de moment privilégié dans l'histoire cosmique (voir figure 8.4). De prime abord, cela semble impossible à réaliser. Après tout, l'Univers *est* en expansion. Il change, alors comment le rendre immuable ? Hoyle le concevait comme une rivière s'écoulant régulièrement, toujours en mouvement mais toujours identique à elle-même. Pour que l'Univers présentât la même densité moyenne de matière et de vitesse d'expansion quel que soit le moment de son observation, la densité devait rester constante. Hoyle proposa que la matière, au lieu d'être produite à un moment du passé, était créée en continu à un taux qui contrebalançait exactement la tendance à la dilution de densité causée par l'expansion. Il suffisait à ce mécanisme de « création continue » de rester très lent pour obtenir une densité constante : seulement près d'un atome par mètre cube tous les dix milliards d'années était nécessaire et aucune observation astronomique ou expérience ne pouvaient détecter un effet aussi faible. Cette théorie de « l'état stationnaire » de l'Univers faisait des prédictions très précises. L'Univers avait le même aspect général à toutes les époques. Il n'y avait aucun moment particulier dans l'histoire cosmique, pas de « début », pas de « fin », ni de période où les étoiles avaient commencé à se former ni de moment où la vie devenait possible pour la première fois dans l'Univers (voir figure 8.5).

Cette théorie fut finalement rejetée à la suite d'une série d'observations commencées au début des années 1950 qui montraient pour la première fois que le nombre de galaxies émettrices d'ondes radio variait significativement avec l'âge de l'Univers. Ces observations culminèrent en 1965 avec la découverte du rayonnement thermique laissé par les chaleurs initiales prédites dans les modèles du Big Bang. Ce fond diffus cosmologique n'avait pas sa place dans un Univers en état stationnaire.

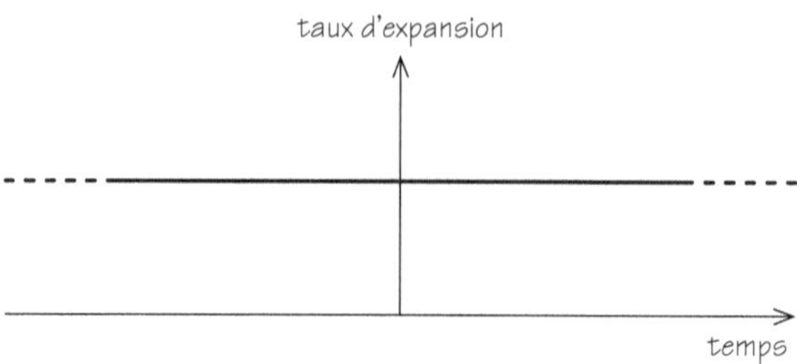


**Figure 8.4** : L'expansion d'un univers dans un état stationnaire.
Le taux d'expansion est toujours le même. Il n'y a ni commencement ni fin,
pas d'époque particulière où la vie peut d'abord émerger ou après laquelle
elle disparaît avec la mort des étoiles. L'Univers semble globalement le même
à toutes les époques de son histoire.

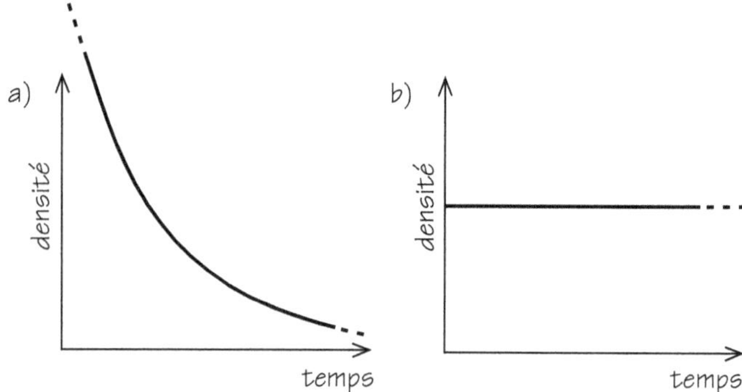


**Figure 8.5** : (a) Variation de la densité moyenne de matière dans un Univers
de type Big Bang en expansion. (b) La densité moyenne de matière
dans un Univers en état stationnaire est toujours la même.

Pendant vingt ans, les astronomes ont essayé de trouver des
preuves d'un Univers stationnaire tel que proposé par Bondi, Gold et
Hoyle. Un simple argument anthropique aurait pu montrer combien
cette histoire était improbable. Si vous mesurez le taux d'expansion
de l'Univers, il vous donne un temps durant lequel l'Univers a été en
expansion[11]. Dans un univers de Big Bang, il s'agit vraiment du temps
écoulé depuis le début de l'expansion, c'est-à-dire l'âge de l'Univers.
Dans la théorie de l'état stationnaire, c'est juste la vitesse d'expansion
et rien de plus. Cela est illustré sur le schéma de la figure 8.4.

Dans une théorie du Big Bang, le fait que l'âge d'expansion soit légèrement supérieur à celui des étoiles s'explique naturellement. Les étoiles se sont formées par le passé et nous devons donc nous attendre à nous retrouver après leur formation. Mais dans un Univers en état stationnaire, « l'âge » est infini et n'est pas lié au taux d'expansion.. Dans ce cas, le fait que l'inverse du taux d'expansion donne un temps grossièrement égal à celui requis par les étoiles pour produire des éléments comme le carbone n'aurait été qu'une coïncidence complète. De la même manière que cette coïncidence rendait inutile la nécessité d'un $G$ variable évoquée par Dirac, elle aurait dû jeter un doute sur le besoin d'un Univers en état stationnaire.

## *Un équilibre délicat*

> Un banquier est un homme qui vous prête un parapluie quand il fait beau et vous le prend quand il pleut.
>
> Mark TWAIN

Nous avons vu que si les étoiles doivent fabriquer le carbone à partir d'un gaz inerte comme l'hélium ou de l'hydrogène, cela prend du temps. Mais le temps ne suffit pas. Ce type de réaction nucléaire est plutôt improbable. Elle demande que trois noyaux d'hélium se regroupent et fusionnent en un seul de carbone. Les noyaux d'hélium sont appelés des particules alpha et cette réaction clé a été surnommée le processus « triple alpha ». Le physicien américain Ed Salpeter a été le premier à reconnaître son intérêt en 1952. Pourtant, quelques mois plus tard, alors qu'il rendait visite au Cal Tech à Pasadena en Californie, Fred Hoyle se rendit compte que faire du carbone de cette manière était doublement difficile. D'abord parce qu'il fallait que trois particules alpha se rencontrent, ensuite parce que même dans ce cas le fruit de leur liaison pouvait être éphémère. Car en étudiant de près l'enchaînement des réactions nucléaires, il semblait que tout le carbone pouvait être rapidement consommé par l'interaction avec une autre particule alpha donnant l'oxygène.

Hoyle comprit que le seul moyen d'expliquer pourquoi il y avait une quantité significative de carbone dans l'Univers était qu'il devait être produit bien plus rapidement et plus efficacement que ce que l'on avait envisagé, de sorte que la combustion suivante en oxygène n'ait pas le temps de le détruire complètement. Il y avait une seule façon d'arriver à ce supplément de carbone. Dans certaines circonstances, les réactions nucléaires s'accélèrent de manière dramatique. On les dit « résonnantes » si la somme des énergies des deux particules qui interagissent est très proche d'un niveau d'énergie naturel appartenant à un nouveau noyau plus lourd. Quand cela se produit, la vitesse de la réaction nucléaire est particulièrement rapide, souvent multipliée par un énorme facteur.

Hoyle vit qu'une présence significative de carbone dans l'Univers était possible si le noyau du carbone possédait un niveau d'énergie d'environ 7,65 MeV au-dessus du niveau de base. L'abondance du carbone cosmique ne pouvait s'expliquer que dans ce cas, se disait Hoyle. Il n'y avait malheureusement aucun niveau d'énergie connu à cette place dans le noyau de carbone[12].

Pasadena était un bon endroit pour réfléchir sur les niveaux d'énergie des noyaux. Willy Fowler dirigeait une équipe de physiciens nucléaires exceptionnels et était une personne extrêmement affable et enthousiaste. Hoyle n'hésita pas à aller le voir. Il fut bientôt persuadé par Fowler que toutes les expériences passées pouvaient en fait avoir raté le niveau d'énergie qu'il proposait. En quelques jours, Fowler avait recruté un autre physicien du Kellogg Radiation Laboratory et on projeta une expérience. Lorsque le résultat arriva, il fut impressionnant[13]. Il y avait bien un nouveau niveau d'énergie dans le noyau du carbone à 7,656 MeV, exactement où Hoyle l'avait prédit.

La séquence entière des événements menant à la production de carbone par les étoiles sembla alors si finement au point qu'on aurait pu la croire agencée de toutes pièces comme dans un univers de science-fiction. D'abord, les trois noyaux d'hélium, les particules alpha, doivent interagir. Ils arrivent à le faire dans un processus en deux étapes. Premièrement, deux noyaux d'hélium se combinent pour créer un noyau de béryllium

hélium + hélium → béryllium

Ensuite, heureusement, ce dernier a une durée de vie particulièrement longue[14], dix mille fois plus que le temps requis pour que deux noyaux d'hélium interagissent, aussi reste-t-il dans les parages assez longtemps pour avoir la chance de se combiner avec un autre noyau d'hélium et produire un noyau de carbone

béryllium + hélium → carbone

Le niveau d'énergie de 7,656 MeV du noyau de carbone se situe *juste* au-dessus de la somme des énergies du béryllium et de l'hélium (7,3667 MeV), aussi quand l'énergie thermique de l'intérieur de l'étoile est ajoutée, la réaction nucléaire devient résonnante et beaucoup de carbone est produit. Mais ce n'est pas la fin de l'histoire. La prochaine réaction qui consommera tout le carbone est

carbone + hélium → oxygène

Que se produirait-il si elle s'avérait également résonnante ? Alors tout le carbone rapidement produit disparaîtrait et la résonance du carbone serait sans effet. Mais chose remarquable, cette dernière réaction n'arrive tout simplement pas à être résonnante. Le noyau d'oxygène a un niveau d'énergie de 7,1187 MeV, juste *au-dessous* de l'énergie totale du carbone et de l'hélium à 7,1616 MeV. Aussi, lorsque l'énergie thermique supplémentaire dans l'étoile s'y ajoute, cette réaction ne peut jamais être résonnante et le carbone peut alors perdurer (voir figure 8.7). Hoyle comprit que sa séquence finement dosée de coïncidences apparentes était ce qui rendait possible une vie fondée sur le carbone dans l'Univers[15] .

La position des niveaux d'énergie nucléaires dans le carbone et l'oxygène résulte d'interactions très complexes entre les forces électromagnétiques et nucléaires qui ne pouvaient pas être facilement calculées quand on découvrit pour la première fois le niveau de résonance du carbone. Aujourd'hui, il est possible de faire de très bonnes estimations des contributions respectives des forces électromagnétiques et nucléaires. On peut mesurer avec une grande précision que la position de ces niveaux est une conséquence de la constante de structure fine et de l'interaction forte dans les noyaux. Si la constante de structure fine, qui règle la force des interactions électromagnétiques, était modifiée de 4 % ou la constante d'interaction forte de 0,4 %, la production de carbone ou d'oxygène serait réduite d'un facteur compris entre 30 et 1 000. Des calculs plus détaillés du destin des étoiles quand ces constantes de la Nature sont légèrement changées ont été faits récemment par Heinz Oberhummer, Attila Csótó et Helmut Schlattl[16]. On peut voir leurs résultats sur la figure 8.6.

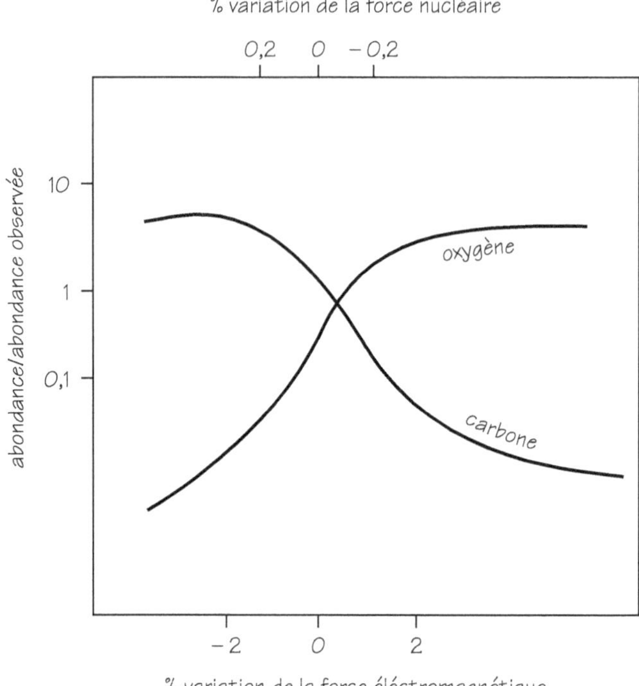


**Figure 8.6** : Production de carbone et d'oxygène par les étoiles si les constantes de la Nature régissant les valeurs des forces électromagnétique et nucléaire varient dans les pourcentages indiqués.

Nous voyons que les teneurs en carbone et en oxygène varient systématiquement avec les constantes de la Nature déterminant la position des niveaux de résonance. S'ils sont modifiés, nous aboutissons à de grandes quantités de carbone ou d'oxygène mais jamais les deux à la fois. Les changements indiqués plus haut dans les constantes de structure fine ou d'interaction forte détruiraient presque tout le carbone ou l'oxygène dans toutes les étoiles.

Hoyle fut très frappé de la coïncidence avec le niveau de résonance du carbone et de ce que cela impliquait pour les constantes de la physique. Concluant une discussion sur l'origine astrophysique des éléments, il écrit[17] :

« Mais je pense que l'on doit avoir une petite curiosité concernant les étranges nombres [constantes] sans dimensions qui apparaissent en physique et dont dépend, en dernière analyse, le positionnement précis des niveaux dans des noyaux tels que ceux du $C^{12}$ ou de l'$O^{16}$. Ces nombres sont-ils immuables, comme les atomes du physicien au $XIX^e$ siècle ? Pourrait-il y avoir une physique cohérente avec des valeurs différentes pour ces nombres ? »

Hoyle voit se présenter deux possibilités : soit nous devons chercher à démontrer que les valeurs actuelles des constantes de la Nature « sont toutes entièrement nécessaires à la cohérence logique de la physique », soit nous devons adopter le point de vue que « certains si ce n'est tous ces nombres en question fluctuent ; qu'ailleurs dans l'Univers leur valeur peut être différente ».

D'abord, Hoyle a privilégié la seconde idée de « fluctuation », que les constantes de la Nature pourraient varier au hasard à travers l'espace, de sorte qu'il n'y ait que quelques endroits où l'équilibre entre la constante de structure fine et celle des interactions fortes se trouvent juste « comme il faut » pour permettre une abondance à la fois de carbone et d'oxygène. Ainsi, dans ce schéma[18] :

« L'emplacement curieux des niveaux de $C^{12}$ et $O^{16}$ n'a plus besoin de paraître comme un surprenant hasard. Il se pourrait simplement que puisque des créatures telles que nous dépendent d'un équilibre entre le carbone et l'oxygène, nous ne pouvons exister que dans les portions de l'Univers où ces niveaux se trouvent être correctement placés. Ailleurs, le niveau de $O^{16}$ peut être légèrement supérieur, de sorte que l'addition de particules alpha à $C^{12}$ sera hautement résonnante. Dans un tel endroit... des créatures comme nous ne pourraient pas exister. »

Dans les années qui suivirent, Hoyle prit progressivement un point de vue plus déterministe au sujet des coïncidences des niveaux de résonance, les considérant comme des preuves d'une sorte de pré-programmation de l'univers pour rendre la vie possible[19].

> « Je pense qu'aucun scientifique ayant examiné les données ne manquerait d'en déduire que les lois de la physique nucléaire ont été délibérément conçues au regard de leurs conséquences au sein des étoiles. Si c'est le cas, alors mes bizarreries apparemment dues au hasard sont devenues les parties intégrantes d'un dessein bien profond. Si ce n'est pas le cas, nous sommes renvoyés à une monstrueuse série de coïncidences. »

La réussite de la prédiction de Hoyle fit naître un regain d'intérêt pour le vieil argument du Grand Dessein, chéri par les théologiens naturels des XVIIIe et XIXe siècles, mais sous un nouveau tour. Depuis l'Antiquité, un argument très soutenu en faveur de l'existence de Dieu (ou des « dieux ») était le fait que les êtres vivants semblaient faits sur mesure pour leur fonction. Les animaux paraissaient parfaitement adaptés à l'environnement par leur camouflage, des parties de notre corps étaient finement conçues pour nous fournir par exemple une mobilité aisée, une bonne vision ou une ouïe précise[20], et les mouvements des planètes étaient bien arrangés pour rendre le climat terrestre propice au maintien de la vie. De grands nombres avec des coïncidences apparentes reliaient les choses, et cela avait persuadé nombre de philosophes, théologiens et scientifiques que tout ceci n'était en rien un hasard. L'Univers était conçu avec un but. Celui-ci impliquait l'existence de la vie – peut-être même de nous-mêmes – et la simplicité des preuves d'un tel dessein signifiait qu'il devait y avoir un Architecte.

Cet argument en tant que tel n'était pas facile à réfuter par des moyens scientifiques. Et il était toujours persuasif pour ceux qui n'étaient pas scientifiques. *Il y a* après tout de remarquables adaptations entre les êtres vivants et leur environnement dans toute la Nature. On peut facilement le mettre en doute par des arguments logiques ou philosophiques. Mais les scientifiques ne sont jamais très impressionnés par de tels arguments à moins qu'ils ne donnent une meilleure explication. C'est ce qui se passa avec l'argument du Grand Dessein. Malgré le fait qu'il néglige beaucoup de réalités dans le monde, il ne fut dépassé en tant qu'explication sérieuse de la complexité de la Nature que lorsqu'une meilleure explication fut donnée[21]. Cette dernière avait recours à l'évolution par la sélection, montrant comment les êtres vivants peuvent acquérir dans des circonstances très variées une bonne adaptation à leur environnement au fil du temps, pourvu que ce dernier ne change pas trop rapidement. La complexité pouvait naître de la simplicité sans une intervention directe du Divin.

Il est important de voir sur quoi portait précisément l'argument du Grand Dessein. Il concernait les relations existant entre les différents *résultats* des lois de la Nature. Ces derniers sont déterminés par les lois mais aussi par les constantes de la Nature, les conditions initiales et tout autre type de hasard statistique[22].

À la fin du XVIIe siècle, Isaac Newton découvrit les lois du mouvement, de la gravitation et de l'optique qui nous permettent de comprendre en détail le fonctionnement du monde inanimé qui nous entoure et le mouvement des corps célestes. La réussite de Newton fut récupérée par les théologiens naturels et les apologistes de la religion qui y virent les débuts d'un argument de Grand Dessein d'un tout autre style, fondé non sur les résultats des lois de la Nature mais sur la forme prise par ces lois elles-mêmes. Il se développa ainsi, avec les encouragements de Newton, un argument fondé sur l'intelligence évidente, l'élégance mathématique et l'efficacité des *lois* de la Nature de Newton. Une forme typique de cet argument serait ainsi de montrer que la fameuse loi des carrés inverses pour la gravitation était optimale pour l'existence du système solaire. S'il y avait eu une loi des cubes inverses ou de toute autre puissance, alors il n'aurait pas pu y avoir d'orbites stables pour le mouvement périodique des planètes. Toutes les planètes suivraient une trajectoire spirale vers le Soleil ou s'échapperaient vers l'infini. Ce type d'argument est tout à fait différent de celui téléologique fondé sur des résultats et des adaptations fortuits. Il identifie l'origine d'un « ordre » dans l'Univers au fait qu'il puisse être si largement et si précisément décrit par des lois mathématiques simples. Il suppose donc que l'ordre requière un « ordinateur ».

La différence entre ces deux formes d'argument pour un Grand Dessein – élaborées à partir des lois ou de leur résultat – apparaît clairement avec la découverte que les organismes évoluent en raison de la sélection naturelle. Car cela a donné le coup de grâce à l'argument des résultats pour expliquer quoi que ce soit[23]. L'argument fondé sur les lois est par contre resté intact. La sélection naturelle n'agissait pas sur les lois du mouvement ou les forces de la Nature ni, comme Maxwell aimait à le souligner, sur les propriétés des atomes et des molécules.

Rétrospectivement, il est clair qu'il est possible de produire un nouvel argument en faveur d'un Grand Dessein qui fait appel aux valeurs particulières prises par les constantes fondamentales de la Nature. C'est ce groupe de nombre qui distingue notre Univers des autres et fixe les niveaux de résonance dans les noyaux de carbone et d'oxygène. Les lois de la Nature pourraient prendre les mêmes formes avec des constantes de la Nature de valeurs différentes. Il en sortirait des choses très différentes.

Le fait que nous nous permettions de modifier les valeurs des constantes de la Nature dans autant de lois de la Nature pourrait n'être que le reflet de notre ignorance. Beaucoup de physiciens pensent, comme Eddington, que l'on montrera finalement qu'elles sont inévitables et que l'on pourra les calculer en termes de nombres purs. Cependant, comme nous le verrons dans de prochains chapitres, il est devenu de plus en plus clair que toutes les constantes ne pourront pas être déterminées ainsi et que pour certaines d'entre elles un aspect statistique important entre en jeu. Ce qui pourrait alors être prédit n'est pas *la* valeur mais une distribution de probabilité pour que la constante prenne une valeur donnée. Il y aurait alors sans doute une valeur plus probable que les autres mais elle pourrait aussi bien ne pas être celle que nous voyons, ne serait-ce que dans le cas où elle caractérise un univers dans lequel des observateurs ne peuvent pas exister.

## Les principes de Brandon Carter

> Je ne me sens pas étranger dans cet Univers. Plus je
> l'examine et étudie les détails de son architecture, plus
> je trouve d'éléments comme quoi l'Univers doit en un
> sens avoir su que nous arriverions.
>
> Freeman DYSON[24]

L'importance de l'approche de Dicke dans la compréhension des Grands Nombres de la cosmologie fut d'abord saisie par Brandon Carter, alors astrophysicien à Cambridge et travaillant maintenant à Meudon près de Paris. Il avait découvert les coïncidences des Grands Nombres en lisant le manuel de cosmologie[25] écrit pour les étudiants par Bondi mais n'avait pas été séduit par la théorie de l'état stationnaire qui en formait l'élément central. Bondi aimait supposer que puisque les lois de la Nature devaient toujours être les mêmes, tous les autres aspects généraux de l'Univers devaient présenter la même uniformité dans le temps et dans l'espace[26]. La théorie de l'état stationnaire était précisément fondée sur ce principe. Bondi avouait n'avoir pas été capable de suivre les calculs d'Eddington lorsqu'il tentait d'expliquer les Grands Nombres par sa Théorie Fondamentale. Il était en revanche plus disert sur l'idée de Dirac de rendre la constante de gravitation variable avec le temps, voyant dans cette manœuvre un argument de plus en faveur du principe de l'état stationnaire :

> « Dirac... s'oppose aux arguments de base en faveur de la théorie de l'état stationnaire puisqu'il suppose que non seulement l'Univers change mais aussi avec lui les constantes de la physique atomique. D'une certaine manière, on pourrait presque dire qu'il renforce les arguments en faveur de l'état stationnaire en montrant que les variations que l'on peut imaginer dans un univers changeant sont sans limites[27]. »

Influencé par l'explication de Dicke sur le caractère inévitable de notre observation des coïncidences de certains Grands Nombres,

Carter vit qu'il était important de souligner les limitations des grandes suppositions philosophiques sur l'uniformité de l'Univers. Depuis que Copernic avait montré que la Terre ne devait pas être placée au centre du monde astronomique connu, les astronomes avaient utilisé le terme de « principe copernicien » pour bien marquer le fait que nous ne pouvons rien présumer de spécial quant à notre position dans l'Univers. Einstein l'avait implicitement supposé quand, dans sa première quête de descriptions mathématiques de l'Univers, il avait recherché des solutions à ses équations qui garantissaient que chaque endroit de l'Univers fût le même : même densité, même taux d'expansion et même température. Les partisans de l'état stationnaire allèrent plus loin encore en partant à la recherche d'univers qui étaient également les mêmes *à chaque instant* de l'histoire cosmique. Bien sûr, l'Univers ne peut pas être dans la réalité *exactement* le même partout mais il apparaît tout de même ainsi avec une très bonne approximation quand on fait la moyenne de régions assez grandes de l'espace, avec une précision d'environ un cent millième.

Carter refusa d'appliquer de façon trop générale le principe copernicien parce qu'il y a clairement des restrictions quant à l'endroit et le moment où les observateurs peuvent être présents dans l'Univers :

> « Copernic nous a donné la très saine leçon que nous ne devons pas supposer gratuitement que nous occupons une position *centrale* privilégiée dans l'Univers. Il y a malheureusement eu une forte tendance, parfois consciente, à faire de cela un dogme douteux au point de dire que notre situation ne peut en aucun cas être privilégiée[28]. »

L'accent mis ici par Carter sur le rôle du principe copernicien était renforcé par le fait qu'il s'agissait d'un texte prononcé à l'occasion d'un congrès international d'astronomie organisé à Cracovie pour coïncider avec le 500^e anniversaire de la mort de Copernic.

Dicke avait montré qu'il y avait une bonne raison de s'attendre à ce que la vie n'entre en scène que des milliards d'années après que l'expansion de l'Univers du Big Bang eut commencé. Il en découlait que l'une des coïncidences des Grands Nombres était une observation inévitable pour de tels observateurs. C'était une application de ce que Carter appelait le *principe anthropique faible*, à savoir

« que ce que nous devons nous attendre à observer doit être limité par la condition nécessaire à notre présence en tant qu'observateurs[29] ».

Carter regretta plus tard l'utilisation de l'expression « principe anthropique ». L'adjectif « anthropique » a été la source de beaucoup de confusion parce qu'il implique qu'il y a quelque chose dans cet argument qui concerne l'*Homo sapiens*. Ce qui n'est clairement pas le cas. Il s'applique à tous les observateurs indépendamment de leur forme et de leur biochimie. Si ces derniers n'étaient pas faits biochimiquement à partir d'éléments fabriqués par les étoiles, l'Univers pourrait présenter pour eux d'autres caractéristiques inévitables différant de celles qui le sont pour nous. Mais l'argument n'est pas réellement changé si les êtres sont faits à partir de la chimie ou de la physique de la silice. Tous les éléments plus lourds que les gaz de l'hydrogène, du deutérium et de l'hélium sont faits comme le carbone dans les étoiles et demandent des milliards d'années pour leur création et leur distribution. Carter préféra ultérieurement utiliser l'expression « principe d'autosélection » pour souligner la façon dont les conditions nécessaires à l'existence des observateurs sélectionnent, à partir de tous les univers possibles, des groupes qui permettent aux observateurs d'exister. Si vous n'avez pas conscience qu'être un observateur de l'Univers limite déjà le type d'Univers que vous pouvez vous attendre à observer, alors vous êtes bons pour introduire de grands principes non nécessaires ou des changements non requis aux lois de la physique pour expliquer les aspects originaux de l'Univers. Des exemples d'une juste appréciation de notre Univers tel qu'il est sont la discussion de Gerald Whitrow sur l'âge et la densité de l'Univers[30] et l'explication des Grands Nombres donnée par Robert Dicke.

Les considérations de Carter sur l'influence autosélectrice de notre existence pour le type d'observations astronomiques que nous faisons furent inspirées par la lecture de ce que disait le livre de Bondi sur les coïncidences des Grands Nombres. Ignorant les arguments avancés par Dicke en 1957 et 1961, il remarqua aussi l'importance de considérer le caractère inévitable de notre observation de l'Univers à un moment peu différent de la durée de vie typique d'une étoile brûlant l'hydrogène. Il était frappé par le caractère non nécessaire de l'hypothèse des constantes variables que Dirac avait introduite pour expliquer ces coïncidences[31] :

« Il était complètement erroné de sa part d'avoir utilisé cette coïncidence comme prétexte pour s'écarter radicalement de la théorie standard.

À l'époque où je me suis aperçu de l'erreur de Dirac, j'ai seulement supposé qu'elle était le fait d'une simple omission qui s'expliquait facilement par l'état rudimentaire de la compréhension de l'évolution des étoiles durant l'époque pionnière des années 1930, et qu'il était donc probable qu'elle avait déjà été reconnue et corrigée par son auteur. Ce qui m'a motivé pour chercher à formuler quelque chose qui était (comme je le pensais) aussi évident que le principe anthropique sous la forme d'un précepte explicite était en partie dû au fait que je m'étais ensuite rendu compte que la source de telles erreurs (patentes) comme celles de Dirac n'était pas juste due à une malencontreuse négligence ou à un manque d'information mais qu'elle provenait d'un biais émotionnel plus profond comparable à celui qui avait été à l'origine des premières résistances aux idées darwiniennes lors des débats sur "l'ange ou la bête" au siècle dernier. Je m'en aperçus dans le cas de Dirac quand j'appris sa réaction lorsqu'il dut porter une attention explicite au type de raisonnement "anthropique" [sur les Grands Nombres]... lorsqu'il fut avancé en premier par Dicke en 1961. Cette réaction revenait à complètement refuser le raisonnement qui faisait conclure par Dicke (d'une manière inattaquable à mon avis) que "les éléments statistiques en faveur de la cosmologie de Dirac s'avèrent manquer". La raison avancée par Dirac est plutôt étonnante dans le contexte d'un débat scientifique moderne : après avoir revendiqué sans arguments (et d'une manière peu plausible de prime abord) que dans sa théorie "la vie a besoin de ne jamais se terminer", il résuma son argument par l'incroyable affirmation que, en choisissant entre sa propre théorie et l'habituelle... "Je préfère celle qui permet une possibilité de vie sans fin". Ce que je trouvais surprenant ici était bien sûr la suggestion qu'une telle préférence puisse être prise en compte dans une telle discussion... L'erreur de Dirac est un avertissement salutaire qui peut motiver pour une formulation soignée du principe anthropique et à d'autres apparentés[32]. »

Le principe anthropique faible s'applique naturellement pour nous aider à comprendre pourquoi des quantités variables prennent la gamme de valeurs que nous retrouvons dans l'espace et le temps qui sont les nôtres. Mais il existe des « coïncidences » entre les combinaisons de quantités supposées être de vraies constantes de la Nature. Nous ne serons pas capables de les expliquer par le fait que nous vivons dans un Univers âgé de plusieurs milliards d'années, dans des conditions de relativement faibles densité et température. La réponse de Carter à cela était plus spéculative. Si les constantes de la Nature ne peuvent changer et sont programmées d'une manière unique dans la structure d'ensemble de l'Univers, peut-être y a-t-il alors une raison encore inconnue pour qu'il y ait des observateurs de l'Univers à une certaine étape de son histoire. Carter nomma cela le *principe anthropique fort*, qui dit :

> « L'Univers (et donc les paramètres fondamentaux dont il dépend) doit être tel qu'il admette la création d'observateurs en son sein à une étape donnée. »

L'introduction d'une telle spéculation demande à être étayée par des preuves. Dans ce cas, c'est le fait qu'il y a un nombre de coïncidences apparentes entre des constantes de la Nature à première vue sans rapport et qui apparaissent cruciales pour l'existence de nous-mêmes ou de toute autre forme de vie. Les niveaux de résonance du carbone et de l'oxygène de Hoyle en sont des exemples types. Il y en a beaucoup d'autres. De petits changements dans les différentes forces de la Nature et dans la masse des différentes particules élémentaires détruiraient beaucoup de subtils équilibres qui rendent la vie possible. Par contre, si on avait trouvé que les conditions pour le développement et le maintien de la vie ne dépendent que très faiblement de toutes les constantes de la Nature, il n'y aurait eu aucune motivation de penser à un principe anthropique de cette force. Dans les prochains chapitres, nous verrons comment cette idée incite à envisager sérieusement l'existence d'autres « univers » possédant différentes propriétés et différentes constantes de la Nature. Ce qui pourrait nous faire conclure que nous habitons l'un des univers possibles où les constantes et les conditions cosmiques se sont trouvées

dans une configuration permettant à la vie d'exister et de persister...
car autrement nous ne pourrions le constater.


## À *peu de choses près ?*


Oserais-je
Perturber l'univers ?

T. S. Eliot[33]


Nous avons dit que les constantes de la Nature ont des valeurs
« choisies » plutôt fortuitement pour permettre à la vie d'évoluer et
de persister. Voyons-en quelques exemples. La structure des atomes
et des molécules est gouvernée presque totalement par deux nombres
que nous avons déjà rencontrés au chapitre 5 : le rapport de la masse
de l'électron et du proton, $\beta$, qui est approximativement égal à 1/1 836
et la constante de structure fine $\alpha$, qui vaut environ 1/137. Supposons
que ces constantes puissent changer de valeur indépendamment et
aussi, pour faire simple, qu'aucune autre constante de la Nature ne
change. Que deviendrait le monde si les lois de la Nature restaient les
mêmes ?

Les conséquences de ces changements nous font vite constater
qu'il y a peu de marge de manœuvre. Augmentez trop $\beta$ et il ne peut
y avoir de structures moléculaires ordonnées car c'est la petitesse de
$\beta$ qui garantit que les électrons occuperont des positions bien définies
autour du noyau atomique et ne se baladeront pas trop. S'ils le faisaient, alors les processus très précis comme la réplication de l'ADN
ne pourraient se dérouler. Le nombre $\beta$ joue aussi un rôle dans les processus de génération d'énergie qui alimentent les étoiles. Il est ici relié
à $\alpha$ pour rendre le centre des étoiles assez chaud pour le démarrage
des réactions nucléaires. Si $\beta$ excédait sa valeur d'environ 0,005 $\alpha^2$, il
n'y aurait aucune étoile. Si les grandes théories modernes de jauge
unifiées sont sur la bonne voie, alpha doit se situer dans un intervalle
étroit entre environ 1/180 et 1/85, autrement les protons se détruiraient bien avant que les étoiles puissent se former. L'état de Carter

est aussi montré en pointillé sur la figure 8.7[34]. Son tracé délimite les mondes où les étoiles ont des régions convectives externes qui semblent nécessaires pour faire certains systèmes planétaires. Les régions de $\alpha$ et $\beta$ qui sont autorisées ou pas sont montrées sur la même figure.

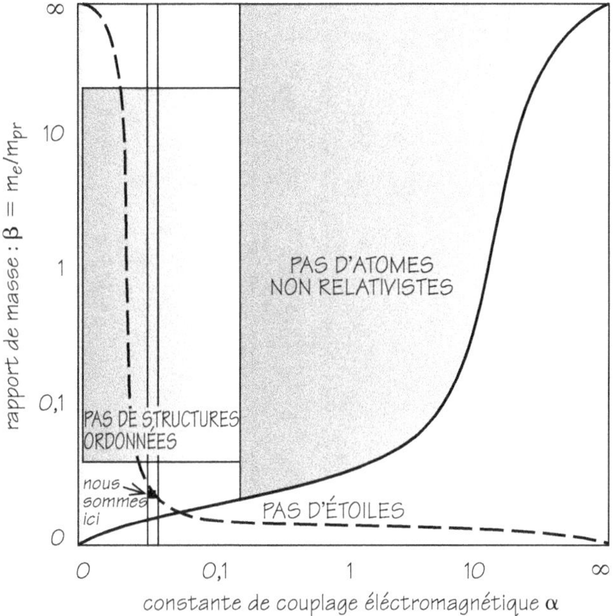


**Figure 8.7** : Zone habitable où la complexité à l'origine de la vie peut exister si les valeurs de $\beta$ et $\alpha$ pouvaient varier indépendamment.
Dans la partie inférieure droite, il ne peut y avoir d'étoiles.
Dans la partie supérieure centrale il n'y a pas d'atomes non relativistes.
Dans la zone supérieure gauche, les électrons ne sont pas suffisamment localisés pour que puisse exister des molécules hautement ordonnées capables de s'autoreproduire. Le fin « rail » délimite la région qui pourrait garantir que la matière reste stable assez longtemps pour permettre aux étoiles et à la vie d'évoluer.

Si, au lieu de $\alpha$ *versus* $\beta$, nous jouons à changer la force de l'interaction nucléaire forte $\alpha_s$ avec celle de $\alpha$, alors $\alpha_s$ doit être supérieur à $0,3\alpha^{1/2}$ pour que des éléments indispensables à la vie tels que le carbone existent et qu'il y ait une quelconque chimie organique. Ces éléments seraient incapables de rester ensemble. Si nous augmentons $\alpha_s$ de juste 4 %, cela présente un désastre potentiel parce qu'un nouveau noyau, l'hélium 2 avec deux protons et aucun neutron, peut maintenant exister[35] et permettre la réaction directe très rapide proton + proton → hélium 2. Les étoiles épuiseraient rapidement leur combustible et s'effondreraient en des états dégénérés ou en trou noir. Par contre, si $\alpha_s$ était diminué de 10 pour cent le noyau de deutérium se disloquerait et les voies nucléaires de l'astrophysique menant aux éléments biologiques seraient bloqués. Encore une fois, nous trouvons que seule une région plutôt petite de paramètres permet la construction des éléments de base à la complexité chimique. La fenêtre habitable est montrée à la figure 8.8[36].

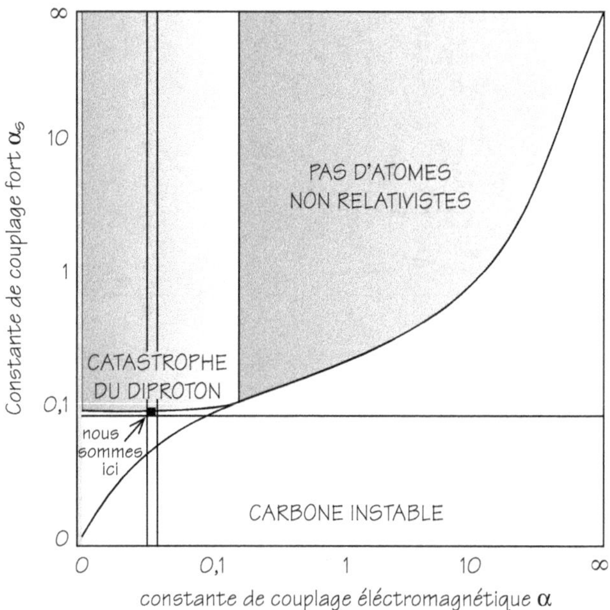


**Figure 8.8** : Zone habitable où la complexité favorable à la vie peut exister si les valeurs de $\alpha_s$ et $\alpha$ peuvent changer indépendamment. Dans la zone inférieure droite ne peuvent exister des éléments essentiels à la biochimie comme le carbone, l'azote ou l'oxygène. Dans la zone supérieure gauche peut exister un nouveau noyau, celui de l'hélium 2, appelé diproton. Il offre une possibilité de combustion très rapide de l'hydrogène dans les étoiles et conduirait à son épuisement bien avant que ne soient permises les conditions de la formation des planètes ou de l'évolution biologique de la complexité.

Dans ces considérations, plus on inclut de variations simultanées des autres constantes, plus se trouve restreinte la région où la vie, telle que nous la connaissons, peut exister. Il est très probable que si des variations peuvent se produire elles ne sont pas du tout indépendantes. Un petit changement de l'une des constantes pourrait bien en modifier une ou plusieurs autres. Cela tendrait à contraindre encore plus fortement les possibilités de variations.

Ces exemples doivent être simplement considérés comme indiquant que les valeurs des constantes de la Nature sont plutôt favorables à la vie. Si elles sont changées d'une quantité même minime, le monde devient sans vie et aride au lieu d'être le havre d'une complexité intéressante. C'est ce genre de situation originale qui a poussé en premier lieu Brandon Carter à voir quel type d'explication « fortement anthropique » on pouvait donner aux valeurs des constantes de la Nature.

## D'autres principes anthropiques

> Je ne veux pas passer à l'immortalité par mon travail. Je veux passer à l'immortalité en ne mourant pas. Je ne veux pas vivre dans le cœur de mes compatriotes. Je préfère vivre dans mon appartement.
>
> Woody ALLEN[37]

D'autres principes anthropiques ont été suggérés. John Wheeler, le scientifique de Princeton qui a forgé le terme « trou noir » et joué un rôle majeur dans leur recherche, a proposé ce qu'il appelait le *Principe Anthropique de Participation*. Il n'est pas spécialement en rapport avec les constantes de la Nature mais motivé par la précision des coïncidences qui permettent à la vie d'exister dans le cosmos. Peut-être, se demande Wheeler, que la vie est d'une certaine manière essentielle à la cohérence de l'Univers ? Mais est-il sûr que *nous* ne soyons d'aucune conséquence pour les lointaines galaxies et pour l'existence de l'Univers dans son lointain passé antérieur à l'apparition de la vie ? Wheeler se demandait si l'importance des observateurs pour amener à l'existence la réalité quantique pouvait signifier que des « observateurs », convenablement définis, étaient en quelque sorte nécessaires à l'existence de l'Univers. Cela est très difficile à se représenter parce que dans la théorie quantique la notion d'observateur n'est pas précisément définie. Cela peut être tout ce qui enregistre l'information, une plaque photographique comme un veilleur de nuit.

Un quatrième Principe Anthropique, introduit par Frank Tipler et moi-même, est quelque peu différent. Il s'agit juste d'une hypothèse que l'on pourrait vérifier en utilisant les lois de la physique et l'état de l'Univers tel que nous l'observons. Il s'appelle le *Principe Anthropique Final* et propose qu'une fois que la vie a émergé dans l'Univers elle ne disparaîtra plus. Une fois que nous sommes arrivés à une définition suffisamment large de la vie, disons comme traitement de l'information (« pensant ») avec la capacité de la conserver (« mémoire »), nous pouvons chercher si cela pourrait être vrai. Notez qu'il n'est pas demandé que la vie doive apparaître ou qu'elle doive survivre. Il est clair que si la vie doit persister à jamais ses fondements doivent finalement changer par rapport à celle que nous connaissons. Nous savons par l'astrophysique que le Soleil finira par avoir une crise d'énergie irréversible où il s'étendra et englobera la Terre et le reste du système solaire interne. Nous devrons alors être partis de la Terre ou avoir transmis l'information nécessaire à la nouvelle création de membres de notre espèce (si on peut encore l'appeler ainsi) ailleurs. En pensant au futur dans des millions d'années, nous pourrions aussi imaginer que la vie existera sous des formes que nous appellerions aujourd'hui « artificielles ». De telles formes pourraient être un peu plus que des structures capables de traiter l'information et de la conserver pour un usage ultérieur. Comme toutes les formes de vie, elles seraient soumises à l'évolution par la sélection naturelle[38]. Il y a de grandes chances qu'elles soient très petites. Nous voyons déjà une tendance dans nos propres sociétés technologiques à la fabrication de machines de plus en plus petites qui consomment de moins en moins d'énergie et ne produisent presque aucuns déchets. En suivant cette logique, nous nous attendons à des formes de vie qui soient aussi petites que les lois de la physique peuvent le permettre.

Nous pourrions mentionner en passant que cela expliquerait pourquoi il n'y a aucune trace de vie extraterrestre dans l'Univers. Si ce type de vie est réellement élaboré, même selon nos critères, il y a de grandes chances qu'il soit minuscule, jusqu'à l'échelle moléculaire. Toutes sortes d'avantages en découlent. Cela laisse alors beaucoup de place et d'énormes populations peuvent se développer. Des calculs quantiques puissants peuvent être maîtrisés. Peu de matière est nécessaire et le voyage dans l'espace plus facile. Vous pouvez aussi éviter d'être détecté par des civilisations de bipèdes maladroits vivant sur des planètes brillantes et qui arrosent en permanence l'espace interplanétaire d'émissions radio.

Nous pouvons maintenant nous demander si l'Univers permet à un traitement de l'information de se poursuivre éternellement. Que vous vouliez ou non assimiler la vie, même dans un lointain futur, à un traitement de l'information, ce dernier devra certainement lui être nécessaire. En fait, nous sommes peut-être proches d'avoir une réponse à cette question. Si l'Univers a commencé à accélérer il y a quelques milliards d'années, comme l'indiquent de récentes observations, il est probable qu'il continuera son accélération pour toujours[39]. Il ne ralentira jamais son expansion pour se contracter en un Big Crunch. Dans ce cas, nous savons que le traitement de l'information s'arrêtera. Seul un nombre fini de bits d'information peut être traité dans un futur sans fin. Ce qui est une mauvaise nouvelle. La raison en est que l'expansion est si rapide que la qualité de l'information est très rapidement dégradée[40]. Pire encore, l'expansion est accélérée tellement rapidement que les signaux lumineux envoyés par n'importe quelle civilisation auront un horizon au-delà duquel ils ne pourront être vus. L'Univers sera formé de régions limitées au sein desquelles la communication restera possible.

Une observation intéressante fut faite en même temps que la proposition première d'un Principe Anthropique Final. Nous avons fait remarquer[41] que si l'expansion de l'Univers s'avérait en accélération, alors le traitement de l'information finirait par disparaître. Il y a peu, des observations importantes de l'Univers rassemblées par différents groupes montrent que l'accélération de l'expansion de l'Univers a commencé il y a juste quelques milliards d'années. Mais supposez que ces éléments apparaissent finalement erronés[42]. Qu'en sera-t-il alors ? Il est fort probable que l'Univers continuera son expansion pour l'éternité mais aussi de continûment décélérer. La vie a encore fort à faire pour survivre indéfiniment. Elle a besoin de trouver des différences dans les températures, la densité ou l'expansion de l'Univers pour en extraire de l'énergie utile. Si elle met à profit des ressources locales d'énergie, des étoiles mortes, des trous noirs qui s'évaporent, des particules élémentaires qui se dégradent, elle finira par rencontrer un problème auquel font face inévitablement les mines de charbon bien exploitées : l'extraction arrive à coûter plus d'énergie qu'elle n'en rapporte. Les formes vivantes d'un lointain futur trouveront qu'elles doivent économiser l'usage de l'énergie, économiser sur la vie en fait ! Elles peuvent réduire leur consommation d'énergie libre en passant de longues périodes en hibernation, se réveillant pour traiter l'information un moment et retourner ensuite à leur état inactif. Il y a un problème avec ce type d'existence à la Rip Van Winkle[43]. Vous devez avoir un signal du réveil. Certains processus physiques doivent être mis au point qui puissent fournir un signal de réveil sûr sans utiliser trop d'énergie au point de remettre en question tout le bénéfice de l'hibernation. Il n'est pas évident à ce stade comment cela peut s'effectuer. Et finalement, l'exploitation de gradients d'énergie utilisables pour le traitement de l'information n'est plus rentable. La vie est alors condamnée à disparaître.

Par contre, si la vie ne se confine pas à l'exploitation de ressources locales d'énergie, les prévisions à long terme paraissent meilleures. L'Univers ne s'étend pas exactement à la même vitesse dans toutes les directions. Il y a de petites différences d'une direction à l'autre qui sont attribuables aux ondes gravitationnelles de longueur d'onde probablement infinie traversant l'espace. Le défi pour des formes de vie très avancées sera de trouver le moyen d'utiliser cette source d'énergie potentiellement illimitée. Ce qui est remarquable à son propos est que sa densité diminue beaucoup plus lentement que toutes les formes ordinaires de matière présentes dans l'Univers en expansion. En exploitant les différences de températures créées par le rayonnement se dirigeant parallèlement à la direction de cette expansion, la vie pourrait trouver le moyen de conserver le fonctionnement de son traitement de l'information.

Enfin, si l'Univers s'effondre en un Big Crunch à un moment déterminé du futur, les perspectives semblent de prime abord désespérées. Cet Univers finira par se contracter suffisamment pour entraîner la fusion des galaxies et des étoiles. Les températures deviendront si élevées que molécules et atomes se désagrégeront. Comme dans le futur lointain, la vie devra encore exister sous une forme abstraite désincarnée, peut-être intriquée dans la trame de l'espace et du temps. Cette survie, pour incroyable que cela puisse paraître, pourrait être infinie tant que le temps est convenablement défini. Si le vrai temps sur lequel tourne l'Univers est créé par l'expansion elle-même, il est possible d'avoir un nombre infini de battements de cette horloge dans le temps restant avant d'arriver au Big Crunch.

Il y a une dernière carte que les survivants superavancés pourraient posséder dans les univers qui semblent condamnés à une expansion éternelle. En 1949, le logicien Kurt Gödel, ami d'Einstein et son collègue à Princeton, le choqua en lui montrant que le voyage dans le temps était rendu possible par sa théorie de la gravité[44]. Il trouva même une solution aux équations d'Einstein pour un univers dans lequel cela se produisait. L'univers de Gödel n'a malheureusement rien à voir avec celui dans lequel nous vivons. Il tourne très rapidement et ne correspond à aucune des observations astronomiques. Il pourrait toutefois exister des possibilités plus compliquées d'univers ressemblant à tous égards au nôtre mais qui permettraient encore de voyager dans le temps. Les physiciens ont dépensé beaucoup d'efforts à explorer comment il serait possible de créer des distorsions de l'espace et du temps requises pour voyager dans le temps. S'il est possible de mettre au point les conditions pour envoyer de l'information vers le passé, cela offre une stratégie pour échapper à un futur sans vie avec des formes convenablement éthérées de « vie » définies par le traitement de l'information et sa conservation. Ne mettez pas vos efforts à perfectionner des moyens d'extraire une énergie non renouvelable d'un environnement qui se rapproche d'un équilibre sans vie. Voyagez plutôt dans le passé vers une époque où les conditions sont bien plus hospitalières. En fait, le voyage n'est pas strictement nécessaire, transmettez juste les informations nécessaires pour la réémergence.

Les gens sont souvent troublés par les paradoxes factuels apparents qui se présentent avec les voyages dans le passé. Pouvez-vous tuer vos parents ou vous-mêmes de sorte que vous ne puissiez exister ? Tous ces paradoxes sont des impossibilités. Ils se manifestent parce que vous introduisez une impossibilité physique et logique. Pour le comprendre, on peut penser à l'espace et au temps comme Einstein nous l'a appris, sous la forme d'un seul bloc d'espace-temps, comme on peut le voir à la figure 8.9.

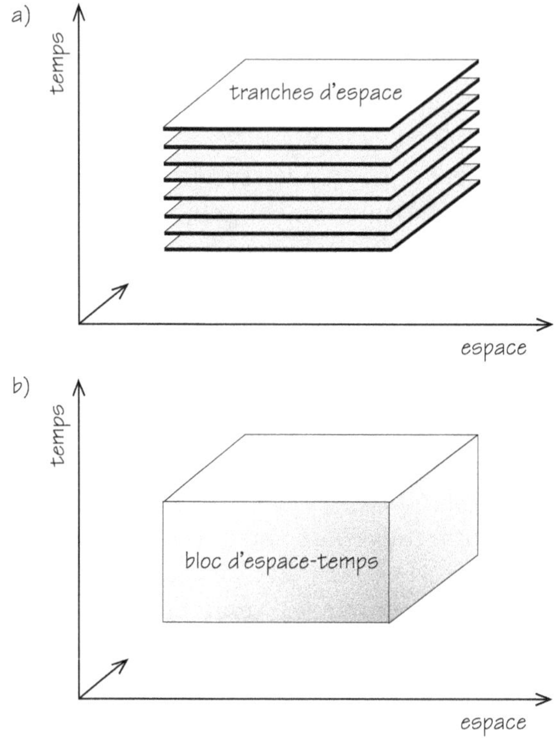


**Figure 8.9** : (a) Un empilement de tranches d'espace à différents temps ;
(b) un bloc d'espace-temps fait de toutes les tranches d'espace.
Ce bloc pourrait être découpé de multiples manières différant
du découpage choisi en (a).

Sortez maintenant de l'espace-temps et regardez ce qui s'y passe. L'histoire des individus est des chemins à travers le bloc. Si elle se retourne sur elle-même et forme une boucle fermée nous estimons alors qu'il se produit un voyage dans le temps. Mais les chemins sont ce qu'ils sont. Il n'y a aucune histoire qui est « changée » en faisant cela. Le voyage dans le temps nous permet de faire partie du passé mais pas de le changer. Les seules histoires de voyages dans le temps qui sont possibles sont celles de chemins cohérents avec eux-mêmes. Sur chaque chemin fermé, il n'y a pas de séparation bien nette entre le futur et le passé. C'est comme avoir une troupe de soldats marchant sur une file l'un après l'autre. S'ils marchent sur une ligne droite, il est clair qui est devant l'autre. Mais si vous les faites marcher en cercle, il n'y a plus de sens bien défini comme cela est montré sur la figure 8.10.

**Figure 8.10** : Dans la marche à la queue leu leu on voit clairement qui est devant qui. Dans la marche circulaire, tout le monde est devant et derrière quelqu'un.

Si ce type de voyage dans le passé est une échappatoire à la fin thermodynamique de l'Univers et que notre Univers s'avère aller vers une telle suppression thermodynamique de toutes les possibilités de traitement de l'information, alors des êtres superavancés de notre futur sont déjà en train de se déplacer dans l'environnement cosmique bénin offert par notre univers actuel. Beaucoup d'arguments ont été avancés contre l'arrivée de touristes venant du futur mais ils ont une arrière-pensée anthropocentrique. On a ainsi prétendu que les grands événements de l'histoire terrestre (ce qui se passe autour de Bethléem quatre ans avant Jésus-Christ, la Crucifixion, la mort de Socrate, etc.) agiraient comme des aimants pour des voyageurs dans le passé, créant une énorme audience cumulée qui n'était évidemment pas présente. Mais il n'y a aucune raison pour que des échappés de la mort thermique de l'Univers nous visitent *nous*, mis à part le fait qu'ils causeraient des problèmes de surpopulation à des moments critiques de notre histoire.

Mon argument préféré[45] contre le voyage dans le passé est financier. Il ressort du fait que, les taux d'intérêt sur les marchés monétaires n'étant pas nuls, ceux qui voyagent dans le temps vers le passé ou vers le futur ne peuvent tirer profit de leur position pour réussir de formidables opérations financières. Car si, une fois dans le passé, ils étaient capables d'investir en se basant sur la connaissance de jusqu'où les marchés pourront ensuite grimper, le résultat à long terme serait de rendre nul les taux d'intérêt. Là encore, on peut toujours penser que cet argument n'est pas valable pour exclure la possibilité de voyageurs du temps échappant à la mort thermique de l'Univers. Et on peut se douter que, de toute façon, les investissements financiers sont bien le moindre de leurs soucis.

# Modifier les constantes et réécrire l'histoire

> La première chose à comprendre à propos des univers parallèles... est qu'ils ne sont pas parallèles. Il est important de se rendre compte qu'ils ne sont pas non plus, à strictement parler, des univers, mais c'est plus facile si vous ne vous en apercevez que plus tard dans vos tentatives, lorsque vous vous rendez compte que tout ce que vous avez compris jusque-là n'est pas vrai.
>
> Douglas ADAMS[1]

## *Mondes rigides* versus *mondes flexibles*

> Demain, je verrai sept aigles, une grande comète apparaîtra et des voix parleront des tourbillons de vent en prédisant des choses monstrueuses et effrayantes. Cet univers n'a jamais rimé à rien ; je le soupçonne d'avoir été fait sous contrat gouvernemental.
>
> Robert HEINLEIN[2]

Qu'allons-nous faire de cette forte idée anthropique ? N'est-ce juste qu'une autre manière de dire que notre forme complexe de vie est très sensible à de petits changements dans les valeurs des constantes de la Nature ? Et quels peuvent être ces « changements » ? Quels sont les « autres mondes » où les constantes sont différentes et où la vie ne peut exister ?

Une vue plausible de l'Univers est qu'il y a une et une seule manière d'être pour les constantes et lois de la Nature. Car les univers sont des constructions difficiles à réussir, et plus ils sont compliqués plus il y a de pièces qui doivent être ajustées ensemble. Les constantes de la Nature seraient ainsi un puzzle avec une seule solution pour leur valeur et celle-ci serait alors complètement déterminée par la seule vraie théorie de la Nature. Si cela était vrai, il ne rimerait pas plus de parler d'autres univers hypothétiques dans lesquels les constantes de la Nature prennent des valeurs différentes que de la quadrature du cercle. Il ne pourrait simplement pas y avoir d'autres mondes[3]. Le fait que l'unique univers et le seul possible soit tel qu'il permette à la vie de se développer et de persister serait juste un fait brut sur le monde, quoique extrêmement agréable[4].

Contraints par la perspective de ce « monde rigide », nous serions bien incapables d'en dire plus sur les valeurs apparemment fortuites des constantes de la Nature. Le futur consisterait juste à attendre et voir des séries d'expérimentateurs vérifier avec de plus en plus de chiffres après la décimale les prédictions faites pour toutes ces constantes. Un monde rigide n'offre aucune marge pour que les choses soient autrement que ce qu'elles sont et il n'y a aucune alternative quant aux lois, forces et constantes fondamentales de la Nature[5].

Par contre, le « monde flexible » offre une marge de liberté. S'il y a d'« autres univers », si certaines constantes de la Nature ne sont pas déterminées de façon rigide par la théorie finale, ou si notre propre Univers présente des structures très différentes au-delà de notre horizon, alors le principe anthropique fort a une signification claire.

Supposez que des univers existent dans lesquels les constantes de la Nature prennent une large gamme de valeurs. Il y a alors une série de possibilités que nous pouvons comparer aux constantes que nous observons. C'est ce que Carter a envisagé pour transformer l'application du principe anthropique fort en celle d'un principe faible. Car si beaucoup ou même tous les univers possibles existent en un certain sens, alors il y aura bien dans la constellation des combinaisons possibles de ces constantes des situations permettant à des observateurs d'évoluer. Nous vivrons inévitablement dans l'un de ces univers, quelques particulières que puissent être ses propriétés au regard du spectre entier des possibilités. Carter propose ainsi :

> « Il est bien sûr toujours possible du point de vue philosophique – en dernier ressort, quand aucun argument physique fort n'est disponible – de faire passer une *prédiction* fondée sur le principe anthropique fort au rang d'*explication* en pensant en termes d'"'ensemble de mondes". J'entends par là un ensemble d'univers caractérisés par toutes les combinaisons de conditions initiales et de constantes fondamentales concevables... L'existence de tout organisme que l'on puisse qualifier d'observateur ne sera possible que pour certaines combinaisons de paramètres. On peut considérer une prédiction fondée sur le principe anthropique fort comme une démonstration que la combinaison en question est commune à tous les membres du sous-groupe connaissable[6]. »

L'idée qu'il y ait d'autres univers n'est pas neuve. On a spéculé sur cette possibilité aux XVIIIe et XIXe siècles dans les débats portant sur la vie dans d'autres mondes. Il a eu beaucoup de discussions dans un contexte très similaire à celui du principe anthropique fort. Des coïncidences propices à la vie telles que la forme prise par les lois de la gravité et du mouvement, la constitution de la Terre et du système solaire et la biologie humaine étaient connues depuis longtemps. Les théologiens naturels ont prétendu qu'elles présentaient des preuves d'un dessein divin dans la structure de notre Univers. D'autres, à la suite de Leibniz, ont avancé que nous vivions dans le meilleur des mondes possibles, un point de vue qu'a impitoyablement parodié Voltaire dans *Candide*. La perspective changea toutefois lorsque Maupertuis montra, avec l'aide considérable du grand mathématicien suisse Léonard Euler, que les lois connues du mouvement que Newton avait proposées pouvaient dériver d'un nouveau principe mathématique. Celui-ci permettait de considérer qu'un mouvement entre deux points pouvait prendre tous les chemins possibles. Si on évaluait une quantité particulière, appelée « action », pour chaque chemin, en exigeant que le chemin réel ait la plus faible valeur d'action, cela garantissait que le chemin était identique à celui prédit par les lois de Newton. Les physiciens trouvèrent finalement que toutes les lois de la physique pouvaient être dérivées de « principes d'action » de cette forme. Maupertuis annonça fièrement qu'il pouvait dire ce que le « meilleur » des mondes possibles signifiait et ce qu'étaient les autres mondes : « meilleur » voulait dire l'action la plus faible et les autres mondes inférieurs sont ceux où le mouvement ne suit pas les chemins de moindre action. De fait, il y eut même au XIXe siècle une tentative d'expliquer les fossiles comme des reliques de ces mondes ratés de l'action non minimale. À la fin du XIXe siècle, l'immensité de l'Univers astronomique facilitait les spéculations sur le fait qu'existent ailleurs des mondes gouvernés par des lois naturelles différentes des nôtres. Wallace, en 1903, écrit :

> « Pas deux étoiles, deux amas, deux nébuleuses ne sont semblables. Pourquoi y aurait-il alors d'autres univers de la *même* matière et sujets aux *mêmes* lois ?.... Bien sûr, il pourrait y avoir, et il y a probablement d'autres univers, peut-être faits d'un autre type de matière et sujets à d'autres lois[7]. »

La physique moderne est faite à partir des lois de la Nature issues des principes d'action. C'est le moyen le plus efficace de les trouver et cela permet une généralisation bien plus grande et une unification des différentes lois. Max Born, l'un des pionniers de la mécanique quantique, prévoyait que la quête d'une Théorie du Tout deviendrait une recherche du chemin approprié de moindre action à travers l'espace de toutes les possibilités :

> « Nous pouvons être convaincus que [la formule universelle] aura la forme d'un principe extrême, non parce que la nature a une volonté, un dessein ou une économie, mais parce que le mécanisme de notre pensée n'a aucun autre moyen de condenser une structure compliquée de lois en une courte expression[8]. »

Aujourd'hui, les physiciens, après avoir suivi cette voie pour aller vers des théories des forces de la Nature plus profondes et universelles, se sont progressivement rapprochés de la perspective d'un monde flexible. Il semble *vraiment* qu'il y ait des constantes de la Nature qui ne soient pas absolument fixées par une Théorie du Tout. Certaines peuvent prendre une gamme continue de valeurs. D'autres ne sont pas explicitement dans la Théorie du Tout mais émergent à des étapes particulières dans l'évolution de l'Univers par un processus aléatoire, comme une aiguille parfaitement équilibrée qui tombe dans une direction donnée. Les valeurs prises par ces constantes montrent que contrairement aux lois de la Nature, ce qui en découle n'est pas nécessairement symétrique et se trouve en fait bien plus compliqué et aléatoire.

L'une des grandes questions se posant aux physiciens actuels est de déterminer combien de constantes de la Nature seront uniquement déterminées par une Théorie du Tout telle que celle des supercordes, appelée « Théorie M ». Celles qui seront omises dans cette détermination pourront prendre toutes sortes de valeurs différentes sans affecter la logique propre et la cohérence de la Théorie du Tout. Elles auraient pu être différentes si la séquence particulière des événements ayant mené à leur apparition au début de l'Univers s'était déroulée différemment. La meilleure façon d'arriver à expliquer leur valeur serait d'appliquer l'argument anthropique. Peut-être que toutes les valeurs disponibles pour ces constantes sont également probables. Néanmoins, nous ne les observerions pas à moins qu'elles ne tombent dans la bande étroite des valeurs où l'existence d'observateurs est permise.

## *Des univers inflationnistes*

> Le gouvernement a admis pour la première fois hier que les récoltes de plantes transgéniques contaminaient les récoltes normales quelle que soit la distance les séparant.
>
> Sarah SCHAEFER[9]

Plusieurs propriétés frappantes de l'Univers astronomique se révèlent cruciales pour permettre à la vie de s'y développer. Il ne s'agit pas des constantes de la Nature au sens de la constante de structure fine ou de la masse de l'électron mais de quantités spécifiant notamment combien grumeleux est l'Univers, à quelle vitesse il s'étend et combien de matière et de radiation il contient. Au bout du

## Quelques nombres qui définissent notre univers

- Le nombre de photons par proton
- Le rapport des densités de matière noire et lumineuse
- L'anisotropie de l'expansion
- L'inhomogénéité de l'Univers
- La constante cosmologique
- La déviation de l'expansion par rapport au chemin critique

**Figure 9.1 :** Quelques constantes clés qui décrivent notre univers et le distinguent d'autres que nous pourrions imaginer obéissant aux mêmes lois.

compte, les cosmologistes aimeraient expliquer les nombres associés à ces quantités. Ils pourraient même être capables de montrer que ces « constantes astronomiques » sont complètement déterminées par les valeurs des constantes de la Nature comme celle de la constante de structure fine.

Les traits distinctifs de l'Univers précisés par ces « constantes » astronomiques jouent un rôle clé en donnant les conditions pour l'évolution de la complexité biochimique. Nous allons maintenant voir deux d'entre elles plus en détail parce que la manière dont s'explique leur valeur originale crée une perspective entièrement nouvelle de l'Univers, qui nous fournit une pléthore d'« autres mondes » où le Principe Anthropique trouve une application à la fois naturelle et incontournable.

En regardant plus précisément l'expansion de l'Univers, nous trouvons qu'il est dans un délicat équilibre, étant à la limite de la division critique qui sépare d'un côté les univers dont l'expansion est assez rapide pour surmonter l'attraction due à la gravité et continuer pour toujours, et de l'autre des univers qui retourneront finalement à un état de contraction globale et se dirigent directement vers un Big Crunch cataclysmique à un moment déterminé dans le futur. En fait, nous sommes si près de cette limite que nos observations ne peuvent nous certifier ce qui nous attend à long terme. Le grand mystère s'avère être cette étroite proximité : *a priori*, il semble hautement improbable qu'elle existe par chance. Encore une fois, cela n'est pas totalement inattendu. Les univers qui sont dans une expansion trop rapide sont incapables d'agréger du matériel en galaxies et en étoiles, de sorte que la fabrication des éléments de base pour une vie complexe ne peut avoir lieu. Au contraire, les univers qui connaissent une expansion trop lente finissent par s'effondrer avant les milliards d'années nécessaires pour la formation des étoiles.

Seuls des univers qui se tiennent très près de la limite critique peuvent vivre assez longtemps et avoir une expansion assez douce pour que les étoiles et les planètes puissent se former. Ce n'est pas par hasard si nous nous trouvons vivre des milliards d'années après le début apparent de l'expansion de l'Univers et être témoins d'un état d'expansion proche de la limite critique (voir figure 9.2).

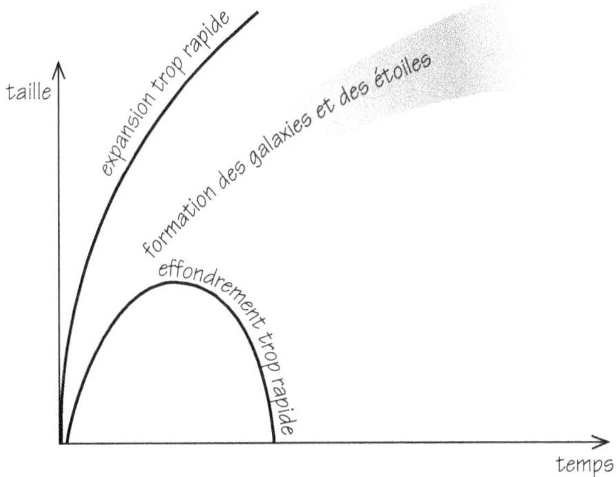


**Figure 9.2 :** Un univers doit garder une expansion proche de la limite critique pour que la vie puisse y évoluer. Des univers en expansion plus lente s'effondreront avant que les étoiles n'aient eu le temps de se former. Les univers dont l'expansion est beaucoup plus rapide ne laisseront pas la matière se condenser en îlots de matière comme les galaxies et les étoiles. Dans aucune de ces situations les éléments de base de la complexité biochimique ne pourront se former.

Un second trait distinctif de notre Univers est son uniformité. Le taux de grumeaux à une échelle supérieure à celle des galaxies est très faible, environ une partie pour cent mille seulement. Cela est important car s'il était nettement plus grand les galaxies auraient rapidement dégénéré en grumeaux denses et les trous noirs se formeraient bien avant que puissent s'établir des environnements propices à la vie. Et même s'ils le pouvaient, la force de gravité entre les galaxies serait assez grande pour rompre les orbites des planètes tournant autour d'étoiles comme le Soleil. Si le taux de grumeaux avait au contraire été beaucoup plus petit que celui observé, alors l'hétérogénéité dans la densité de la matière aurait été trop faible pour permettre la formation des galaxies et des étoiles. Là encore, l'Univers serait dépourvu des éléments biochimiques fondamentaux pour la construction de la vie : il serait un endroit plus simple et moins intéressant.

Depuis 1980, la théorie cosmologique préférée a donné une explication de la raison pour laquelle l'Univers présente un aspect presque plat, un taux faible (mais pas trop) de grumeaux et une très grande taille[10]. Ce sont des traits qui peuvent maintenant s'expliquer par une séquence d'événements qui pourrait être très probable dans tout type d'univers, indépendamment de la façon dont il commence son expansion. Cette théorie de l'Univers très précoce introduit un interlude historique appelé « inflation ». Il donne un peu de relief à l'image toute simple d'un univers en expansion. Mais cela a d'énormes implications. L'image standard du Big Bang et d'un univers en expansion que nous avons depuis les années 1920 a une propriété particulière : son expansion est en train de décélérer. Que l'Univers soit destiné à éternellement s'agrandir ou à se contracter sur lui-même en un Big Crunch, l'expansion est toujours décélérée par l'attraction gravitationnelle exercée par toute la matière dans l'Univers. La décélération est simplement une conséquence du caractère attractif de la force de gravité.

On a toujours supposé que la gravité assurait que matière et énergie font subir une attraction à d'autres formes de matière et d'énergie. Mais dans les années 1970, les physiciens des particules trouvèrent que leur théorie sur le comportement de la matière à haute température comportait de nouvelles formes de matière appelée « champs scalaires », dont l'effet gravitationnel pouvait être répulsif[11]. S'il s'avérait qu'à une étape très précoce de l'histoire de l'Univers ils aient été les plus gros contributeurs à sa densité, la décélération de l'Univers serait alors remplacée par un sursaut d'accélération. Chose remarquable, si de tels champs scalaires existaient, ils auraient inévitablement été une composante des plus influentes de l'Univers juste après qu'il eut commencé son expansion, et leur influence aurait été brève mais décisive. Peu après, ils auraient alors disparu sans laisser de traces dans la mer cosmique de matière et de rayonnement ordinaires.

La théorie de l'univers inflationniste propose qu'une brève période d'expansion accélérée s'est produite très précocement dans l'histoire de l'Univers (voir figure 9.3). Cela a pu arriver parce que l'un des champs scalaires ubiquitaires en est venu à dominer la densité de matière dans l'Univers. Ce champ a ensuite dû disparaître rapidement. Lorsqu'il l'a fait, son énergie a réchauffé l'Univers d'une manière compliquée tandis que ce dernier a repris son expansion décélérante habituelle.

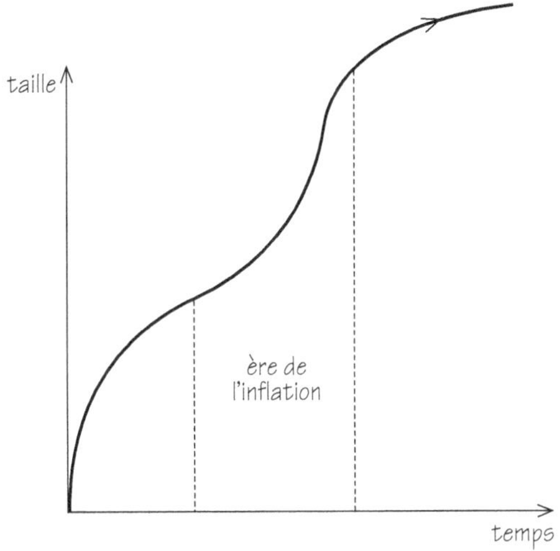


**Figure 9.3 :** « L'inflation » est une brève période d'expansion accélérée au cours des premières étapes de l'histoire de l'Univers.

Ce bref épisode inflationniste paraît sans conséquences. Mais il ne l'est pas : une très courte période d'expansion accélérée peut résoudre bon nombre de nos grands problèmes cosmologiques. La première conséquence en est que cela nous permet de comprendre pourquoi notre univers visible est dans une expansion aussi proche de la limite critique séparant les univers ouverts des fermés. Le fait que nous soyons toujours aussi près de cette limite après environ treize milliards d'années d'expansion est carrément fantastique. Puisque toute déviation par rapport à cet état proche de la limite critique grandit régulièrement avec le temps, l'expansion doit avoir commencé en étant extraordinairement proche de cette limite pour l'être encore aujourd'hui (nous ne pouvons être exactement dessus[12]). Mais la tendance de l'expansion à dévier de cette frontière critique est juste une autre conséquence de l'effet attractif de la force gravitationnelle. Il est évident en regardant juste la figure 9.2 que les univers ouverts et fermés s'éloignent de plus en plus de cette limite avec le temps. Si la gravité est répulsive et que l'expansion accélère, l'expansion durant cette période se rapprochera toujours plus de cette limite. Si l'inflation a duré assez longtemps[13], cela pourrait expliquer pourquoi notre univers visible est encore si près de la limite critique. Cette caractéristique favorable à la vie n'aurait pas besoin d'être due à des conditions spéciales au moment du Big Bang.

Une autre retombée d'un petit coup d'accélérateur cosmique est que toute irrégularité dans l'expansion de l'Univers se trouve gommée et l'expansion part rapidement dans toutes les directions comme elle le fait aujourd'hui. Cela donne une explication au caractère extrêmement symétrique de l'expansion de l'Univers, une caractéristique à la fois mystérieuse et improbable qui a toujours frappé les cosmologistes. Il y a tellement plus de manières d'être désordonné qu'ordonné que l'on se serait attendu à ce qu'un univers sorti au hasard du chapeau soit très asymétrique et désordonné[14].

Si l'inflation s'est produite, l'ensemble de l'Univers visible qui nous entoure aujourd'hui s'est développé d'une région qui est beaucoup plus *petite* que dans le cas d'un univers où l'expansion a toujours décéléré, comme il le fait dans la théorie conventionnelle, non inflationniste, du Big Bang. La petitesse de nos débuts inflationnistes a la belle caractéristique d'offrir une explication à la fois du haut degré d'uniformité existant globalement dans l'Univers en expansion et des toutes petites hétérogénéités détectées par le satellite COBE (pour Cosmic Background Explorer) de la NASA. Ces dernières sont les graines qui se développeront ensuite en galaxies et en amas (voir figure 9.4).

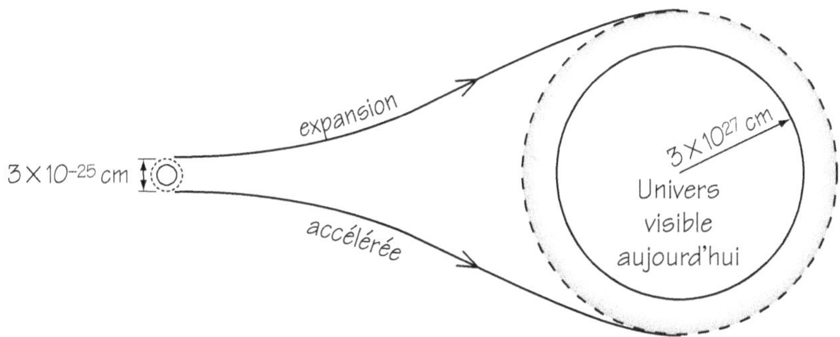


**Figure 9.4 :** Si l'inflation a eu lieu, tout l'Univers visible qui nous entoure aujourd'hui s'est étendu à partir d'une région bien plus *petite* que si l'expansion avait toujours décéléré, comme dans la théorie conventionnelle, non inflationniste, du Big Bang.

Si l'Univers accélère, alors l'ensemble de notre Univers visible peut naître de l'expansion d'une région assez petite pour que les signaux lumineux la traversent à une époque très précoce. Cette traversée de la lumière permet d'amortir les conditions dans cette région primordiale. Toute irrégularité se trouve rapidement effacée. Dans la vieille théorie non inflationniste du Big Bang, la situation était très différente. Notre part visible de l'Univers devait émerger d'une région beaucoup plus grande que celle qui peut être coordonnée et aplanie par les rayons de lumière. Le mystère était donc complet pour expliquer pourquoi notre Univers visible paraît si semblable dans toutes les directions du ciel avec une précision qui atteint selon les observations une partie pour cent mille. Une portion de l'Univers visible n'aurait pas eu le temps de recevoir les rayons lumineux d'une autre partie située bien plus loin.

La minuscule région qui est devenue notre Univers visible n'aurait pu débuter en l'absence d'irrégularités. Il doit toujours y avoir un niveau minimum de fluctuations aléatoires. La nature corpusculaire au niveau quantique de la matière et de l'énergie l'exige. Et chose remarquable, une période d'inflation a étendu ces fluctuations de base, de telle sorte qu'elles se répartissent sur de larges échelles astronomiques où on a pu les voir avec le satellite COBE[15].

Dans les prochaines années, elles feront l'objet d'un examen encore plus détaillé avec un autre satellite, MAP (pour Micro Anisotropy Probe), qui a été lancé en juillet 2001. Si l'inflation s'est produite, les signaux qu'on reçoit doivent avoir une forme très particulière. Jusqu'à présent, les données recueillies par COBE sont en très bon accord avec les prédictions, mais les caractéristiques observables réellement décisives apparaissent en comparant des différences de températures sur des espaces du ciel bien plus petits que ce que l'on peut voir avec COBE. De nouvelles observations seront faites en 2001 et 2002 par le satellite MAP et plus tard par la Planck Surveyor Mission de l'Agence spatiale européenne. Elles seront aidées par les relevés d'une précision accrue de petites portions du ciel effectués à partir de la surface de la Terre.

Nous pouvons voir sur la figure 9.5[16] ce que prédit typiquement un modèle d'Univers inflationniste pour la variation de fluctuation dans une échelle angulaire du ciel, et le comparer aux données d'observation obtenues par le ballon-sonde Boomerang. Les observations par satellite réduiront les incertitudes expérimentales à des écarts plus petits que le tracé de la courbe de prédiction et devraient fournir un test d'une efficacité incontestable pour les modèles cosmologiques inflationnistes du tout début de l'Univers. Il est remarquable que ces observations nous fournissent une mesure expérimentale directe d'événements qui se sont produits quand l'Univers n'était âgé que de $10^{-35}$ secondes.

L'inflation implique que l'ensemble de l'Univers visible soit l'image agrandie d'une région qui était juste assez petite pour permettre aux signaux lumineux de le traverser à un moment très précoce de son histoire. Notre part visible de l'Univers n'est ainsi que l'image agrandie d'une tache d'un diamètre d'environ $10^{-25}$ m.

Au-delà des limites de cette petite tache se trouvent beaucoup (peut-être une infinité) d'autres taches reliées causalement qui subiront toutes des degrés variés d'inflation qui donneront des régions étendues de notre Univers situées au-delà de notre horizon visible actuel. Ceci nous amène à penser que notre Univers doit posséder une géographie hautement complexe. Et la situation que nous pouvons voir dans notre horizon visible, à environ quinze milliards d'années-lumière, a peu de chance d'être comparable à

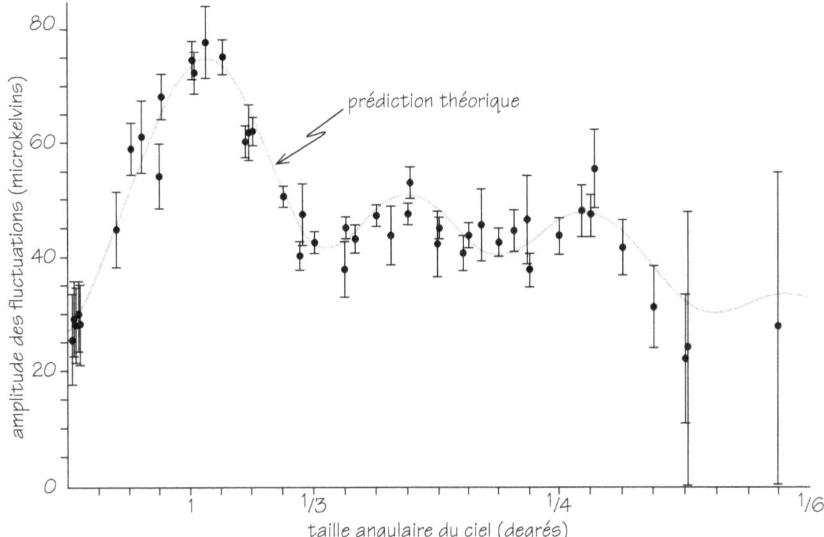



**Figure 9.5 :** Une prédiction typique à partir d'un modèle d'univers en inflation
pour l'amplitude des fluctuations du fond diffus cosmologique en fonction
des séparations angulaires du ciel comparée au données de l'observation fournies
par les satellites et ballons-sondes.

celle qui est bien au-delà. Cette image compliquée est appelée
« inflation chaotique[17] ».

On a toujours reconnu que l'Univers pouvait avoir une structure
différente au-delà de notre horizon visible. Mais avant la recherche
de modèles d'univers inflationnistes, on considérait toujours cela
comme une possibilité ouvertement positiviste, souvent suggérée par
des philosophes pessimistes, mais sans aucune preuve tangible à son
actif. La situation a changé : le modèle d'univers en inflation chaotique donne la première raison positive de s'attendre à ce que l'Univers au-delà de notre horizon diffère de par sa structure de la partie
que nous pouvons voir.

Deux scientifiques russes émigrés aux États-Unis, Alex Vilenkin
et André Linde, s'aperçurent que la situation était probablement
encore plus compliquée. Si une région est en inflation, cela crée forcément en elle des conditions pour une autre inflation à partir de
nombreuses sous-régions. Ce processus peut continuer dans un futur

sans fin avec des régions agrandies produisant des sous-régions qui elles-mêmes s'agrandissent, ce qui produit à nouveau de nouvelles sous-régions qui se développent, etc., *ad infinitum*. Le processus ne connaît pas de fin. Il a été appelé l'univers inflationniste « éternel » ou « s'autoreproduisant[18] » (voir figure 9.6).

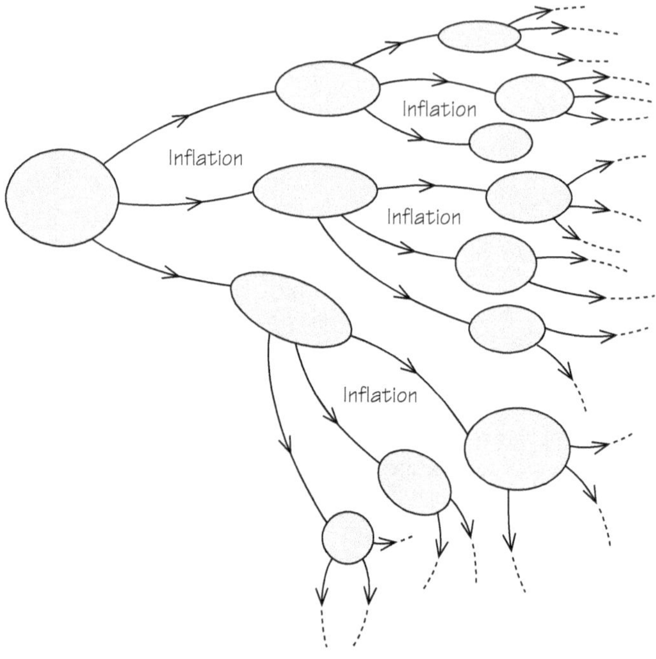



**Figure 9.6 :** Une inflation en perpétuelle autoreproduction.

Cette conception élargie du modèle inflationniste n'était pas partie pour produire une image aussi élaborée de l'Univers. Le caractère d'autoreproduction de l'univers inflationniste éternel semble une conséquence inévitable de la sensibilité de l'évolution d'un univers à de petites fluctuations quantiques d'un endroit à un autre lorsqu'il est très jeune.

La structure inflationniste éternelle et chaotique de l'Univers crée un nouveau contexte pour des considérations anthropiques. Dans chacune des bulles au-delà de notre horizon visible, que ce soit dans le passé comme dans le futur, les choses se sont déroulées différemment. Chacune aura eu un taux de grumeaux différent et sera plus ou moins proche de l'état d'expansion critique. C'est comme prendre des univers différents d'un groupe presque tiré au hasard, quoique ce ne soit pas vraiment des univers mais plutôt des régions extrêmement grandes, plus grosses que l'ensemble de notre Univers observable : des « mini-univers ».

L'exploration de ce scénario a ensuite révélé que beaucoup de choses peuvent être différentes dans chacune de ces bulles de mini-univers. Elles peuvent se retrouver avec des nombres différents de dimensions de l'espace ou des constantes et des forces de la Nature différentes. Certaines d'entre elles ne pourront pas héberger une complexité du vivant comme la nôtre, d'autres le pourront tandis que d'autres encore pourraient entretenir une vie d'un type totalement différent. Il y a donc dans notre Univers immense, peut-être infini, des ensembles d'autres mondes auxquels les principes anthropiques doivent être appliqués.

Le défi qui reste posé aux cosmologistes est de trouver les probabilités pour que différents mini-univers émergent de cette complexité inflationniste. Les mini-univers comme le nôtre sont-ils courants ou rares ? Est-ce que le terme de « probabilité » est sans ambiguïté dans ce contexte ? Et si des univers propices à la vie sont rares, que peut-on en conclure ? Là encore, le fait que seulement un sous-groupe de toutes les possibilités puisse contenir des observateurs est une considération importante quand on compare les prédictions théoriques et le mini-univers observé. Quelque improbables que puissent être des mini-univers favorables à la vie, nous aurons à nous retrouver dans l'un d'eux.

Ces considérations ont des conséquences pour interpréter toute future théorie de cosmologie quantique. Une telle théorie, de par sa nature quantique, prédira que nous trouvions l'Univers (ou ses forces et ses constantes) « le plus probable » doté de valeurs particulières. Il n'est cependant pas clair que les valeurs les plus probables seront celles que nous observons. Puisque seule une gamme étroite de valeurs pour la constante de structure fine par exemple permet aux observateurs d'exister dans l'Univers, nous devons nous trouver dans cette gamme restreinte, aussi improbable que cela puisse être. Nous devons chercher la probabilité conditionnelle d'observer des constantes dans des marges données, étant donné que d'autres caractéristiques de l'Univers comme son âge satisfont aux conditions nécessaires à la vie. La tendance à l'unification de constantes apparemment sans rapport rendra les contraintes anthropiques de plus en plus sévères. Pour tester des théories telles que celle du Tout, nous devrons comprendre toutes les manières dont l'existence possible d'observateurs est contrainte à la fois par les variations dans la structure de l'Univers, les valeurs des constantes qui définissent ses propriétés et le nombre de dimensions qu'il possède.

## Histoire virtuelle – Une petite digression

> La Russie est un pays au passé imprévisible.
>
> Youri AFANASSIEV

Le petit jeu mental de « changer » les constantes de la Nature auquel nous pousse le Principe Anthropique a un équivalent passé inaperçu dans les études historiques. Ces études présentent deux aspects qui nous sont familiers au moins par nos souvenirs scolaires. Il y a le besoin de découvrir les « faits », ce qui est arrivé et quand. Puis il y a le besoin de comprendre pourquoi telle séquence d'événements s'est produite, pour éviter, comme le suggèrent certains, de répéter les erreurs du passé[19]. Une réponse à ce double impératif dans la reconstruction historique a été la création de l'histoire « contrefactuelle » ou « virtuelle ». On pourrait encore mieux la nommer l'approche « Et si ? » des événements historiques.

L'histoire virtuelle[20] tente de prédire ce qui se serait passé si des événements cruciaux ne s'étaient pas produits par le passé ou avaient été légèrement différents. Et si l'attelage de l'archiduc n'avait pas pris un mauvais tournant à Sarajevo en 1914 ? Et si Lincoln n'était pas allé au théâtre le dernier soir de sa vie ? Et si les votes pour M. Gore et M. Bush avaient été vraiment effectués et précisément comptés ? Et si Adolf Hitler était mort au berceau ?

Ce qui ressemble un peu à un jeu mondain subit des critiques d'une violence étonnante de la part de nombre d'historiens, car la démarche suppose une espèce de déterminisme historique qu'ils n'aiment pas admettre. Si on se penche sur la question, il est surprenant de constater le nombre de similitudes existant entre le débat sur l'histoire virtuelle et la discussion de l'impact de la variation des constantes sur l'existence de l'homme. La prise en compte des conséquences de légers changements dans les constantes de la Nature requiert d'inventer des histoires passées différentes pour l'Univers, certaines d'entre elles ayant la nouveauté de ne comporter ni nous-mêmes ni d'autres êtres sensibles. Les cosmologistes n'ont pas une théorie complète permettant d'incorporer tous ces changements d'une façon cohérente, mais ils supposent classiquement que les mêmes lois de changements régiront les événements. Bien que l'origine des changements dans les constantes ou même dans les « conditions initiales » de l'Univers soient spéculatives, le calcul des conséquences que cela comporte peut être immédiat, un peu comme de faire tourner un programme informatique avec différentes valeurs de départ. Par contre, jouer avec un événement historique ne demande pas de changements dans les lois de la Nature mais en prédire une issue crédible est d'habitude trop compliqué, à moins d'avoir l'assurance du romancier.

Les séquences historiques des événements sont des exemples classiques de systèmes complexes. Elles montrent une sensibilité à de petits changements qui rend impossible la prédiction du futur avec certitude, même si nous pouvons être en mesure de comprendre ce qui s'est produit par le passé. Cette asymétrie est une caractéristique de tous les comportements chaotiques, mais l'histoire est bien plus imprévisible que les processus chaotiques. Ces derniers permettent de prédire la configuration statistique d'événements futurs d'une manière définie. Les événements historiques ont une sensibilité supplémentaire qui les rend imprévisibles *en principe* comme en pratique parce qu'ils impliquent des participants qui ont une volonté libre ou du moins l'illusion de l'avoir.

Le temps qu'il va faire est difficile à prédire en raison de sa sensibilité chaotique aux incertitudes de l'état présent. Mais prévoir le temps n'a pas d'effet direct sur la météo. Les prévisionnistes de l'économie ou de la société n'ont pas autant de chance. Si un ministre prédit publiquement ce que va faire l'économie, ou un sondage l'issue d'une élection, ces prédictions modifieront le résultat de ce qui est prédit d'une manière qui est logiquement impossible d'inclure dans la prévision initiale[21]. Cela ne veut pas dire que ces événements soient en quelque sorte en dehors de la logique et intrinsèquement imprévisibles : ils peuvent être prévus avec acuité mais cette prévision ne peut être garantie que si elle n'est pas rendue publique aux personnes qui en sont l'objet. Autrement, les individus peuvent toujours agir pour fausser les prédictions. Ces événements deviennent alors imprévisibles en principe et pas seulement en pratique.

Les histoires virtuelles ont été à l'origine de nombreux films d'Hollywood, comme *La Vie est belle* de Frank Capra dans lequel il est montré à un James Stewart suicidaire combien les choses auraient été pires s'il n'avait jamais vécu. Une issue différente à la Seconde Guerre mondiale a été un scénario de choix pour des romans d'histoire virtuelle, notamment *The Alteration*[22] de *Kingsley Amis*, *SS-GB*[23] de *Len Deighton* ou *Fatherland*[24] de *Robert Harris*. Souvent, des films comme *Retour vers le futur* ont utilisé des scénarios de science-fiction mettant en scène des voyages dans le temps ou des univers parallèles pour donner une histoire alternative et même la faire se rencontrer avec la nôtre. Les scénarios de science-fiction se nourrissent de l'idée scientifiquement possible que toutes les histoires possibles existent. Changer le passé déplace juste le héros, comme le vagabond dans le roman de Jorge Luis Borges *Garden of Forking Paths*[25], sur l'une des nombreuses autres trajectoires historiques qui recoupent ou avoisinent la route qui serait prise autrement.

Le rejet passionnel des histoires virtuelles par nombre d'historiens est très intéressant. Il est vif mais pas très convaincant. Le philosophe Michael Oakeshott affirme que lorsque l'historien

« considère par une espèce d'expérience idéale ce qui aurait pu se passer ainsi que les éléments qui l'obligent à croire ce qui est vraiment arrivé [il sort]... du courant de la pensée historique. Il est possible que si saint Paul avait été capturé et tué quand ses amis l'ont fait descendre des murailles de Damas, la religion chrétienne ne serait jamais devenue le centre de notre civilisation. Et sur ce récit, le développement de la chrétienté pourrait être attribué à la fuite de saint Paul... Mais quand on traite les événements ainsi, ils cessent d'un coup d'être des événements historiques. Le résultat n'est pas une histoire simplement mauvaise ou douteuse, mais un rejet complet de l'histoire... La distinction... entre des événements essentiels ou de circonstance n'appartient pas du tout à la pensée historique ; c'est une monstrueuse incursion de la science dans le monde de l'histoire... L'historien n'est jamais consulté pour envisager ce qui aurait pu se produire si les circonstances avaient été différentes[26]. »

On suppose que la « monstrueuse incursion de la science » est celle du déterminisme rigide, mais c'est une objection bizarre. Il n'y aucun doute que l'histoire est sûrement une séquence déterministe d'événements quoiqu'elle puisse être d'une telle complexité que tout espoir de relier toutes les causes à leurs conséquences soit vain. Mais des critiques comme Oakeshott s'inquiètent aussi de ce que l'on soit tenté à travers les histoires virtuelles de mettre en exergue des faits de façon arbitraire et d'en considérer d'autres comme de simples « accidents ». C'est exactement pour cela que Benedetto Croce pense que l'histoire contrefactuelle est désastreuse[27] :

« La nécessité historique doit être affirmée et en permanence réaffirmée pour exclure de l'histoire le "conditionnel" qui n'a pas sa place ici... Ce qui est interdit est... l'antihistorique et illogique "si". Un tel "si" divise arbitrairement le cours de l'histoire en faits historiques et dus au hasard... et les seconds sont mentalement éliminés pour voir comment les premiers se seraient développés selon leur propre cours. C'est un jeu auquel nous avons tous joué dans des moments de distraction ou de loisir, quand nous rêvassons au tour qu'aurait pris notre vie si nous n'avions pas rencontré une certaine personne... [mais] si nous continuons une telle exploration de la réalité, le jeu s'avère bientôt vain. »

Pour ces écrivains, tout ce que les historiens peuvent faire pour améliorer notre compréhension du passé est de nous fournir un compte rendu encore plus détaillé des événements. Critiques, ils s'alarment de la séparation faite entre les événements significatifs et ceux qui ne le sont pas, mais n'ont aucun moyen de dire lequel est lequel si ce n'est par une impression subjective. Et on ne voit pas non plus pourquoi des questions contrefactuelles ne joueraient pas un rôle en interrogeant cette reconstruction achevée des événements finalement appelée « histoire ». Ce biais de l'historien ressort très clairement d'un exposé sur les objectifs de l'historien donnés dans le

petit livre *What is History ?* par l'historien social anglais E. H. Carr,
également déterministe en histoire :

> « De la multiplicité des séquences de causes et d'effets [l'historien]
> extrait ceux et seulement ceux qui sont historiquement significatifs ;
> et le critère de la signification historique est sa capacité à les faire
> rentrer dans un ensemble d'explications et d'interprétations ration-
> nelles. D'autres séquences de causes et d'effets doivent être rejetées
> comme accidentelles, non parce que la relation entre la cause et l'effet
> diffère mais parce que la séquence elle-même n'est pas pertinente.
> L'historien ne peut rien en faire ; elle ne peut se traduire par une
> interprétation rationnelle et elle n'a de signification ni pour le passé ni
> pour le présent. »

Pourtant, malgré une opposition stridente à la réécriture contrefactuelle de l'histoire, de fameux historiens se sont montrés disposés
à écrire des histoires virtuelles. Gibbon s'interrogeait sur le cours de
l'histoire européenne si les Sarrasins n'avaient pas été vaincus au
VIII^e siècle. En 1907, Trevelyan écrivit un essai intitulé « Si Napoléon
avait gagné la bataille de Waterloo » et il y a eu depuis nombre de
récits imaginaires, alimentés par une forme de causalité sélective
bien illustrée ainsi par Bertrand Russell :

> « L'industrialisme est dû à la science moderne, la science moderne à
> Galilée, Galilée à la chute de Constantinople, la chute de Constanti-
> nople à la migration des Turcs, la migration des Turcs à l'assèchement
> de l'Asie centrale. Donc l'étude qui est fondamentale dans la recherche
> des causes historiques est celle de l'hydrogéographie. »

Un journaliste contemporain, James Burke, auteur d'une
ancienne chronique dans la revue *Scientific American*, a fait une série
de télévision au Royaume-Uni sous le titre *Connections* qui retraçait
des chaînes causales également bizarres entre les événements.

Des utilisations plus sérieuses ont été faites de l'histoire contrefactuelle. Des analystes ont ainsi tenté de prédire le cours des économies si certaines industries ne s'étaient pas développées ou si les chemins de fer n'avaient pas existé pour essayer de découvrir leur
contribution spécifique à l'ensemble de l'économie.

Pour les physiciens actuels, les arguments avancés par des idéalistes tels que Oakeshott qui nie la responsabilité réelle de la cause et de l'effet et semble simplement vouloir éviter que son sujet soit abordé par d'autres aux méthodes plus rigoureuses paraissent largement déplacés. Il en est de même des déterministes forcenés qui voient l'histoire comme une marche inexorable vers le but inévitable d'une utopie marxiste ou capitaliste. Nous en comprenons assez sur les séquences complexes des événements pour savoir qu'elles ont en commun une histoire bien souvent prévisible en principe mais pas en pratique, en raison de leur sensibilité à de petits changements, certains d'entre eux pouvant passer inaperçus ou ne pas laisser de traces. Ainsi, certains changements dans l'histoire ont pu avoir des effets neutres, d'autres dramatiques. Nous avons aussi appris que des systèmes complexes pouvaient présenter des propriétés statistiques prévisibles, en fonction de caractéristiques précises qui leur sont propres. Ils peuvent aussi avoir tendance à s'organiser en états « critiques » particuliers présentant un maximum de sensibilité à de petits changements, et c'est cette condition qui permet à un équilibre global de perdurer. Il est remarquable que lorsque cela se produit, il n'est pas possible de retracer l'enchaînement des effets et des causes.

Il y a un domaine de la vie où la théorie virtuelle de l'histoire est implicite. Dans les tribunaux, il est souvent important de juger si une action s'est traduite par un dommage. En cherchant à mettre en doute une responsabilité, l'avocat de l'accusé aura besoin de persuader le jury en exposant ce qui se serait passé si l'accusé n'avait pas agi comme il l'a fait. L'avocat du plaignant donnera une autre histoire dans laquelle l'accusé n'aurait pas agi comme il l'a fait et essaiera d'argumenter que la séquence des événements aurait inévitablement abouti à ce qu'il n'y ait aucun dommage. La défense de l'accusé peut avancer qu'il y a une autre histoire virtuelle dans laquelle le mal aurait été fait à la victime même si son client n'avait pas agi comme il l'a fait et ne peut donc en être blâmé. De telles stratégies témoignent de la confiance dans l'importance des histoires virtuelles pour tester la solidité des versions spécifiques d'une histoire. Bien sûr, identifier d'autres histoires ne garantit pas que la vérité apparaîtra. Cause et effet sont parfois mêlés d'une façon très étrange. Voici un exemple légal notoire sur l'ambiguïté des causes[28] :

« Il y a la vieille histoire d'un homme sur le point de traverser un désert. Il a deux ennemis. Dans la nuit, le premier se glisse dans son camp et met de la strychnine dans sa gourde. Plus tard dans la même nuit, le second ennemi, ignorant cela, se glisse aussi dans son camp et fait un tout petit trou dans sa gourde. L'homme se met en route dans le désert ; quand vient le temps de boire, il n'y a plus d'eau dans la gourde et il meurt de soif.

Qui l'a tué ? La défense du premier homme a un argument de poids : admettons que mon client ait tenté d'empoisonner l'homme. Mais il a échoué, puisque la victime n'a pas pris de poison. La défense du second homme a un argument d'une force similaire : admettons que mon client ait tenté de priver l'homme d'eau. Mais il a échoué, puisqu'il l'a seulement privé de strychnine et vous ne pouvez assassiner quelqu'un en faisant cela. »

Des historiens comme Niall Ferguson avancent que les histoires virtuelles sont importantes. Ceux qui le critiquent répondent qu'il y a un nombre illimité de possibilités à considérer, ce qui enlève tout espoir de reconstruction. Ferguson réplique que peu d'entre elles peuvent être sérieusement évoquées :

« Celles dont nous avons la preuve qu'elles ont vraiment été envisagées par les contemporains. »

Il est clair que chaque possibilité raisonnable intervient dans notre pensée avant que nous nous décidions à agir. Ce sont des futurs hypothétiques. La manière dont se présentent ces possibilités joue un rôle dans le choix de notre action et elles sont donc essentielles à notre compte rendu si nous devons comprendre pleinement les raisons de notre choix.

Cette incursion dans la philosophie de l'histoire veut montrer qu'elle est engagée dans un débat animé curieusement analogue à ce qui se passe en cosmologie sur l'utilité de faire d'hypothétiques univers (ou d'autres parties de notre Univers) dans lesquels des constantes de la Nature diffèrent des nôtres. L'histoire virtuelle de la Nature est une partie essentielle de la cosmologie moderne.

# Nouvelles dimensions

Supposons que les trois dimensions de l'espace soient visualisées de la manière habituelle et prenons une couleur pour la quatrième dimension. Tout objet physique est susceptible de changer de couleur comme de position. Un objet, par exemple, peut être capable de passer à travers toutes les nuances du rouge au bleu en passant par le violet. Une interaction physique entre deux corps quelconques n'est possible que s'ils sont proches l'un de l'autre dans l'espace ainsi que par leur couleur. Les corps de différentes couleurs se pénétreraient entre eux sans interférence... Si nous enfermions des mouches dans un globe de verre rouge, elles pourraient encore s'échapper en changeant leur couleur en bleu, étant alors capables de traverser le globe rouge.

Hans REICHENBACH[1]

# *Vivre dans cent dimensions*

> Je suis un mathématicien dans la mesure où je peux suivre des triples intégrales si elles sont faites lentement sur un grand tableau noir par un ami personnel.
>
> J. W. MCREYNOLDS[2]

Si vous voulez être sûr de rencontrer quelqu'un au même endroit et au même moment dans un complexe de plusieurs étages, vous aurez besoin de lui donner quatre informations. Vous devrez spécifier le moment où vous voulez le rencontrer, l'étage et le croisement de deux couloirs : une information pour le temps et trois pour l'espace. Avec moins d'informations, vous ne vous rencontrerez jamais, avec plus d'information, elle sera redondante. Ces nombres montrent ce que signifie vivre dans un univers ayant une dimension pour le temps et trois pour l'espace. Les écrivains de science-fiction ont bien gagné leur vie en spéculant sur les possibilités offertes par les dimensions supplémentaires, qui nous permettent de faire des choses magiques en entrant et en sortant de notre monde à trois dimensions. Au XIX$^e$ siècle, il y eu un escroc fameux qui prétendait avoir accès aux autres dimensions de sorte qu'il pouvait réaliser des tours « impossibles » : dénouer des nœuds de cordes, transformer des hélices gauches en hélices droites, sortir des objets d'une sphère de verre sans passer par sa surface.

Pour voir comment vous pourriez effectuer ces tours en pénétrant dans la quatrième dimension, pensez au passage de la deuxième à la troisième dimension. Placez une boucle de ficelle sur une table autour d'un morceau de sucre. Ce dernier ne peut sortir de la boucle sans toucher la ficelle s'il reste en contact avec la surface plate, à deux dimensions, de la table. Mais s'il peut passer dans la troisième dimension, cela devient facile. Vous n'avez qu'à le soulever et à le déposer à l'extérieur du cercle formé par la ficelle. De même, si vous posez une spirale droite aplatie sur la table, elle ne peut être changée en spirale gauche par son seul déplacement dans le plan de la table.

Mais si nous la levons dans la troisième dimension et la retournons, cela devient alors possible (voir figure 10.1).

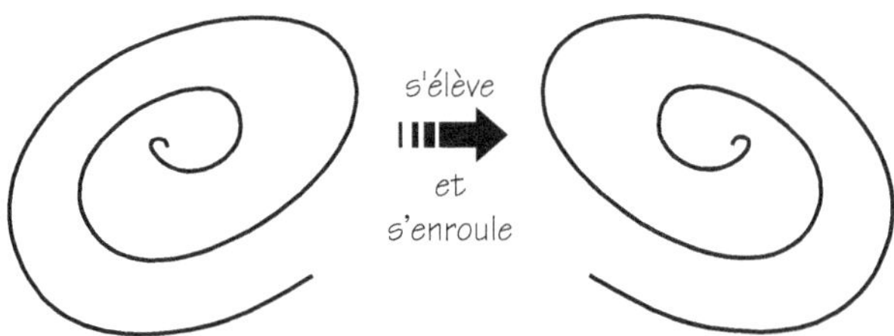


**Figure 10.1 :** Changement du sens d'enroulement d'une spirale plate en la tournant dans la troisième dimension de l'espace.

Malgré une fascination pour le royaume invisible de la matière et de l'esprit, les scientifiques des XVIIIe et XIXe siècles se sont montrés guère motivés pour réfléchir aux dimensions de l'espace. Un seul penseur semble s'être préoccupé de la relation profonde existant entre le nombre de dimensions de l'espace et les formes qu'y prennent les lois et les constantes de la Nature.

Au début de sa carrière à Königsberg, le grand philosophe allemand Emmanuel Kant s'est beaucoup plus intéressé à la science qu'à la philosophie (voir figure 10.2[3]). C'était un grand admirateur de Newton, de ses lois de la gravité et du mouvement, et il s'est appliqué à les mettre en œuvre pour comprendre de grands problèmes de l'astronomie comme l'origine du système solaire. Alors qu'il évaluait la signification d'une forme particulière de la loi de la gravité de Newton, il en vint à une question qui n'avait jamais été posée auparavant[4] : « Pourquoi l'espace a-t-il trois dimensions ? »

Kant avait remarqué une chose très profonde : que la fameuse loi de la gravité du carré inverse[5] de Newton était en lien étroit avec le fait que l'espace ait trois dimensions. Si l'espace avait quatre dimensions, la gravité varierait proportionnellement à l'inverse du cube de la distance et s'il avait cent dimensions à l'inverse de la puissance 99 de la distance. En général, un monde à $N$ dimensions présente une loi où la force de gravité[6] diminue avec la puissance $N - 1$ de la distance[7]. Dans le même ordre d'idée, la constante de la Nature qui apparaît comme la constante de proportionnalité dans ces lois

**Figure 10.2 :** Emmanuel Kant (1724-1804).

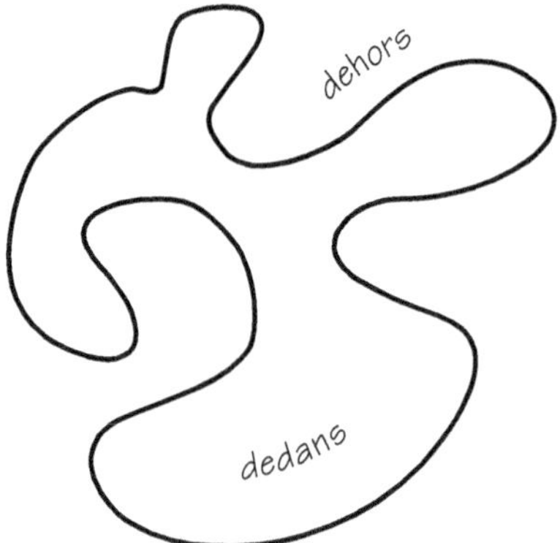


**Figure 10.3 :** Dans un espace à deux dimensions, une courbe fermée sépare
un intérieur d'un extérieur.

aura sa valeur déterminée en partie par le nombre de dimensions de
l'espace.

Kant utilisa cette observation pour se « prouver » à lui-même
que l'espace devait avoir trois dimensions en raison de l'existence de
la loi de la force gravitationnelle du carré inverse de Newton. Il suggéra que si Dieu avait choisi une loi pour la force gravitationnelle

variant avec le cube inverse de la distance plutôt que son carré, il en aurait résulté un univers de dimension différente, égale à quatre. De nos jours, ce raisonnement nous paraît procéder de la conclusion : c'est plutôt le fait que l'espace a trois dimensions qui explique pourquoi nous voyons des lois avec des carrés inverses dans la Nature et non l'inverse.

Pour la première fois, Kant avait perçu qu'il y avait un lien entre le nombre de dimensions de l'espace et la forme des lois et des constantes de la Nature qui y régnaient.

Kant poursuivit en spéculant sur certains aspects théologiques et géométriques des dimensions supplémentaires et vit qu'il serait possible d'étudier les propriétés de ces espaces hypothétiques par des moyens mathématiques :

> « Une science de tous les types possibles d'espace serait sans doute la plus haute entreprise qu'un raisonnement fini pourrait mener dans le domaine de la géométrie... S'il est possible qu'il y ait des régions avec d'autres dimensions, il est très probable qu'un Dieu les a fait exister quelque part. De tels espaces supérieurs n'appartiendraient pas à notre monde mais formeraient des mondes séparés[8]. »

Ses spéculations étaient correctes. Au cours du XIXe siècle, des mathématiciens « découvrirent » d'autres géométries qui décrivent des lignes et des formes sur des surfaces courbes[9]. Ce qui est bien tombé car cela a permis à Einstein d'avoir ces mathématiques « pures » quand il développa entre 1905 et 1915 sa nouvelle théorie de la gravitation, la théorie de la relativité générale.

## Marcher avec les planisaures

> Les mathématiques peuvent explorer la quatrième dimension et le monde des possibles mais le tsar ne peut être renversé que dans la troisième dimension.
>
> Vladimir Ilitch LÉNINE[10]

Les dimensions sont assez importantes. Il y a de grandes différences entre les mondes de différentes dimensions. L'un des plus simples de ces mondes est celui à deux dimensions où des courbes fermées divisent le monde en un intérieur et un extérieur. Ce simple résultat d'intérieur et d'extérieur est très important. Cela complique la vie pour un être à deux dimensions avec un système digestif tubulaire. Si un habitant des espaces plats vous dit que sa vie part en morceaux vous devez le prendre au sérieux comme nous pouvons le voir sur la figure 10.4.

Passer de la deuxième à la troisième dimension rend aussi la vie des mathématiciens plus intéressante. Dans plus de deux dimensions, des chemins peuvent avoir des méandres très compliqués sans se couper (voir figure 10.5). Jouez au Monopoly à plusieurs dimensions, en passant à différents niveaux quand vous atterrissez dans les cases, ou au jeu d'échec à trois dimensions comme M. Spock, et les options se multiplient dramatiquement.

En fait, trois est le plus petit nombre de dimensions où vous pouvez vous perdre. Si vous marchez au hasard dans deux dimensions, en vous déplaçant d'un même pas dans des directions choisies au hasard comme un ivrogne, vous finirez par retourner à votre point de départ. Mais si vous marchez au hasard dans un espace à trois dimensions (ou plus) vous ne reviendrez jamais à votre point de départ. Vous serez perdus dans l'espace. Il y a simplement trop de mauvaises directions possibles pour le promeneur.

Ces exemples suggèrent que les choses deviennent toujours plus compliquées lorsque l'on passe de la deuxième à la troisième dimension ou plus. Mais ce n'est pas forcément le cas. Parfois, les dimen-

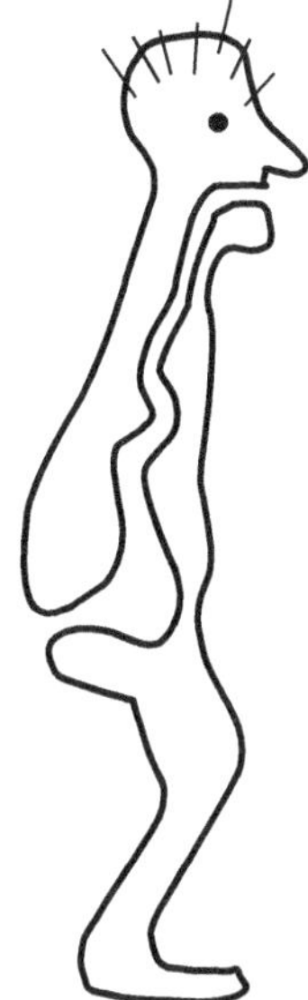

**Figure 10.4 :** Un être à deux dimensions ayant un système digestif
est voué à se disloquer.

**Figure 10.5 :** Des chemins peuvent faire des tours très compliqués
dans un espace à plus de deux dimensions sans se couper.

sions supplémentaires rendent seulement les choses plus difficiles à
faire cadrer. Les géomètres ont découvert depuis Platon que quelque
chose de bizarre se produit lorsqu'on passe de la deuxième à la troi-

sième dimension. Il y a un nombre infini de polygones réguliers (aux côtés égaux) dans les deux dimensions mais seulement cinq polyèdres réguliers à trois dimensions : les fameux solides de Platon (voir figure 10.6). La symétrie requise pour créer de tels solides est très limitante et très peu de formes s'y conforment dans un espace à trois dimensions. Avec plus de dimensions, les possibilités sont encore plus restreintes.

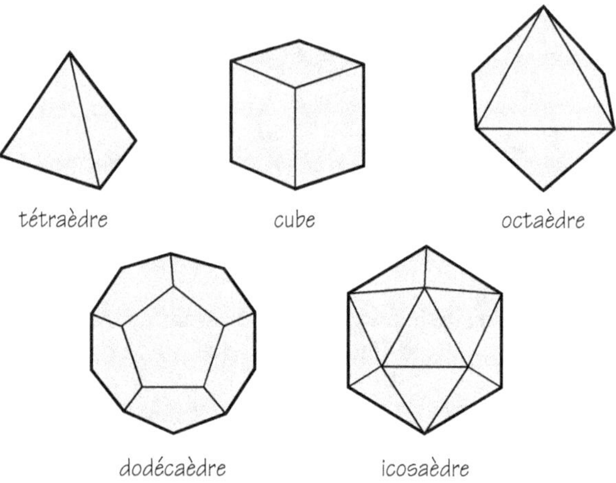


**Figure 10.6 :** Les cinq solides platoniciens.

À l'époque victorienne, les gens étaient étrangement séduits par les autres dimensions. Ils voyaient dans ce qu'ils imaginaient de la vie à deux dimensions une source de paraboles utiles pour notre existence à trois dimensions. Bien que ces fables présentent souvent un intérêt du point de vue géométrique, elles étaient rarement faites dans ce but. Quel meilleur moyen a un défenseur de la religion de démonter le scepticisme à l'égard du spirituel que de montrer dans quelle ignorance béate de la troisième dimension peuvent être les habitants des espaces plats ? Quoi de mieux pour un illusionniste que d'« expliquer » ses tours en invoquant une autre dimension ?

La plus connue de ces fables fantastiques, *Flatland : A Romance of Many Dimensions by a Square*, fut écrite en 1884 par Edwin Abbott, le directeur de la City School of London. C'était un commentaire à peine voilé sur la société. Les habitants des espaces plats[11] et leur haut clergé persécutaient tous ceux qui faisaient mention de la troisième dimension invisible. Plus les gens avaient de côtés, plus ils avaient une position élevée dans la hiérarchie sociale. Les femmes sont ainsi des lignes, les nobles des polygones et les prêtres de haut rang des cercles (voir figure 10.7). Le héros est M. Carré qui se conforme à la structure rigide de la société jusqu'à ce qu'il reçoive la visite de lord Sphere, de la troisième dimension, qui le propulse alors dans cet espace pour lui donner une perspective plus complète de la réalité[12].

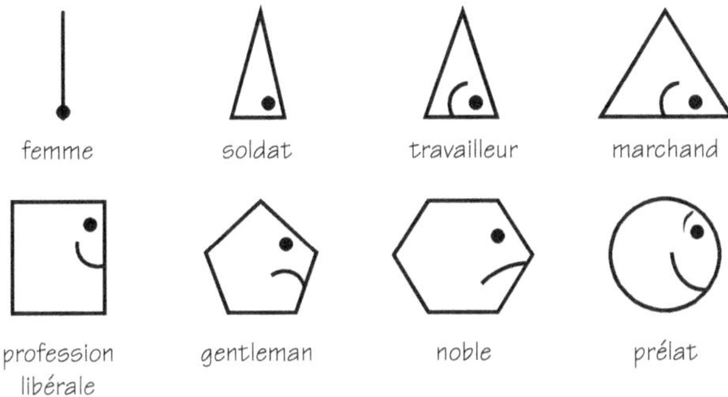


**Figure 10.7 :** Quelques habitants du Flatland d'Edwin Abbott.

Tout le monde ne pensait pas qu'aux dimensions inférieures. Quelques années avant la parution du livre d'Abbott, la société londonienne avait été agitée par le procès en 1877 du fameux médium Henry Slade, qui fut finalement jugé coupable de fraude. Des scientifiques étaient venus le défendre quand il avait affirmé être en contact avec la quatrième dimension[13] et avaient considéré ses affirmations comme quoi il pouvait en faire sortir des objets[14]. L'occultisme était en vogue dans l'Angleterre victorienne. Même Arthur Conan Doyle semble avoir cru dans ces histoires[15]. Je doute que Sherlock Holmes en avait fait autant[16].

Pour mettre à l'épreuve Slade qui prétendait pouvoir prendre et retirer des objets de la quatrième dimension, on établit en 1877, un certain nombre d'expériences simples :

— donner deux anneaux de bois et les enchaîner sans les casser ;

— transformer une coquille d'escargot avec un pas droit en une de pas gauche ;

— faire un nœud dans la boucle fermée d'une corde sans la couper ;

— avec une corde portant un nœud dans un sens placée dans une boîte scellée, dénouer la corde et refaire le nœud dans l'autre sens sans casser le sceau ;

— retirer le contenu d'une bouteille scellée sans la casser

Tous ces tests furent conçus en utilisant les propriétés mathématiques dans les dimensions deux ou trois. Le seul moyen de retirer le contenu de la bouteille ou de dénouer le nœud est de passer à une dimension supérieure. Comme vous le voyez, Slade était une espèce d'Uri Geller du XIXe siècle. Il ne put hélas pas réussir ses tours défiant la topologie dans ces conditions bien contrôlées et fut finalement jugé coupable de fraude par les tribunaux.

## *Polygones et polygamie*

> Il me semble que le sujet des espaces de dimensions supérieures est en train d'être pris au sérieux... Il me semble aussi que lorsque nous commençons à sentir le sérieux d'un sujet nous perdons en partie la faculté de le traiter.
>
> Charles HINTON[17]

Le curieux mathématicien anglais Charles Hinton travaillait au bureau des brevets américains à Washington DC au même moment où Einstein était à l'office suisse des brevets. Son progressiste de père, James, avait été chirurgien[18] et un philosophe religieux charismatique qui prêchait l'amour libre et la polygamie, ce qui n'était pas une bonne recette pour avoir de l'avancement dans l'Angleterre victorienne. Mais le jeune Charles semblait plus intéressé par les polygones que par la polygamie. Après des études à la Rugby School puis à Oxford, il devint professeur de mathématiques au Cheltenham

Ladies' College puis à la Uppingham School. Son premier essai « What is the Fourth Dimension ? » parut en 1880[19]. Puis sa vie prend un tour passionnant. Il avait déjà bien tenu compte des conseils de son père parce qu'en 1885 il fut arrêté pour bigamie. Il s'était marié avec Mary Boole, veuve de George Boole, l'un des créateurs de la théorie logique et des ensembles, puis il se maria aussi avec Maude Weldon ! Emprisonné pendant trois jours, il partit ensuite avec Mary pour les États-Unis, enseigna à Princeton et inventa la machine automatique à projeter les balles de base-ball[20]. Renvoyé de son poste, il resta un moment à la Naval Academy avant de se fixer au bureau américain des brevets.

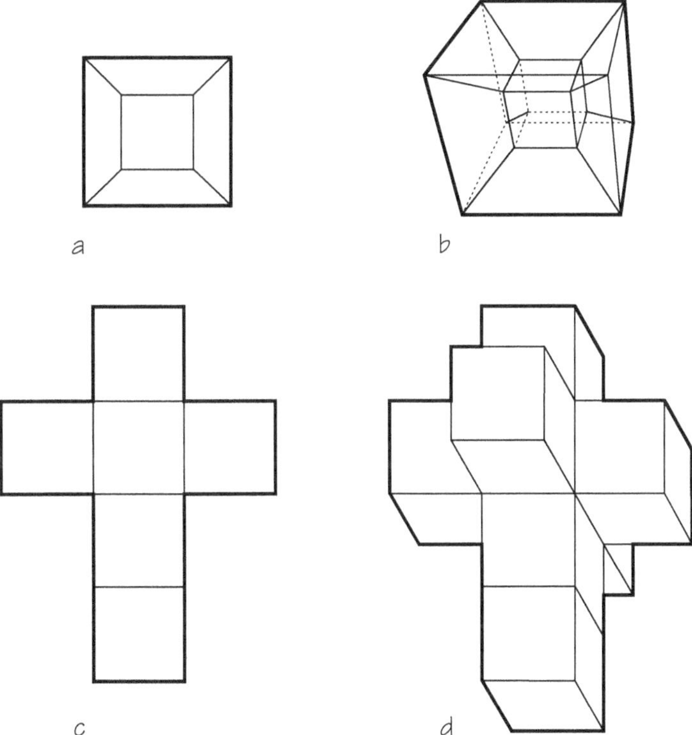



**Figure 10.8 :** (a) Un cube à trois dimensions apparaît en deux dimensions quand il est vu en projection. (b) Un cube à quatre dimensions apparaît en trois dimensions quand il est vu en projection et peut être dessiné en perspective sur la page. (c) Dépliement d'un cube. (d) Dépliement d'un cube à quatre dimensions.

Hinton contribua de façon mémorable à l'étude des dimensions supérieures en concevant une série d'images simples capables de donner une vague impression de ce à quoi pouvaient ressembler les objets en quatre dimensions. Il remarqua que dans les livres les images d'objets en trois dimensions sont toujours montrées en deux dimensions, à plat sur une page, et que nous pourrions donc être capables de prédire ce que serait l'image en trois ou deux dimensions d'un objet en quatre dimensions. Cette image pouvait être son ombre ou sa projection. La figure 10.8 montre des exemples inspirés de ses travaux.

**Figure 10.9** : *Portrait de Dora Maar* de Pablo Picasso.

Les idées de Hinton pour visualiser la quatrième dimension et plus par extrapolation et analogie eurent une énorme influence. En 1909 la revue *Scientific American* offrit un prix de 500 dollars pour la meilleure explication de la quatrième dimension accessible au public. En Europe, nous voyons émerger une fascination similaire pour les perspectives à plusieurs dimensions dans le monde des arts. Les cubistes s'emparèrent de la quatrième dimension[21]. Le tableau de Marcel Duchamp *Nu descendant un escalier* superpose les images floues d'une femme en train de descendre un escalier, ce qui exprime visuellement la quatrième dimension du temps. Une ambiguïté purement spatiale est exploitée par Picasso dans son *Portrait de Dora Maar* (voir figure 10.9[22]). L'idée est ici d'échapper à la contrainte des trois dimensions dans une perspective en montrant d'emblée dans le cas du visage d'une femme tous ses angles de vue.

## *Pourquoi la vie est-elle aussi facile pour les physiciens ?*

C'est alors que je vis le Pendule.

La sphère, pendue au bout d'un long câble fixé au plafond du chœur, se balançait avec une isochrone majesté.

Je savais – mais tout autre aurait pu sentir en lui la magie de cette respiration sereine – que la période était réglée par la relation entre la racine carrée de la longueur du câble et par $\pi$, ce nombre qui, quoique irrationnel aux esprits sublunaires, relie par une plus haute rationalité la circonférence au diamètre de tous les cercles possibles. Le temps pris par la sphère pour aller d'un bout à l'autre était sous l'effet d'une conspiration secrète entre des mesures des plus intemporelles : la singularité du point de suspension, la dualité des dimensions du plan, le commencement ternaire de $\pi$, la nature quadratique cachée de la racine et la perfection sans nombre du cercle lui-même.

Umberto Eco[23]

Après avoir utilisé un certain temps les équations et les formules de physique mathématique vous vous accoutumez à une particularité de la Nature : elle nous pardonne facilement notre ignorance de certains détails. Les lois de la Nature ont plusieurs ingrédients : un dispositif logique pour prédire le futur à partir du présent, une place pour insérer les informations du présent, des constantes particulières de la Nature et une série de simples nombres. Ces derniers se retrouvent avec les constantes de la Nature dans presque toutes les formules de physique. Au chapitre 3, nous avons vu qu'Einstein les signalait à Ilse Rosenthal-Schneider et les appelait des « constantes de base ». Ce sont juste des nombres. Par exemple, la période (le « tic ») d'une pendule est donnée avec une haute précision par la simple formule :

$$\text{Période} = 2\,\pi\,\sqrt{(L/g)}$$

où $L$ est la longueur du pendule et $g$ l'accélération due à la force de gravité à la surface de la Terre. Notez l'apparition de la « constante de base » $2\,\pi \approx 6{,}28$. Dans chaque formule que nous utilisons pour décrire un aspect du monde physique, un facteur numérique de ce type apparaît. Chose remarquable, ils sont presque toujours assez proches de la valeur 1 et peuvent être négligés ou pris approximativement pour 1 si on veut seulement avoir une assez bonne estimation du résultat. C'est un bonus de taille parce que dans un problème comme celui de la détermination de la période d'un simple pendule cela nous permet déjà d'obtenir une réponse approximative. La période, qui a les dimensions du temps, ne peut dépendre que d'une seule manière de la longueur $L$ et de l'accélération $g$ si ce qui en résulte doit être un temps : cette combinaison est la racine carrée de $L/g$.

Cette belle caractéristique du monde physique – que ce dernier semble bien décrit par des lois mathématiques dans lesquelles les facteurs purement numériques n'apparaissent pas très éloignés de 1 – est l'un des mystères qui passent pratiquement inaperçus dans l'étude du monde physique. Einstein était très impressionné par l'ubiquité dans les équations de physique des nombres sans dimensions *petits* et écrivit sur ce mystère que, bien que cela semble toujours être le cas,

> « nous ne pouvons pas l'exiger rigoureusement, car pourquoi un facteur numérique comme $(12\,\pi)^3$ n'apparaîtrait pas dans une déduction physico-mathématique ? Mais de tels cas sont certainement des raretés[24] ».

Et plusieurs années plus tard, dans l'une de ses lettres à Rosenthal-Schneider sur les constantes de la Nature, il reste troublé par ce mystère :

« Il semble être dans la nature des choses que de tels nombres de base ne diffèrent pas du nombre 1 dans leur magnitude, au moins aussi longtemps que nous considérons des formulations "simples" ou suivant le cas "naturelles"[25]. »

Il est possible d'éclairer un peu ce problème en notant que presque tous les facteurs numériques qui impressionnaient tant Einstein ont une origine géométrique. Par exemple, le volume d'un cube avec un côté de longueur $R$ est $R^3$ mais le volume d'une sphère de rayon $R$ est $4\,\pi R^3/3$. Les facteurs numériques rendent compte de différences dans le détail des formes quand les forces de la Nature agissent. Comme les forces fondamentales de la Nature sont symétriques et n'ont pas de préférences pour une direction donnée, il y a une tendance à la symétrie sphérique. Ces observations nous permettent d'apporter à Einstein une réponse possible à son problème.

Nous savons que le périmètre d'un cercle de rayon $R$ est de $2\,\pi R$. La surface d'une sphère est de $4\,\pi R^2$. De même, l'aire d'un cercle est $\pi R^2$ et le volume d'une sphère est $4\,\pi R^3/3$. Maintenant pensez à des « sphères » à N dimensions. Les mathématiciens peuvent aisément calculer quelle sera la surface et le volume de telles sphères. Il est clair que $A(N)$, l'aire d'une balle de rayon $R$ et de dimension $N$, sera proportionnelle à $R^{N-1}$, et son volume $V(N)$ proportionnel à $R^N$, mais ce que seront les quantités numériques comme « $4\,\pi$ » ou « $4\,\pi/3$ » n'est pas évident du tout. Les formules sont montrées sur les graphes de la figure 10.10.

La caractéristique remarquable de ces graphes est que les facteurs numériques deviennent extrêmement différents de 1 lorsque la dimension de l'espace augmente. Ils ne s'accroissent pas en proportion de $N$, ou même de $2^N$, mais de $N^N$. Nous avons donc une réponse pour Einstein. L'ubiquité des facteurs numériques petits dans les lois de la Nature et les formules de physique est une conséquence d'un monde ayant un très petit nombre de dimensions dans l'espace. Si nous vivions dans un espace à 20 dimensions, les estimations simples qui négligent les facteurs numériques dans les formules de physique

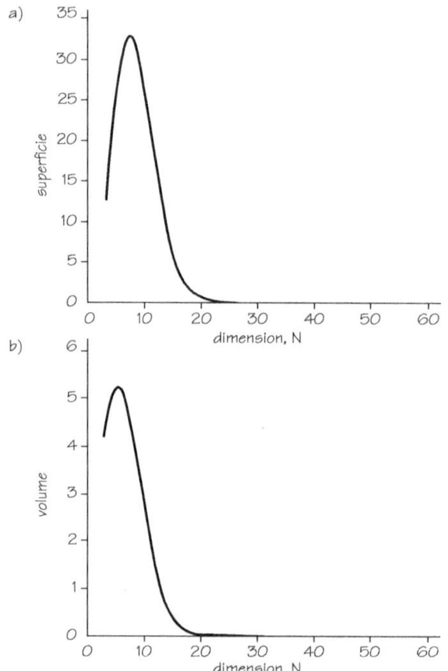



**Figure 10.10 :** Variation de l'aire et du volume d'une sphère à N dimensions avec un rayon égal à une unité de longueur. Le volume atteint un maximum pour N proche de 5,3 puis décroît rapidement.

seraient dans beaucoup de cas extrêmement imprécises et Einstein demanderait pourquoi elles ont toujours l'inconvénient d'être aussi grossières.

Nous voyons ainsi que les constantes de la Nature ont une influence relative bien plus grande quand on veut déterminer les effets des lois de la Nature dans trois dimensions que dans des univers de dimensions beaucoup plus élevées.

## *Le triste cas de Paul Ehrenfest*

> Ehrenfest ne fut pas simplement le meilleur enseignant
> que j'aie jamais connu dans notre profession ; il était
> aussi passionnément préoccupé par le développement et
> la destinée des hommes, particulièrement de ses étu-
> diants. Comprendre les autres, gagner leur amitié ou
> leur confiance, aider quiconque empêtré dans une lutte
> interne ou externe, encourager les jeunes talents – tout
> ceci était son vrai élément, presque plus que son immer-
> sion dans les problèmes scientifiques.
>
> Albert EINSTEIN

Paul Ehrenfest était comme saint Thomas, dans le doute ; mais c'était de lui dont il doutait. Ce physicien autrichien très doué a travaillé avec beaucoup de grands noms de la science du début du XX^e siècle : Einstein, Heisenberg, Schrödinger, Pauli, Dirac, et tous bénéficièrent de son aide. Il était par-dessus tout un critique incisif, capable de relever le point faible de tout argument : la conscience de la physique. Il était aussi connu pour ses remarques à contre-pied, du style[26] : « Pourquoi ai-je d'aussi bons étudiants ? Parce que je suis stupide », ou : « Vous dites cela parce que vous voulez qu'on le prenne en compte ou juste parce que c'est vrai ? »

Ehrenfest fit d'importantes contributions dans plusieurs domaines de la physique et les étudiants en physique quantique rencontrent inévitablement le « théorème d'Ehrenfest ». Mais les critères d'Ehrenfest étaient tellement élevés qu'il ne put lui-même être à leur hauteur. Son enfance avait été malheureuse. Sa mère était morte en 1890 quand il avait 10 ans et son père, qui souffrait d'une mauvaise santé chronique, décéda six ans plus tard.

Malgré la haute estime dont il jouissait auprès des autres et qui lui valut d'obtenir le professorat de physique à Leiden en 1912 à l'âge seulement de 32 ans (figure 10.11[27]), Ehrenfest se tenait en basse estime. Il devint frustré par son incapacité à suivre les rapides développements de la physique quantique et leur nature de plus en plus mathématique. En mai 1931, il écrivit à Niels Bohr :

**Figure 10.11 :** Paul Ehrenfest (1880-1933) avec Albert Einstein.

« J'ai complètement perdu le contact avec la physique théorique. Je ne peux plus rien lire et je me sens incompétent pour saisir la moindre chose de ce qui fait sens dans le flot d'articles et de livres. Peut-être qu'on ne peut plus m'aider du tout. »

Son désespoir fut exacerbé par le profond trouble mental de son fils trisomique, Wassik. Le fameux tuteur de Ehrenfest, Ludwig Boltzmann, s'était suicidé en 1906 devant le manque de reconnaissance de son travail. Paul Ehrnfest fit de même le 25 septembre 1933, en se tirant une balle après avoir tué de même son fils dans la salle d'attente de son docteur. Sa dernière lettre pour expliquer son geste à ses plus proches amis scientifiques et étudiants ne fut jamais envoyée[28].

Ehrenfest fait partie de notre histoire parce qu'il fut le premier, en 1917, à remarquer[29] la forte dépendance de beaucoup de lois de la physique à l'égard du nombre de dimensions de l'espace. Reprenant ce qu'avait entrevu Kant sur le lien entre la loi de la gravité au carré inverse et les dimensions de l'espace, Ehrenfest remarqua que les planètes ne pouvaient se mouvoir autour d'une masse centrale, le Soleil, sur des orbites stables que si le monde avait trois dimensions. Transposant cela à l'échelle atomique, où la loi de l'électricité et du magnétisme avec le carré inverse est responsable de la force attractive entre le noyau chargé positivement et les électrons chargés négativement qui tournent autour de lui, Ehrenfest montra que dans des mondes à plus de trois dimensions *aucun atome stable ne pouvait exister*. Soit les électrons tombaient en spirale sur le noyau, soit ils se dispersaient.

Ehrenfest nota aussi que les ondes à trois dimensions ont des propriétés très spéciales. Les ondes voyagent dans l'espace sans distorsion ni réflexion uniquement dans un espace à trois dimensions. Si le nombre de dimensions est *pair* (2, 4, 6, ...) alors différentes parties d'une propagation ondulatoire se déplaceront à des vitesses différentes. Il en résulte que si l'émission de l'onde est continue il y aura une réflexion à la réception : des ondes parties à différents moments arriveront en même temps. Si le nombre de dimensions de l'espace est impair, toutes les propagations voyageront à la même vitesse mais s'il n'y a pas *trois* dimensions l'onde sera de plus en plus déformée. Les ondes à trois dimensions sont particulières.

Ehrenfest montra avec beaucoup d'imagination par cette étude que le nombre de dimensions du monde dans lequel nous vivons a des effets conséquents sur les choses telles qu'elles sont. Les mondes à trois dimensions sont très originaux[30]. Ils imposent des propriétés spéciales aux lois et aux constantes de la Nature.

Pourtant, en 1917, Ehrenfest n'alla pas plus loin et ne tira aucune conclusion philosophique de ses travaux. Il ne fut pas le premier à remarquer qu'il y avait quelque chose de particulier aux orbites planétaires dans les mondes à trois dimensions. William Paley avait découvert les caractéristiques uniques pour la vie de la loi de la gravité au carré inverse en 1802 et l'ouvrage de Wallace en 1905 *Man'Place in the Universe* avait repris ces aspects particuliers. Mais ces auteurs avaient écrit avant l'apparition de la théorie quantique de la matière et Ehrenfest fut capable de traiter bien plus largement et profondément la question de l'unicité physique des mondes à trois dimensions.

## Le cas particulier de Gerald Whitrow

> L'univers est réel mais vous ne pouvez pas le voir. Vous devez l'imaginer.
>
> Alexander CALDER[31]

Le lien anthropique direct entre le nombre de dimensions de l'espace et l'existence d'observateurs vivants fut fait par le cosmologiste anglais Gerald Whitrow en 1955. Se posant la question « Pourquoi observons-nous un Univers à trois dimensions ? » il chercha à donner un nouveau type de réponse[32] en avançant que des observateurs dotés de pensée ne pouvaient exister que dans des mondes à trois dimensions. Il suggéra même qu'il serait possible de déduire le nombre de dimensions du monde du fait que nous, ou une autre forme d'intelligence, puissions exister :

> « Cette propriété topologique fondamentale du monde... pourrait se déduire comme l'unique chose naturelle concomitante de certaines autres caractéristiques contingentes associées à l'évolution de formes plus élevées de vie terrestre, en particulier de l'Homme, le formulateur du problème. »

Il détailla ses arguments dans un livre de cosmologie grand public publié quatre années plus tard[33] et essaya d'éliminer la possibilité d'un monde à deux dimensions propice à la vie en avançant que les intersections inévitables dans un tel monde des connexions entre cellules nerveuses préviendraient la création d'un réseau neural complexe.

L'approche de Whitrow fut la première application de ce qui serait maintenant appelé le « Principe Anthropique ». Elle précède l'application de ce principe par Dicke au problème du $G$ variable et de l'Hypothèse des Grands Nombres. Avec ce que nous savons aujourd'hui, nous pouvons la généraliser un peu plus. Et si nous considérons ce que serait le monde avec des lois identiques mais un nombre de dimensions de l'espace différent, pourquoi nous arrêter là ? Pourquoi ne pas se demander ce qui se passerait si le nombre de dimensions du temps était aussi différent[34] ?

La possibilité d'univers aux dimensions différentes à la fois pour le temps et l'espace a été envisagée par un certain nombre de scientifiques[35]. De même que nous avons envisagé des univers avec d'autres dimensions de l'espace et une pour le temps, nous pouvons supposer que les lois de la Nature garderont les mêmes formulations mathématiques en choisissant librement les dimensions pour l'espace et le temps. La situation est résumée[36] sur l'image de la figure 10.12.

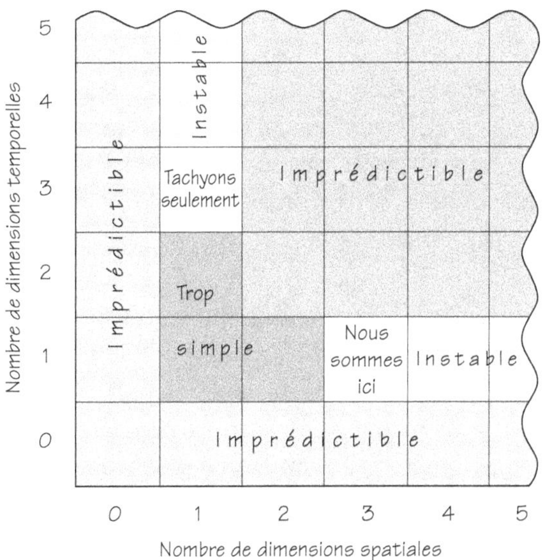


**Figure 10.12 :** Propriétés des univers avec différents nombres de dimensions de l'espace et du temps. Un temps et trois dimensions de l'espace semblent avoir des propriétés particulières nécessaires pour que puissent exister des structures aussi complexes que des êtres vivants.

Le tableau de bord de toutes les possibilités peut être considérablement réduit en imposant un petit nombre de conditions raisonnables à l'existence d'un traitement de l'information, d'une mémoire, et donc de la vie. Si nous voulons que le futur soit déterminé par le présent, nous éliminons toutes les régions du tableau marquées « imprévisible ». Si nous voulons qu'existent des atomes ainsi que des orbites stables pour des corps (planètes) tournant autour des étoiles, nous devons enlever les bandes marquées « instable ». Après avoir supprimé les mondes dans lesquels il y a seulement des signaux plus rapides que la lumière, il reste notre propre monde de 3 + 1 dimensions de l'espace et du temps et des mondes très simples qui ont 2 + 1, 1 + 1 et 1 + 2 dimensions pour respectivement l'espace et le temps. De tels mondes sont d'habitude considérés comme trop simples pour contenir des êtres vivants. Par exemple, dans des mondes 2 + 1 il n'y a pas de force gravitationnelle entre les masses et la simplicité des formes exigée est un défi à toute tentative d'évolution de la complexité.

Ces limitations mises à part, il y a eu beaucoup de spéculations sur la façon dont on pourrait construire des dispositifs fonctionnant dans des mondes à deux dimensions[37]. Nous avons déjà mentionné les soucis de Whitrow pour produire une complexité neurale adéquate dans un monde à deux dimensions. Les réseaux sont extrêmement limités parce que les chemins ne peuvent se croiser sans se rencontrer[38].

Des mondes avec plus d'une dimension temporelle sont difficiles à imaginer et paraissent offrir beaucoup plus de possibilités. Ils semblent hélas offrir tant de possibilités que les particules élémentaires y sont beaucoup moins stables. Les protons peuvent se dégrader facilement en neutrons, positons et neutrinos, et les électrons en neutrons, antiprotons et neutrinos. L'effet global de dimensions supplémentaires dans le temps est de rendre les structures complexes hautement instables à moins d'être gelées dans des conditions de températures extrêmement basses[39].

Quand nous nous tournons vers les mondes avec des dimensions de l'espace et du temps autres que 3 plus 1, nous rencontrons un problème étonnant. Les mondes avec plus d'une dimension temporelle ne permettent pas au futur d'être prédit à partir du présent. Ils sont dans ce sens plutôt comme des mondes sans dimension temporelle. Un système organisé complexe, comme celui requis pour la vie, ne pourrait utiliser les informations tirées de son environnement pour donner forme à son comportement futur. Il resterait simple, trop simple pour conserver l'information et évoluer.

Si les nombres de dimensions pour l'espace et le temps avaient été choisis au hasard et qu'ils fussent tous possibles, nous nous serions attendus à de très grands nombres. Il est très improbable qu'un petit nombre soit choisi. Pourtant, les contraintes imposées par le besoin d'avoir des « observateurs » pour parler du problème signifient que toutes les possibilités ne sont pas disponibles et qu'un espace à trois dimensions nous est imposé. Tous les autres choix seraient dépourvus de vie. Si les scientifiques d'un autre univers connaissaient nos lois mais pas le nombre de dimensions dans lequel nous vivons, ils pourraient le déduire par le simple fait de notre existence.

En résumé, nous avons vu que l'approche de Whitrow au problème de savoir pourquoi l'espace a trois dimensions mène à apprécier en profondeur comment et pourquoi les mondes à trois dimensions et une seule flèche du temps sont particuliers. Les autres possibilités sont trop simples, trop instables ou trop imprédictibles pour que des observateurs complexes évoluent et y persistent. Il en résulte que nous ne devrions pas être surpris de nous trouver vivant dans un espace à trois dimensions et sujets aux ravages d'un seul temps. Il n'y a pas d'alternative.

## *L'étrange cas de Theodor Kaluza et Oskar Klein*

> Les dogmes du passé tranquille ne conviennent pas au présent agité. Les circonstances sont pleines de difficultés et nous devons nous y adapter. Comme notre cas est nouveau, nous devons penser et agir d'une nouvelle manière. Nous devons nous affranchir de ce que nous étions.
>
> Abraham LINCOLN

Theodor Kaluza (1885-1954) était l'enfant unique d'une famille de lettrés qui avait vécu dans ce qui était alors depuis plus de trois siècles la ville allemande de Ratibor[40]. Son père Max était un spécialiste renommé de la langue et de la littérature anglaises mais Theodor montra un talent précoce pour les mathématiques et s'inscrivit comme étudiant à l'Université de Königsberg, où il passa son doctorat en 1910. Jusque-là, le jeune Kaluza semblait parti pour une brillante carrière universitaire de professeur et de chercheur. C'était un homme sympathique qui s'intéressait à beaucoup de choses, avait un sens aigu de l'humour, parlait et écrivait dans quinze langues mais qui n'était pas très doué pour les aspects pratiques de la vie. Son fils en donne un exemple avec sa décision, passé la trentaine, qu'il lui fallait apprendre à nager. Il se procura un livre sur la natation, le lut attentivement, sauta dans l'eau et réussit à nager du premier coup. Voilà, disait-il, la puissance de la connaissance théorique !

Pourtant, la carrière de Kaluza stagna. Au lieu de rester comme les autres jeunes scientifiques doués juste deux ou trois ans au poste d'assistant à l'université, il l'occupa vingt ans et n'y fut jamais promu professeur. Ce fut durant ce long apprentissage qu'il décida d'écrire à Einstein à propos de ses nouvelles idées qui faisaient le lien entre l'électricité, le magnétisme et la gravité. C'était en avril 1919 et Einstein était déjà renommé parmi les physiciens pour son travail sur la relativité, la gravité et la physique atomique, même s'il n'était pas encore connu du grand public. Kaluza avait remarqué qu'en ajoutant une nouvelle dimension à l'espace il devenait possible d'unifier d'une manière très économique la théorie de la gravité d'Einstein avec la théorie de l'électricité et du magnétisme de Maxwell. Einstein mit longtemps à répondre à la lettre de Kaluza mais ce fut finalement avec enthousiasme et il pressa Kaluza de préparer une publication de son travail. Einstein appuya sa présentation en la communiquant au *Journal de l'Académie de Prusse*[41] en décembre 1921.

L'idée de Kaluza était certes importante. L'électromagnétisme, affirmait-il, était juste comme la propagation de la gravité dans une autre dimension de l'espace. Mais si la théorie était mathématiquement très élégante, elle soulevait une question embarrassante : « S'il y a une dimension supplémentaire de l'espace, pourquoi n'en ressentons-nous pas les effets ? » Kaluza la négligeait complètement.

Une réponse à cette énigme fut donnée en 1926 par le physicien et mathématicien suédois Oskar Klein (1894-1977), un ancien étudiant de Kaluza. Klein avait développé des idées similaires à celles de Kaluza mais les avait mises de côté quand il avait vu que son professeur l'avait dépassé. Il avait écrit à Niels Bohr que « l'origine de la constante de Planck peut être recherchée dans la périodicité de la cinquième dimension[42] ». C'était simple. La dimension supplémentaire de l'espace est extrêmement petite et circulaire (environ $10^{-30}$ centimètre de circonférence) et donc sa présence imperceptible. La constante de structure fine de la Nature que nous voyons en trois dimensions prend une valeur numérique régie par la taille de cette dimension supplémentaire. Cette théorie de Kaluza-Klein, comme elle fut connue, suscita de l'intérêt un moment puis passa au second plan jusqu'aux années 1980 où elle a refait surface en physique.

La théorie de Kaluza et Klein montra aux physiciens comment l'espace pouvait avoir des dimensions supplémentaires sans tomber dans les problèmes propres aux mondes à plus de trois dimensions qu'avaient montrés entre autres Ehrenfest. Le truc était simplement que la répartition des dimensions n'était pas démocratique : il pouvait y avoir plus de trois dimensions mais elles devaient être petites et immuables pour éviter de modifier le monde dont nous faisons l'expérience. Les forces de la Nature ne devaient pas propager démocratiquement leur influence dans chaque dimension : les dimensions supplémentaires de l'espace devaient être beaucoup plus petites que les trois qui nous sont familières.

Dans les années 1980, les physiciens commencèrent à reprendre les idées de Kaluza et Klein pour voir si en ajoutant de nouvelles dimensions il serait possible d'unifier les forces d'interaction faibles et fortes de la Nature avec celles de l'électromagnétisme et de la gravité. Si cette idée s'avérait bonne, les constantes de la Nature qui décrivent ces forces seraient déterminées par la taille de chacune des dimensions responsables. Il sembla un moment que cela pouvait fonctionner. On tenta de calculer la valeur de la constante de structure fine dans les théories avec des dimensions supplémentaires[43]. Mais des lacunes finirent par apparaître dans la théorie. Les simples nouvelles dimensions ajoutées par Kaluza et Klein ne pouvaient mimer toutes les propriétés compliquées des forces d'interaction faibles et fortes de la Nature, ni concilier les propriétés idiosyncrasiques des particules élémentaires qu'elles gouvernaient. Les leçons tirées de cette approche restent cependant importantes et ont pu être appliquées aux nouvelles théories des supercordes qui remédient aux défauts des théories de Kaluza-Klein, comme nous allons le voir. La plus importante de ces leçons est que lorsque nous envisageons un monde possédant plus de trois dimensions dans l'espace, les vraies constantes de la Nature doivent subsister dans toutes les dimensions. Leur ombre que nous voyons dans notre monde à trois dimensions peut avoir des valeurs complètement différentes et, ce qui est le plus surprenant, ne pas être forcément constante.

Kaluza devint finalement professeur, d'abord à Kiel en 1929 puis à Göttingen en 1935 après avoir reçu l'appui d'Einstein pour sa nomination. Dans sa recommandation, ce dernier attirait particulièrement l'attention sur la nouveauté de la tentative de Kaluza d'unifier la gravité et l'électromagnétisme par le recours à des dimensions supplémentaires.

## *Des constantes variables dans le monde membranaire*

> Il y a deux manières de répandre la lumière : être la chandelle ou le miroir qui la réfléchit.
>
> Edith WHARTON[44]

La conséquence la plus intéressante de l'apport de nouvelles dimensions à l'espace est qu'elle permet aux constantes de la Nature observées de changer. Si le monde a réellement quatre dimensions pour l'espace, les vraies constantes de la Nature existent dans ces quatre dimensions. Si nous nous déplaçons dans seulement trois de ces dimensions, nous verrons ou sentirons seulement les « ombres » en trois dimensions des vraies constantes des quatre dimensions. Mais ces ombres n'ont pas besoin d'être constantes. Si les dimensions supplémentaires s'agrandissent, juste comme nos trois dimensions le font dans un Univers en expansion, nos constantes à trois dimensions diminueront alors à la même vitesse. Ceci nous dit immédiatement que si une des dimensions supplémentaires change, elle doit le faire plutôt lentement, autrement nous n'aurions pas appelé nos constantes des « constantes ».

Prenons une constante traditionnelle de la Nature comme celle de la structure fine. Si la taille de la dimension supplémentaire[45] de l'espace est $R$ alors la valeur de la « constante » de structure fine à trois dimensions, $\alpha$, variera en proportion de $1/R^2$ avec $R$. Imaginez que nous sommes dans un univers en expansion à quatre dimensions mais que nous ne pouvons nous mouvoir que dans trois d'entre elles. Les forces de l'électricité et du magnétisme peuvent « voir » les quatre dimensions et nous trouverons que les parties à trois dimensions de ces forces diminuent lorsque la quatrième dimension grandit.

Nous savons que si la constante de structure fine à trois dimensions change, elle ne peut le faire quelque part presque aussi vite que l'Univers dans son expansion. Cela nous dit que toute quatrième dimension doit être très différente des autres. L'idée de Klein était qu'elle était à la fois très petite et statique. Une force en plus piège les nouvelles dimensions et les garde petites. Si elles ne changent pas significativement de taille, nous ne verrons pas forcément nos constantes changer de nos jours. Un scénario possible imagine que l'Univers a commencé avec toutes les dimensions mais que certaines se sont retrouvées piégées et resteront à jamais statiques et petites, laissant juste trois d'entre elles s'étendre et grandir pour devenir l'Univers astronomique que nous observons aujourd'hui (voir la figure 10.13).

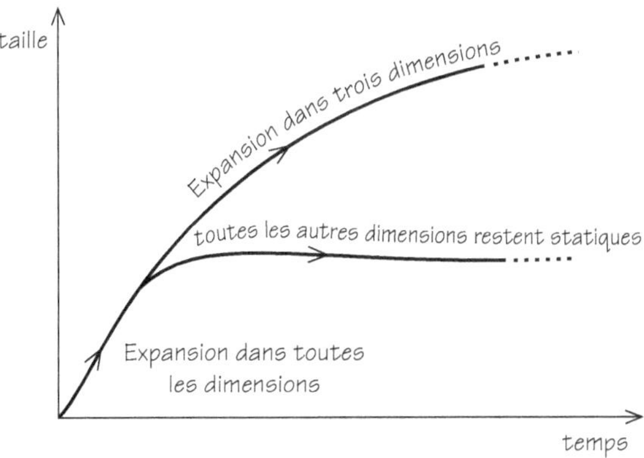


**Figure 10.13 :** Scénario dans lequel l'Univers commence avec plus de trois dimensions de l'espace en expansion avant de changer en un état où seulement trois continuent de s'étendre tandis que les autres restent piégées et statiques.

En 1982, des théoriciens des cordes suggérèrent pour la première fois une réponse spectaculaire à un vieux problème : comment marier la théorie quantique de la matière avec la théorie de la gravité d'Einstein. Toutes les tentatives précédentes avaient lamentablement échoué. Elles prédisaient invariablement qu'une certaine quantité mesurable devait être infinie[46]. Ces « infinités » minaient toutes les théories avec seulement trois dimensions pour l'espace et une pour le temps. Mais en 1984, Michael Green et John Schwarz montrèrent que ce problème pouvait être résolu en combinant deux idées radicales. Si on abandonne l'idée que les entités de base sont comme des points, avec une taille zéro et qu'on s'autorise plus de trois dimensions dans l'espace, alors les infinités disparaissent miraculeusement. Comme avec les théories antérieures de Kaluza-Klein, ces dimensions supplémentaires ne peuvent varier aujourd'hui car autrement on observerait des changements dans les « constantes » de la Nature qui gouvernent la structure de notre monde en trois dimensions. Là encore, on supposait qu'elles étaient piégées par des forces inconnues sur une très petite échelle, proche de l'unité de longueur fondamentale de Planck, $10^{-33}$ cm.

La simple idée que seulement trois dimensions de l'espace prennent part à l'expansion de l'Univers fait ressortir les mystères au centre des dimensions spatiales et temporelles. Nous trouvons que les théories des cordes ne retiennent que certaines dimensions pour l'espace et le temps. Ces théories n'apportent aucune explication au fait que parmi ces dimensions une seule soit consacrée au temps, ni au fait que *trois* aient grandi. Si les autres sont confinées dans de très faibles limites, nous devons alors savoir s'il fallait que trois dimensions se développent ou si ce nombre est tombé au hasard et aurait pu être tout autre. Si peu après le début de l'expansion de l'Univers le nombre de dimensions de l'espace avait été pris au hasard, il pourrait y avoir un nombre différent de grandes dimensions dans l'Univers au-delà de notre horizon. Un choix aléatoire voudrait dire que cet aspect du monde ne nécessite pas plus d'explications en termes réductionnistes : nous ne pourrions être là à observer ce fait que dans des mondes à trois dimensions de l'espace et une du temps.

Une autre approche du problème des dimensions et des constantes a récemment émergé. Plutôt que de simplement piéger des dimensions supplémentaires de façon qu'elles ne puissent changer, elle permet uniquement à la gravité d'avoir une influence dans toutes les dimensions de l'espace. Les trois autres forces de base de la Nature en sont réduites à agir dans trois des dimensions, dans une partie de l'Univers que nous habitons appelée le « monde membrane » en raison de sa ressemblance avec une membrane à plusieurs dimensions (voir figure 10.14).

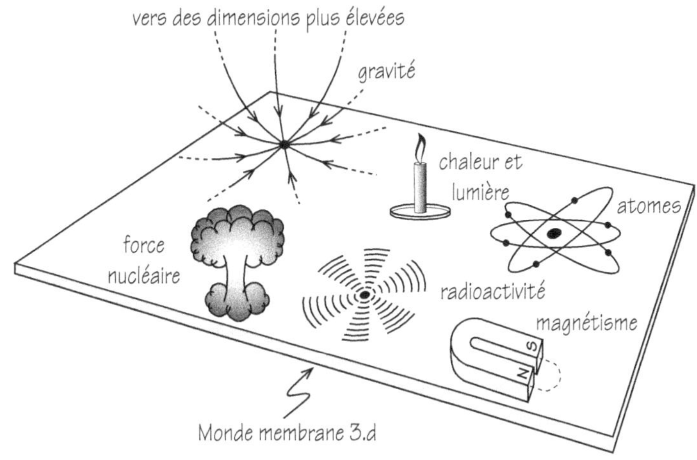


**Figure 10.14 :** Les forces de la Nature régissant l'électricité, le magnétisme, la radioactivité et les réactions nucléaires sont limitées à un « monde membrane » tridimensionnel tandis que la gravité agit dans toutes les dimensions et se trouve donc plus faible.

La portée de la force de gravité étendue aux dimensions supérieures de l'espace est responsable de sa relative faiblesse (du fameux facteur d'Eddington de $10^{40}$) comparée aux autres forces qui étendent leurs « lignes » de force à travers seulement trois dimensions. Les mondes membranes sont actuellement l'objet d'intenses recherches sur le papier par des physiciens du monde entier pour voir si elles laissent quelques traces concluantes dans l'Univers qui soient accessibles à un test d'observation. Ces recherches pourraient révéler ces prochaines années le lien entre les constantes de la Nature qui définissent le véritable espace à plusieurs dimensions dans lequel elles existent et les valeurs de leurs ombres à trois dimensions qui régissent l'évolution du monde membrane, celui constituant tout ce que nous savons du vrai Univers. Nos constantes seraient en rapport avec la taille relative de notre monde membrane par rapport à l'ensemble restant non observé de l'espace de dimension supérieure. Nous pourrions être au seuil de grandes découvertes qui placeraient tout notre Univers visible quelque part dans l'hyperespace.

# Variations sur un thème constant

Un physicien du précambrien aurait trouvé presque facile de construire un réacteur nucléaire.

George A. Cowan[1]

## *Un réacteur nucléaire préhistorique*

« Que vois-je atterrissant dans les champs environnants, un avion allemand... Deux hommes en sortent, très polis, et me demandent le chemin pour la Suisse... l'un d'eux vient à moi en tenant quelque chose comme une roche dans la main... et dit : "Ceci est pour votre peine ; prenez-en soin, c'est de l'uranium." Vous comprenez, c'était la fin de la guerre... ils n'avaient plus le temps de faire la bombe atomique et n'avaient plus besoin d'uranium.
"Je vous crois, bien sûr, répondis-je héroïquement. Mais était-ce vraiment de l'uranium ?"
"Absolument : n'importe qui aurait pu le voir. Il avait un poids incroyable et quand vous le touchiez, il était chaud. D'ailleurs je l'ai toujours chez moi. Je le garde en secret sur la terrasse dans un petit abri pour que les enfants ne puissent y toucher ; de temps en temps je le montre à mes amis et il est resté chaud, il est chaud même maintenant." »

Primo Levi[2], *Uranium*

Le 2 juin 1972, le Dr Henri Bouzigues fit une découverte embarrassante[3], le genre de découverte qui pouvait avoir des conséquences politiques, scientifiques ou même criminelles incalculables. Bouzigues faisait partie du personnel de l'usine de retraitement nucléaire de Pierrelatte en France. L'une de ses tâches habituelles était de mesurer la composition du minerai venant des mines d'uranium situées dans la région du Haut-Ogoué, dans l'ancienne colonie française maintenant connue sous le nom de république du Gabon, à près de 440 kilomètres de la côte atlantique (voir figure 11.1). À chaque fois, il contrôlait la fraction dans le minerai naturel de l'isotope 235[4] de l'uranium comparée à celle de l'isotope 238 en faisant des analyses d'échantillons de gaz d'hexafluorure d'uranium[5]. La différence entre les deux isotopes est cruciale. L'uranium naturel que l'on trouve sur Terre est formé presque totalement de l'isotope 238. Cette forme d'uranium ne créera pas de réactions nucléaires en chaîne autoentretenues. Si elle le faisait, cela ferait longtemps que notre planète aurait explosé. Pour faire une bombe ou produire une réaction en chaîne, il faut de l'isotope actif 235. Dans l'uranium naturel n'existe que quelques pour cent de la forme 235, tandis que près de 20 % sont requis pour démarrer une réaction en chaîne et que l'uranium militaire ou « enrichi » en contient 90 %. Ces chiffres nous permettent de dormir tranquilles la nuit en sachant que la Terre en dessous de nous ne commencera pas spontanément une chaîne incontrôlable de réactions nucléaires qui la transformerait en une gigantesque bombe. Mais qui sait, peut-être y a-t-il quelque part plus d'uranium 235 que la moyenne ?

Henri Bouzigues mesurait le rapport des deux isotopes avec une grande précision. Il s'agissait d'un contrôle important de la qualité du matériel destiné à être utilisé par l'industrie nucléaire française. C'était un travail de routine mais en ce jour de juin 1972 sa méticulosité fut récompensée. Il remarqua que certains échantillons présentaient un pourcentage d'isotope 235 par rapport au 238 de 0,717 au lieu de la valeur habituelle de 0,720 trouvée dans tous les prélèvements terrestres et même dans les météorites et les roches lunaires. La valeur « habituelle » était connue avec une telle précision[6] et revenait avec une telle régularité dans tous les échantillons que ce petit écart retentit comme un signal d'alarme. Où se trouvaient les 0,003 % d'uranium 235 ? C'était comme si l'uranium avait déjà été

**Figure 11.1 :** Localisation d'Oklo en Afrique de l'Ouest.

utilisé par un réacteur nucléaire et appauvri en isotope 235 avant même d'avoir été extrait de la mine.

Le Commissariat à l'énergie atomique (CEA) envisagea toutes sortes d'hypothèses. Peut-être que les échantillons avaient été contaminés par un combustible déjà utilisé par un réacteur ? Mais il n'y avait aucune trace de l'intense radioactivité qui accompagne ce dernier et aucune quantité d'hexafluorure d'uranium ne manquait à l'appel dans l'usine. On suggéra même un vol de matériel par des terroristes ou des dépôts extraterrestres. On finit par trouver que la source de cet écart était dans l'uranium naturel lui-même. Le rapport du 235 au 238 était naturellement faible dans le minerai issu des veines du site minier. Les recherches portèrent sur chaque étape du transport et du traitement du minerai d'uranium, de son extraction et de son broyage au Gabon à son traitement en France avant d'arriver à l'usine d'enrichissement de Pierrelatte. On ne découvrit rien d'anormal sauf que l'uranium extrait d'un gisement qui était situé près de la rivière Oklo. De fait, tous les échantillons issus de ce site qui avaient été gardés des chargements envoyés en France depuis le début de l'exploitation de la mine en 1970 montraient un léger déficit en uranium 235. Sur les 700 tonnes de minerais déjà extraits, la masse « manquante » d'uranium 235 s'élevait au total à environ 20 kilos.

L'étude de plus en plus détaillée de la mine fit apparaître que l'uranium 235 manquant avait été détruit sur place dans les veines. La possibilité existait que certaines réactions chimiques l'aient retiré laissant intact le 238. Mais les abondances relatives d'uranium 235 et 238 ne sont pas affectées différemment par les processus chimiques se produisant dans les profondeurs de la Terre. De tels processus peuvent enrichir certaines parties de la Terre en minerai d'uranium aux dépens d'autres en les dissolvant et en les déplaçant, mais ils n'altèrent pas le rapport des deux isotopes qui forment le minerai dissous ou en suspension. Seules des réactions et des décroissances nucléaires peuvent le faire (voir figure 11.2).

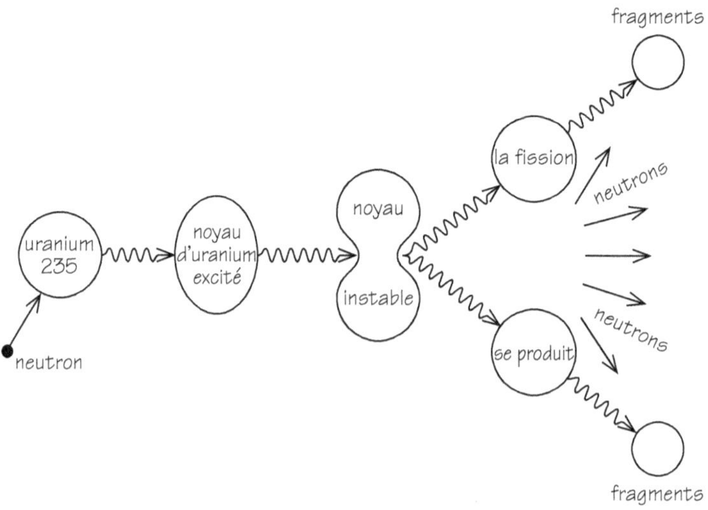


**Figure 11.2 :** La fission du noyau de l'uranium 235.

Les investigateurs découvrirent peu à peu une vérité qu'ils étaient loin de soupçonner. Les veines avec moins d'uranium 235 présentaient le profil caractéristique de la trentaine d'éléments atomiques formés suites des réactions de fissions nucléaires. Leurs quantités différaient complètement de celles se trouvant naturellement dans les roches où aucune réaction de fission n'a eu lieu. La signature typique des produits de fission nucléaire est connue par les expériences artificielles faites en réacteur. Six veines ayant ce type d'activité naturelle de réacteur nucléaire furent finalement identifiées à Oklo. Certains éléments présents, tels que le néodyme, ont beaucoup d'isotopes qui ne sont pas tous des produits de fission. Ces derniers donnent donc la mesure de l'abondance de tous les isotopes avant que les réactions nucléaires n'aient commencé et nous permettent ainsi de déterminer les effets et la durée de ces réactions[7].

Chose remarquable, la Nature avait conspiré pour fabriquer un réacteur nucléaire naturel souterrain, auteur deux milliards d'années plus tôt de réactions nucléaires spontanées[8]. Cet épisode de l'histoire géologique du Gabon a produit l'accumulation de produits de fission sur le site de la mine actuelle. À cause de cette découverte sensationnelle, son exploitation fut arrêtée un moment en 1972, le temps d'effectuer une étude géologique détaillée. On a finalement trouvé 15 réacteurs fossilisés, 14 à Oklo et un autre à à Bangombé, à environ 35 km au sud.

En 1956, un physicien japonais du nom de Paul Kuroda qui travaillait à l'Université de l'Arkansas aux États-Unis avait exactement prédit qu'une telle chose pouvait se produire dans la Nature[9]. Kuroda avait considéré presque toutes les conditions clés nécessaires : les concentrations en uranium nécessaires pour les réactions nucléaires, le moment dans le passé où cela avait pu se produire et le rapport des uraniums 235 et 238[10]. Mais il ne pensa à aucun endroit sur Terre où ces conditions pouvaient toutes être remplies. Kuroda passa ainsi à côté d'une possibilité intéressante, celle que la géologie d'Oklo avait créée d'elle-même.

La première réaction nucléaire faite par l'homme fut réalisée le 2 décembre 1942 dans le cadre du fameux projet Manhattan qui culmina dans la création des premières bombes atomiques. Elle cassait des noyaux lourds en plus légers, libérant de l'énergie et des neutrons rapides qui allaient casser d'autres noyaux lourds libérant ainsi encore plus d'énergie et de neutrons. On garde la maîtrise des réacteurs en introduisant un « modérateur » comme le graphite ou l'eau qui ralentissent les neutrons. Les neutrons émis à très grande vitesse sont directement absorbés par l'uranium 238. Ils doivent être considérablement ralentis pour avoir une forte probabilité d'être absorbés par un autre noyau d'uranium 235 et que se maintienne ainsi la réaction en chaîne de fission. Les barres de graphite peuvent être introduites dans le site d'interaction pour modérer les réactions et retirées si nécessaire. Sans cet effet modérateur, les réactions nucléaires s'emballeraient et deviendraient incontrôlables une fois atteint un niveau critique. Alors qu'est-ce qui avait modéré les réactions à Oklo ?

Les chercheurs trouvèrent la trace caractéristique des produits de fission à Oklo qui prouvaient que les réactions en chaîne avaient bien eu lieu. Bien qu'aujourd'hui l'abondance naturelle de l'uranium 235 ne soit que d'environ 0,7 % par rapport à l'uranium 238, le rapport des deux isotopes n'a pas toujours été le même au cours de l'histoire de la Terre. Ils se dégradent tout deux lentement mais à des vitesses différentes. La demi-vie de l'isotope 235 est de 700 millions d'années tandis que celle de l'isotope 238 est d'environ 4,5 milliards d'années. La décroissance plus rapide du 235 signifie qu'il y en avait plus relativement au 238 par le passé. Quand la Terre s'est formée, il a près de 4,5 milliards d'années, l'uranium naturel contenait environ 17 % d'uranium 235. Après 2,5 milliards d'années, le rapport 235 sur 238 serait tombé à environ 3 %, juste ce qu'il faut pour commencer il y a deux milliards d'années une réaction en chaîne qui puisse être modérée par l'eau.

Les dépôts d'uranium du gisement d'Oklo furent découverts dans les années 1960 et ont plusieurs kilomètres de long sur une largeur d'environ 700 m. Ils dérivent de l'uranium qui s'est déposé dans la croûte terrestre lors de la formation de la Terre. Cet élément était peu abondant au départ, en moyenne juste quelques parties pour million dans la composition de la Terre. Sa source, comme tous les autres éléments lourds sur Terre, se trouve dans les étoiles. L'uranium a été éjecté dans l'espace avant de se condenser en de petits blocs qui s'agrégèrent en planètes solides lors de l'histoire précoce du système solaire. Après l'intense activité géologique associée à l'ère qui a suivi la formation de la Terre, les réacteurs naturels d'Oklo sont devenus possibles avec le dépôt par hasard d'une veine enrichie en uranium dans une couche de grès prise dans un banc de granite. Pendant des millions d'années, près d'un kilomètre de sédiments sableux ont été lessivés au-dessus de l'uranium. Le granite est incliné de près de 45 degrés et cela a conduit à une accumulation d'eau de pluie et d'oxyde d'uranium soluble en profondeur au bas de la pente (voir figure 11.3).

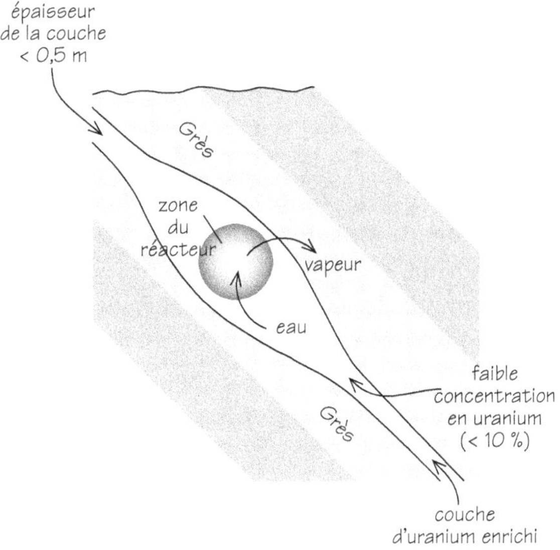


**Figure 11.3 :** La géologie sur le site du réacteur d'Oklo a fait que les couches de granite sont inclinées de 45 degrés. Cela a entraîné l'accumulation en profondeur d'eau de pluie et d'oxyde d'uranium soluble.

L'environnement oxydant qui a permis la production de l'eau apte à concentrer l'uranium a été causé par un changement significatif dans la biosphère terrestre de l'époque. Il y a deux milliards d'années, l'atmosphère se modifia en raison de la croissance des algues bleues, les premiers organismes capables d'effectuer la photosynthèse. Leur activité a accru le contenu en oxygène de l'eau et permis à une partie de l'uranium de devenir soluble sous forme d'oxydes. À Oklo, les dépôts d'uranium furent enfouis assez profondément pour éviter d'être ensuite redissous et dispersés au cours des deux milliards d'années qui ont suivi. Ce n'est que dans cette dernière période que des parties des dépôts du minerai se sont rapprochées de la surface où elles ont pu être découvertes et exploitées.

D'autres circonstances particulières sont encore nécessaires pour former un réacteur nucléaire. La couche de minerai d'uranium concentré doit être assez épaisse pour éviter que les neutrons créés par les premières réactions nucléaires ne s'échappent, et elle doit aussi être libre de la contamination par des poisons de neutrons qui les absorberaient tous et feraient cesser les réactions en chaîne.

Une fois que l'uranium soluble a atteint une concentration de plus de 10 %, il y a deux milliards d'années, les réactions nucléaires pouvaient non seulement commencer mais se poursuivre d'une manière stable et autorégulée. Les veines devaient avoir au moins un mètre d'épaisseur pour que les neutrons ne s'échappent pas et que les réactions perdurent. L'accélération des réactions faisait que les températures augmentaient, transformant l'eau en vapeur et celle-ci ralentissait les neutrons entrant en collision avec ses molécules. Ce ralentissement diminuait la température, causant la condensation de la vapeur en eau liquide, ce qui réduisait alors le nombre de neutrons absorbés. La réaction pouvait ainsi repartir. Ce cycle d'activité semble s'être répété par intermittence pendant près d'un million d'années, avec des épisodes de réactions en chaîne de quelques années à des milliers d'années avant que le réacteur ne s'éteigne[11]. Sur six sites dans la couche d'uranium d'Oklo, environ une tonne d'uranium 235 a disparu par la fission[12], ce qui a produit un million de fois plus d'énergie que ce qui se serait produit avec le processus de longue haleine de sa décroissance radioactive naturelle dans le minerai. À chaque site, le profil caractéristique des produits de la fission témoigne encore de cette histoire[13]. Cela est déjà remarquable, mais les réflexions qui ont suivi ont fait des réacteurs d'Oklo une pierre de touche importante dans notre compréhension des constantes de la Nature.

## L'idée d'Alexander Shlyakhter

> La radioactivité est à mon sens une réelle maladie de la matière. Elle est de plus contagieuse. Elle s'étend. Vous mettez ces atomes vacillants et croulants auprès d'autres et ces derniers aussi commencent à perdre une existence cohérente. C'est exactement dans la matière ce qu'est la dégradation de notre vieille culture dans notre société, une perte de traditions, de distinctions et de réactions assurées.
>
> H. G. WELLS, *Tono-Bungay*[14]

Alexandre Shlyakhter était un jeune et remarquable physicien nucléaire de Saint-Pétersbourg (figure 11.4[15]). Il est mort d'un cancer en juin 2000 alors qu'il avait rejoint l'Université d'Harvard aux États-Unis. Il avait acquis une expérience importante dans la compréhension de plusieurs accidents nucléaires, notamment celui du réacteur de Tchernobyl dans l'ex-Union soviétique. Encore étudiant, il comprit que les vestiges de l'ancienne activité nucléaire d'Oklo pouvaient nous dire quelque chose de très important sur le déroulement des réactions nucléaires il y a deux milliards d'années. Il se rendit compte du caractère très inhabituel de certaines réactions nucléaires qui s'étaient produites à Oklo. Il s'agissait notamment de la réaction de capture d'un neutron par un noyau de samarium 149 pour produire l'isotope 150 de cet élément et un photon de lumière. Elle ne se produit qu'en raison d'une « résonance » fortuite, c'est-à-dire de l'augmentation dramatique de la vitesse d'une réaction nucléaire située dans une bande étroite d'énergie. La rencontre d'une telle résonance est un peu comme réussir du premier coup au golf. Cela se produit quand les énergies des composantes entrant dans une réaction donnent en s'additionnant une somme exactement égale au niveau d'énergie pour un état possible à la sortie. Dans ce cas, l'interaction aboutit très rapidement à l'état final si bien situé. C'est exactement le même type de coïncidence dont Fred Hoyle a prédit le déroulement pour le noyau du carbone et que nous avons vue au chapitre 8.

**Figure 11.4 :** Alexander Shlyakhter (1951-2000).

Shlyakhter s'aperçut que l'existence d'un niveau d'énergie de résonance très précis pour la capture d'un neutron par le samarium 149 faisait du réacteur d'Oklo un témoin remarquable de la constance de la physique depuis des milliards d'années. Les étroites coïncidences existant entre les différentes constantes de la Nature, qui déterminent aussi l'énergie précise de ce niveau de résonance, ont aussi dû exister avec une grande précision il y a près de deux milliards d'années lors du fonctionnement du réacteur. Sur la figure 11.5[16], nous voyons la probabilité pour que la réaction du samarium se produise à différentes températures si nous changeons la position actuelle de l'énergie de résonance. Un déplacement nul de cette dernière signifie qu'elle a la même valeur dans les réactions nucléaires contemporaines.

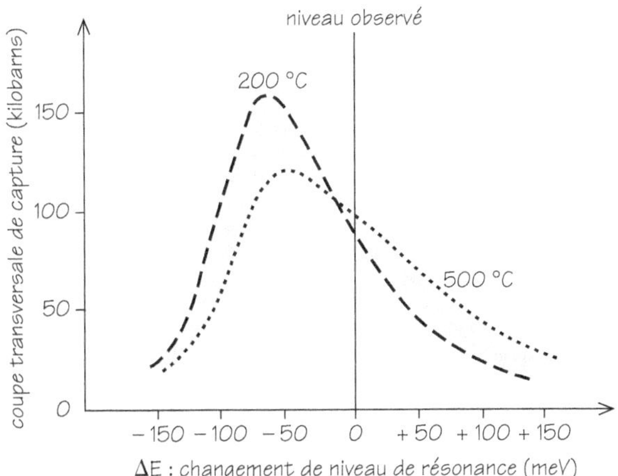


**Figure 11.5 :** Changement de probabilité de capture nucléaire
par un noyau de samarium suivant la température en faisant varier
la position de l'énergie de résonance. Une variation nulle de cette énergie signifie
qu'elle a la même valeur observée dans les réactions nucléaires actuelles.

Le caractère résonnant de la capture de neutron par le samarium 149 est responsable de son déficit très significatif au site d'Oklo.
Trois des quatre forces de la Nature, l'interaction nucléaire forte et
les interactions nucléaires faibles et électromagnétiques jouent un
rôle dans le positionnement de ce niveau crucial de résonance énergétique. Malheureusement, la manière dont elles y contribuent ne
peut être calculée dans le détail en raison de la grande complexité de
leurs interventions respectives. Mais Shlyakhter a passé outre cette
complexité en faisant l'estimation raisonnable que la contribution de
chaque force de la Nature au niveau de résonance énergétique serait
proportionnelle à sa force. En supposant que la température du réacteur était d'environ 300 degrés celsius – le point d'ébullition de l'eau
dans l'environnement à haute pression de la veine – il conclut qu'il y
a deux milliards d'années le niveau de résonance ne pouvait pas avoir
été supérieur à 20 milliélectronvolts (meV) de sa position actuelle :
c'est-à-dire un changement de moins d'une partie sur cinq milliards
en deux milliards d'années.

Ces déductions voulaient dire que si la force d'interaction entre
un seul neutron et le noyau de samarium change, sa vitesse de chan-

gement est alors de moins de $10^{-19}$ par an, ou moins d'environ une partie sur un milliard sur les 14 milliards d'année d'histoire de l'Univers. Shlyakhter avança[17] que si l'intensité de cette interaction est principalement déterminée par la force d'interaction forte, sa constante de la Nature associée $\alpha_s$ est alors sujette à la restriction drastique suivante :

{le taux de changement d'$\alpha_s$}/{la valeur d'$\alpha_s$} < $10^{-19}$ par an

Si seulement l'interaction électromagnétique change avec le temps, comme sa contribution au taux d'interaction total du samarium est d'environ 5 pour cent, toute vitesse de changement de la constante de structure fine $\alpha$ doit obéir à la limite :

{le taux de changement d'$\alpha$}/{la valeur d'$\alpha$} < $5 \times 10^{-17}$ par an

Et si seulement la faible force de la radioactivité devait varier avec le temps, la variation de sa force $\alpha_w$ est alors limitée par :

{le taux de changement d'$\alpha_w$}/{la valeur d'$\alpha_w$} < $10^{-12}$ par an

Ces limites étaient bien plus fortes que toutes celles qui avaient été trouvées auparavant sur les variations possibles dans le temps des constantes de la Nature. L'Univers a été en expansion sur près de 14 milliards d'années et ces limites, prises telles quelles, nous disent que la constante de structure fine ne peut avoir changé de plus d'une partie sur dix millions pendant toute la durée de l'Univers. Les limites observées précédemment étaient plus faibles de plusieurs milliers de fois.

Plusieurs choses paraissent claires d'emblée sur ces fortes limites posées à la variation possible des constantes de la Nature :

a) elles ont une portée proche de deux milliards d'années en arrière, quand le réacteur d'Oklo s'est formé, comparé aux 4,6 milliards d'années de l'âge de la Terre et aux 14 milliards pour la durée de l'expansion de l'Univers ;

b) si différentes constantes ont varié simultanément les résultats pourraient être différents ;

c) une supposition simplifiant particulièrement les choses a été faite sur la manière dont les constantes de la Nature contribuent à l'énergie de résonance de capture du neutron ;

d) une supposition a été faite pour simplifier sur la température à l'intérieur du réacteur lorsqu'il était en fonctionnement.

Le moyen unique offert par Oklo de tester l'immuabilité des constantes faisait que la brillante observation de Shlyakhter se devait d'être étudiée beaucoup plus en détail par d'autres[18]. Le travail le plus approfondi a été fait par Yasanori Fujii et ses collaborateurs au Japon[19]. Sur la figure 11.5, nous pouvons voir comment un déplacement de l'énergie de résonance ($\Delta E_r$ non nul) sur l'axe horizontal des abscisses produit un changement dans la probabilité de capture du neutron marquée sur l'axe vertical des ordonnées qui dépend de la température du réacteur. La gamme de probabilité de capture de neutron permise il y a deux milliards d'années se situe entre 85 et 97 kilobarns pour la quantité de samarium correspondant à celle observée sur les sites du réacteur. Les différents chercheurs travaillant sur les échantillons s'accordent à penser que la température a dû être comprise entre 200 et 400 degrés celsius. Maintenant, on peut voir d'après les courbes tracées pour ces températures qu'il y a en fait *deux* créneaux de déplacement pour $\Delta E_r$ où le domaine de capture possible se trouve dans les limites suivantes :

$$- 12 \text{ meV} > \Delta E_r > 20 \text{ meV}$$

sur la branche de droite ; et

$$- 105 \text{ meV} < \Delta E_r < - 89 \text{ meV}$$

si nous prenons la branche de gauche.

La limite de la partie droite est un raffinement du résultat original de Shlyakhter et mène à une limitation plus forte de la variation possible de la constante de structure fine au cours du temps si on suppose qu'elle est la seule à varier. La limite est :

$$\{\text{le taux de changement d'}\alpha\}/\{\text{la valeur d'}\alpha\} = (- 0,2 \pm 0,8) \times 10^{-17}$$
par an

et elle est cinq fois plus forte que la précédente. Elle laisse la possibilité qu'il n'y ait aucune variation en raison de l'incertitude de $\pm 0,8$ de la valeur déduite. Cette incertitude devrait être réduite bien au-dessous de $\pm 0,2$ pour être une preuve crédible d'une quelconque variation. Mais si nous prenons la partie gauche du résultat, il ne permet pas à $\Delta E_r$ d'être nul et laisse penser qu'il y a eu un changement dans la valeur de la constante de structure fine depuis l'événement d'Oklo égal[20] à

{le taux de changement d'$\alpha$}/{la valeur d'$\alpha$} = (4,9 $\pm$ 0,4) $\times$ 10$^{-17}$
par an

Si on prend en compte l'abondance d'autres résidus isotopiques de l'événement d'Oklo, on peut écarter ce résultat[21]. Mais jusqu'à présent, la qualité des données des échantillons et les incertitudes sur la température du réacteur nous empêchent de l'exclure définitivement.

Il est aussi intéressant de voir ce qui se produit si on permet aux forces des interactions nucléaires fortes et électromagnétiques de varier simultanément. Cela conduit à des limites de variation dans le temps des deux « constantes » qui sont à peu près aussi fortes que celle que nous venons de donner pour la constante de structure fine. Mais il y a une situation particulière, même si elle peut paraître assez forcée, dans laquelle les limites de variation sont bien plus faibles. Si, pour une raison inconnue, le taux de changement des interactions forte et électromagnétique sur 2 milliards d'années sont égaux à une partie pour dix millions près, les effets du changement des deux constantes s'annulent. Les nouvelles limites sont dramatiquement réduites à un niveau qui aurait été celui pris s'il n'y avait eu aucune résonance particulière par capture de neutron :

{le taux de changement d'$\alpha$ [ou $\alpha_s$]}/{la valeur d'$\alpha$ [ou $\alpha_s$]} < 10$^{-10}$
par an

Bien que cette subtile chance d'une variation possible de un sur dix millions des constantes d'interaction forte et électromagnétique peut sembler un peu alambiquée, la prédiction qu'elles varient exactement à la même vitesse se retrouve dans beaucoup de théories tentant de réunifier les différentes forces de la Nature, aussi cette possibilité ne doit pas être exclue comme absolument improbable[22].

# L'horloge des siècles

On peut se rappeler les neuf premières décimales après la virgule en posant e = 2,7 (Andrew Jackson)$^2$, ou e = 2,718281828..., parce que Andrew Jackson fut élu président des États-Unis en 1828. D'un autre côté, pour ceux qui sont bons en maths, c'est un bon moyen de se rappeler leur histoire américaine.

Edward TELLER[23]

Pour la plupart des gens, le mot radioactivité fait venir à l'esprit des mots comme accident, déchets, fuite, cancer ou désastre. Mais sans radioactivité, nous ne serions pas là. Le délicat équilibre des réactions à l'origine du flux régulier d'énergie solaire baignant la Terre est rendu possible par la radioactivité. Quand la Terre s'est condensée en la présente masse de matière, il y a environ 4,5 milliards d'années, elle contenait assez de métaux tels que le nickel et le fer en son noyau pour maintenir un champ magnétique significatif. Sans lui, nous n'aurions pas d'atmosphère propice à la vie. Le vent des particules électriquement chargées qui souffle continuellement en provenance de la surface du Soleil aurait balayé notre atmosphère au loin, comme il l'a fait pour Mars qui est dépourvu de champ magnétique. Le champ magnétique terrestre nous défend contre ces intrus en les déviant autour de l'atmosphère.

La Terre primordiale a aussi capté assez d'éléments radioactifs tels que l'uranium pour qu'ils puissent maintenir par leur désintégration en profondeur une longue période de chaleur. Ce moteur interne a joué un rôle clé pour débloquer le potentiel géologique de la Terre. Les fourneaux souterrains ont alimenté la succession des mouvements de montagnes et de plaques tectoniques qui ont rendu la surface terrrestre active et changeante tout en offrant un habitat convenable aux amphibiens et aux animaux purement terrestres.

Lorsque l'idée que quelques constantes traditionnelles de la Nature pouvaient peut-être lentement changer fut d'abord suggérée par Dirac et Gamow, beaucoup de physiciens se rendirent compte que les constantes qui déterminaient la décroissance radioactive devaient être cruciales pour l'histoire de la planète Terre. Tout changement dans leur valeur passée pouvait très probablement avoir bousculé un délicat équilibre et été à l'origine de trop ou pas assez de chaleur.

Les éléments radioactifs sont comme des horloges. Leur « demi-vie » nous dit le temps requis pour que leur abondance initiale diminue de moitié. Ils se rassemblent en groupe dont les demi-vies se comptent en milliards, millions et milliers d'années respectivement.

Après les premiers essais de Denys Wilkinson[24] en 1958 pour évaluer l'immuabilité des constantes en utilisant la radioactivité, Freeman Dyson[25] utilisa la demi-vie de noyaux à longue durée de vie émetteurs de particules bêta tels que le rhénium 187, l'osmium 187 et le potassium 40 pour donner une limite à la variation possible par le passé de la constante de structure fine. Ces trois noyaux ont des demi-vies très longues qui ont été précisément déterminées en laboratoire et par la comparaison avec l'âge de météorites. Étant donné que le taux de décroissance de l'uranium 238 doit être compris entre 20% de sa valeur actuelle au cours des 2 milliards d'années écoulées, on peut en déduire que

$$\{\text{le taux de changement d'}\alpha\}/\{\text{la valeur d'}\alpha\} < 2 \times 10^{-13} \text{ par an}$$

Des études similaires de différentes séries de décroissance par d'autres scientifiques[26] ont conduit à des limites comparables en étroitesse. Celles-ci furent finalement remplacées par les résultats obtenus avec le réacteur d'Oklo.


## Spéculations souterraines

Ce sel de roche âgé de plus de 200 millions d'années s'est formé au cours d'anciens processus géologiques dans les chaînes de montagnes allemandes. À consommer de préférence avant avril 2003.

Étiquette d'un produit[27]

Le phénomène d'Oklo pourrait ne pas avoir été unique. Les conditions requises pour maintenir une réaction en chaîne de fission nucléaire sont inhabituelles mais en aucune manière bizarres. Il est possible que d'autres sites de réacteurs naturels aient été exploités sans le savoir ou attendent d'être découverts sur Terre. Bien qu'il y ait d'autres sites en Afrique ou dans le Colorado aux États-Unis présentant aussi un déficit en uranium 235 dû peut-être à des réactions nucléaires naturelles, on estime qu'aucun d'entre eux n'a été un réacteur naturel.

La découverte de ces sites possibles de réacteurs naturels est importante, et pas seulement pour l'étude des constantes de la Nature. Ils fournissent aux physiciens nucléaires des données importantes sur la stabilité et la capacité de confinement futures des produits de fission nucléaire enfouis pour de très longues périodes de temps. Peut-être qu'un jour un travail de comptabilité chimique très soigneusement mené conduira à rejouer la série passionnante d'investigations qui a permis de démasquer le réacteur d'Oklo.

Si des réacteurs naturels peuvent se produire sur Terre, pourquoi pas ailleurs ? Il est tentant de spéculer qu'on a ainsi identifié une nouvelle source d'énergie thermique favorable à la vie qui pourrait jouer un rôle original dans d'autres mondes en aidant une évolution biochimique. L'astronome Fred Hoyle[28] a écrit autrefois un roman de science-fiction sur le développement de la vie sur une comète grâce à des réactions nucléaires naturelles qui se déroulaient en son cœur. Peut-être que la recherche de planètes extrasolaires va découvrir une planète ou un satellite sur lesquels le phénomène d'Oklo s'est produit à plus vaste échelle, réchauffant son cœur sur de longues périodes de son existence, autorisant le développement d'une vie bactérienne complexe avant de s'éteindre et de laisser la planète apparemment sans vie.

On peut méditer sur le fait que cette période dans l'histoire de l'Univers où la vie existe comporte aussi des aspects nucléaires intéressants pour la vie humaine. Nous avons vu comment les différents taux de décroissance des deux isotopes de l'uranium rendaient l'uranium 235 relativement moins abondant que par le passé. La même raison explique que cet élément sera relativement moins fréquent sur des planètes comme la Terre dans un futur lointain. Nous avons découvert au cours du siècle dernier que la croûte de notre planète contenait des éléments radioactifs qui permettaient, avec l'aide de la technologie, de construire des bombes en extrayant l'isotope 235 actif de l'uranium de son autre isotope 238 plus abondant. Si les humains étaient apparus beaucoup plus tôt ou bien plus tard sur notre planète, leur perspective de développer des armes nucléaires aurait été très différente. Voici l'analyse que fit avec prescience John von Neumann, l'un des scientifiques les plus remarquables du XXe siècle, à l'aube de l'âge nucléaire :

> « Si l'homme et sa technologie étaient apparus sur la scène des milliards d'années plus tôt, la séparation de l'uranium 235 [cruciale pour faire les bombes] aurait été plus facile. Si l'homme était apparu plus tard, disons dix milliards d'années plus tard – la concentration en uranium 235 aurait été tellement basse qu'il aurait été pratiquement inutilisable[29]. »

Nous tirons partie de nombreux aspects de la remarquable géologie de la Terre. La présence d'éléments lourds avec des propriétés magnétiques et radioactives intéressantes nous a permis de comprendre les forces fondamentales de la Nature. La vie sur une planète agréable, irriguée, baignée par la lumière d'une étoile docile serait possible sans aucune source nucléaire ou radioactive près de sa surface. Mais ses habitants auraient un sérieux handicap pour comprendre le champ d'application et la richesse des forces et constantes de la Nature.

# Rejoindre le ciel

Une idée qui n'est pas dangereuse n'est pas du tout digne d'être appelée idée.

Oscar WILDE[1]

## *Plein de temps*

Tout ce que je sais
D'une certaine étoile,
C'est qu'elle peut lancer
(Comme le spath qui chatoie)
Maintenant un trait rouge,
Maintenant un trait bleu.

Robert BROWNING[2], *My Star*

Imaginez que le successeur du télescope spatial Hubble détecte les signes d'une vie intelligente dans un système solaire situé quelque part dans notre galaxie. Des signaux radio sont envoyés dans cette direction et une réponse arrive après plusieurs années. Une lente conversation s'engage, chaque côté décodant facilement les messages qui arrivent. Progressivement, nous apprenons quelque chose d'étrange et de légèrement décevant (au moins pour certaines personnes) sur nos correspondants extraterrestres : ils ne s'intéressent qu'à l'astronomie. Leur civilisation ne semble étudier rien d'autre. Tous les progrès en mathématiques, ingénierie, informatique et dans les autres sciences sont destinés à faire comprendre les étoiles. Nous ne savons pas pourquoi c'est comme cela. Peut-être ont-ils un profond impératif religieux. Ils font sûrement d'autres choses techniques mais semblent n'y porter qu'un intérêt limité à moins que cela n'ait des applications cosmiques.

Si les astronomes terrestres ne sont pas mécontents de découvrir ce travers, beaucoup d'autres sont déçus d'avoir découvert des spécialistes. Ils décident que ce qu'ils pourraient leur demander de mieux est la valeur des constantes de la Nature. Il est assez facile de vérifier que nous parlons bien de la même chose. Après tout, nous avons déjà une expérience électromagnétique commune avec les signaux radio que nous partageons. Ce n'est pas trop difficile de leur dire ce que nous entendons par constante de structure fine. On demande aux extraterrestres de mesurer de leur côté le rapport de diverses fréquences d'oscillation dans des atomes et des molécules ayant un nombre donné de particules dans et autour de leur noyau, puis de nous envoyer leur réponse à la vitesse de la lumière. Nous ferons de même et leur enverrons notre réponse.

Comme cela ne s'est pas encore fait, je ne peux vous dire ce que la comparaison a révélé. Mais cette petite fiction illustre comment l'information glanée dans d'autres parties de l'Univers pourrait nous donner un moyen unique de contrôler l'uniformité des constantes de la Nature et des lois de la physique. Et si nous nous passions des extraterrestres et collections directement de l'Univers lointain les informations sur les constantes de la Nature ?

Il est remarquable que tout ceci ait été réalisé sans le concours ou la complication de communications extraterrestres. Quand nous observons une étoile distante, nous recueillons une information très lointaine non seulement dans l'espace mais aussi dans le temps. La lumière voyage à une vitesse finie, aussi plus une étoile est loin de nous plus sa lumière a mis de temps pour nous parvenir. Dans le cas du Soleil, le temps mis pour nous arriver est court, environ 500 secondes. L'étoile la plus proche au-delà du Soleil est celle de Proxima du Centaure, éloignée de 4,22 années-lumière tandis que les objets astronomiques les plus distants qu'on observe d'habitude sont à 13 milliards d'années-lumière. La lumière de ces lointains objets doit nous apporter des informations importantes sur les processus physiques qui l'ont produite il y a si longtemps.

George Gamow fut l'un des premiers à avoir l'idée d'utiliser les observations astronomiques[3] pour rechercher si les constantes variaient. En fait, il supposait que la constante de structure fine variait *vraiment* de manière à expliquer les coïncidences des Grands Nombres de Dirac et il voulait voir si ce changement contribuait au décalage vers le rouge observé pour la lumière des galaxies reculées. L'expansion de l'univers signifie que les galaxies lointaines s'éloignent de nous et donc que la lumière que nous recevons de leurs étoiles a une fréquence plus basse que celle qu'elles émettent. Cela se traduit par un décalage de leurs couleurs vers la fin du spectre, donc vers le rouge. Gamow devina comment utiliser ce décalage pour remonter dans le temps et voir à quoi ressemblaient les constantes de la Nature quand la lumière avait commencé son voyage intergalactique. Sur la figure 12.1[4], nous avons le télégramme que Gamow envoya à son ancien étudiant Ralph Alpher pour lui dire sa nouvelle idée et quelques-unes de ses implications.

Hélas, l'idée de Gamow ne permit pas d'observer d'effet mesurable même si la constante de structure fine varie. Mais peu de temps après, trois astronomes, John Bahcall, Maarten Schmidt et Wallace Sargent au Cal Tech de Pasadena décelèrent une autre approche rendue possible par la récente découverte des quasars, ou sources radio quasi stellaires, à fort décalage dans le rouge.

Ils avaient récemment trouvé des paires de raies spectrales[5], appelées « doublets », créées par la silice suite à l'absorption de la lumière d'un quasar nouvellement découvert, QSO 3C191. La distance entre les deux raies du doublet de silice est une petite caractéristique sensible de physique atomique qui résulte des effets relativistes se produisant quand des électrons se déplacent à une vitesse proche de celle de la lumière autour du noyau atomique (voir figure 12.2). Et, ce qui est crucial dans l'histoire, la séparation des raies formant le doublet de silice dépend de manière sensible de la valeur de la constante de structure fine.

Le quasar 3C191 était situé à un décalage dans le rouge de 1,95, aussi sa lumière est partie quand l'Univers n'avait que le cinquième

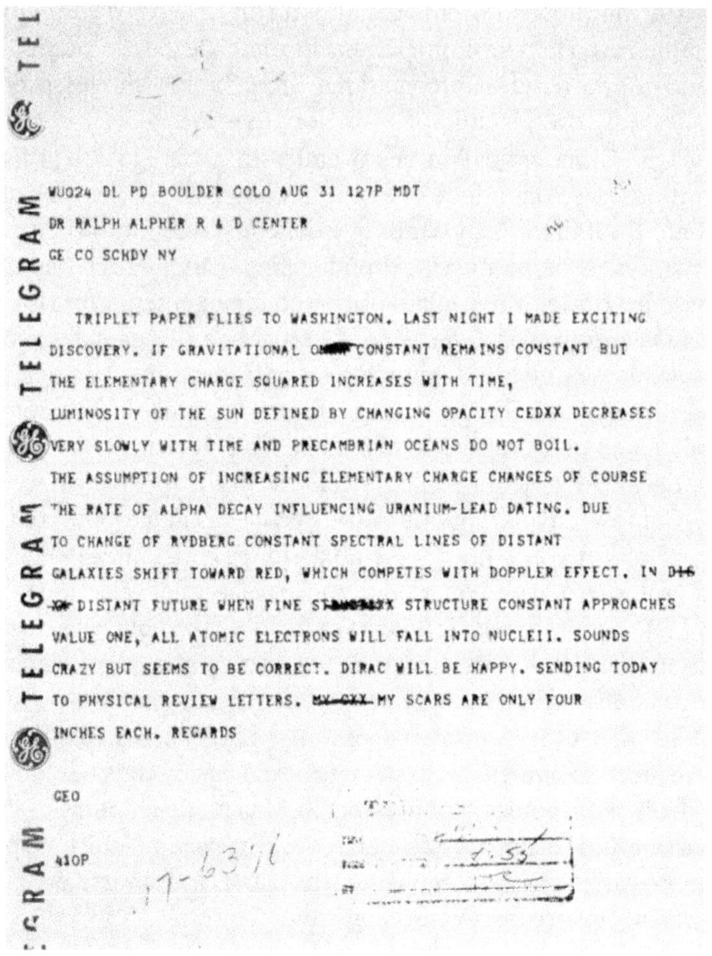



**Figure 12.1 :** L'article sur le triplet s'est envolé pour Washington !
Télégramme de Gamow à son ancien étudiant Ralph Alpher lui annonçant son idée
qu'un accroissement de la charge électrique peut éviter aux océans
d'avoir été en ébullition trop récemment dans l'histoire terrestre.

de l'âge actuel, il y a 11 milliards d'années, et elle véhicule l'information sur la valeur de la constante de structure fine de cette époque. Avec la précision des mesures du moment, on trouva que la constante était la même que maintenant à quelques pour cent près :

$$\alpha(z = 1{,}95)/\alpha(z = 0) = 0{,}97 \pm 0{,}05$$

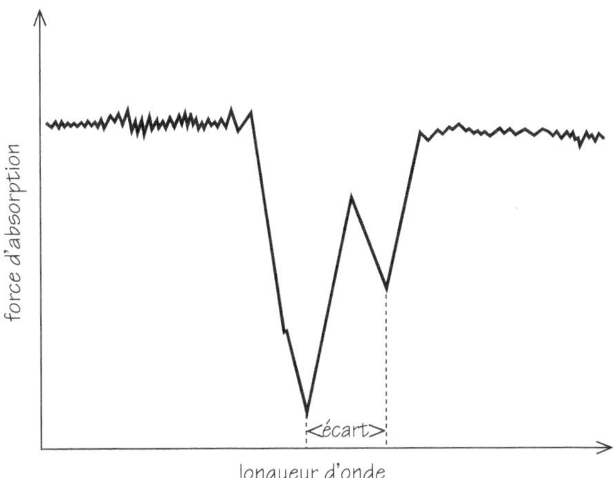


**Figure 12.2 :** Raies spectrales dans un système typique de doublet atomique.

Peu après, en 1967, Bahcall et Schmidt ont observé[6] une paire de raies d'émission de l'oxygène qui apparaît dans le spectre de cinq galaxies émettant des ondes radio, situées à un décalage moyen vers le rouge de 0,2 (soit il y a 1,74 milliard d'années, autour de l'époque où le réacteur d'Oklo était actif sur Terre) et obtinrent un résultat dix fois plus précis compatible avec aucun changement de la constante de structure fine :

$$\alpha(z = 0{,}2)/\alpha(z = 0) = 1{,}001 \pm 0{,}002$$

Ces observations excluaient facilement la proposition faite par Gamow que la constante de structure fine augmente linéairement avec l'âge de l'Univers. Si cela avait été le cas, le rapport $\alpha(z = 0{,}2)/\alpha(z = 0)$ se serait situé autour de 0,8.

Ces idées donnèrent un cadre aux astronomes pour aller plus loin dans leur connaissance de l'immuabilité de constantes particulières de la Nature au fur et à mesure que les télescopes et les détecteurs électroniques devenaient de plus en plus sensibles pour mesurer des décalages croissant dans le rouge, c'est-à-dire remontant de plus en plus dans le temps. La stratégie est en général de comparer deux transitions atomiques dans une localisation astronomique et au laboratoire. Par exemple, s'il y a des doublets d'éléments comme le carbone, la silice ou le magnésium que l'on voit couramment dans des nuages de gaz avec des décalages dans le rouge importants, alors les longueurs d'onde des deux raies spectrales $\lambda_1$ et $\lambda_2$ seront séparées par une distance proportionnelle à $\alpha^2$. Le déplacement relatif de la raie est donné par la formule

$$(\lambda_1 - \lambda_2)/(\lambda_1 + \lambda_2) \propto \alpha^2$$

Maintenant nous avons besoin de mesurer très précisément les longueurs d'onde $\lambda_1$ et $\lambda_2$ dans un laboratoire et par les observations astronomiques. En calculant dans les deux cas le terme gauche de notre formule avec une grande précision nous pouvons diviser nos résultats pour trouver que

$$[(\lambda_1 - \lambda_2)/(\lambda_1 + \lambda_2)]_{lab}/[(\lambda_1 - \lambda_2)/(\lambda_1 + \lambda_2)]_{ast} = \alpha_{lab}^2/\alpha_{ast}^2$$

Notre objectif est de déceler s'il y a une déviation significative de la valeur 1 quand nous calculons le rapport du terme gauche de l'équation. S'il y en a une, cela nous dit que la constante de structure fine a changé entre le moment où la lumière est partie et celui où elle est arrivée. Pour être sûr qu'il y a réellement un écart par rapport à 1, plusieurs choses doivent être très précisément contrôlées. Nous devons être capables de mesurer les longueurs d'onde $\lambda_1$ et $\lambda_2$ avec une précision élevée en laboratoire. Il faut aussi nous assurer que les observations ne sont pas affectées par des perturbations extérieures ou biaisées par une subtile tendance de nos instruments à collecter plutôt certains types de données que d'autres.

Une autre approche est de comparer[7] le décalage vers le rouge de la lumière émise par des molécules comme le monoxyde de carbone avec celui d'atomes d'hydrogène présents dans le même nuage. Dans les faits, on mesure le décalage du même nuage par deux moyens différents et on compare les résultats obtenus. Cela fait appel à la radioastronomie et nous permet là encore d'évaluer la valeur actuelle[8] de $\alpha$ avec celle fournie par les sources astronomiques. Quand il y a des décalages dans le rouge de 0,25 et 0,68, cela conduit à une limite pour un décalage possible $\Delta\alpha$,

$$\Delta\alpha / \alpha = \alpha\,(z) - \alpha\,(\text{maintenant})/\alpha\,(\text{maintenant}) = (-1{,}0 \pm 1{,}7) \times 10^{-6}$$

L'un des enjeux de cette méthode est de s'assurer que l'on observe bien des atomes et des molécules qui se déplacent de la même manière et au sein d'un même nuage distant.

Une troisième méthode est de comparer le décalage trouvé par l'observation des émissions radio 21 cm d'atomes pour des transitions optiques atomiques issues du même nuage. Le rapport des fréquences de ces signaux nous permet de comparer l'immuabilité d'un autre rapport de constantes[9]

$$A \equiv \alpha^2 m_e/m_{pr}$$

où me est la masse de l'électron et $m_{pr}$ celle du proton. L'observation d'un nuage de gaz à un décalage de $z = 1,8$ conduit à une limite[10] de tout changement dans la combinaison de $A$ de[11]

$$\Delta A/A = [A\,(z) - A\,(\text{maintenant})]/A\,[\text{maintenant}] = (0,7 \pm 1,1) \times 10^{-5}$$

Ce qui est important de noter dans ces deux résultats est que l'incertitude de la mesure est assez grande pour inclure le cas d'*aucune* variation :

$$\Delta\alpha/\alpha = 0 \text{ et } \Delta A/A = 0$$

Il faut souligner que durant toute la période allant de 1967 à 1999 où ces observations étaient faites avec une précision croissante, on ne s'est jamais attendu à pouvoir trouver une variation non nulle de n'importe laquelle des constantes traditionnelles. Ces observations furent poursuivies comme moyen d'améliorer les limites des variations minimales permises. Elles avaient ceci de nouveau qu'elles étaient beaucoup plus restrictives que toute limite obtenue en laboratoire par une approche expérimentale directe. Regarder l'énergie d'un atome sur quelques années pour voir si elle a changé ne peut se comparer avec les observations astronomiques faites en routine portant sur des milliards d'années d'histoire.

La quatrième méthode est la plus récente et aussi la plus puissante. Là encore, elle se focalise sur les petits changements d'absorption par les atomes de la lumière de quasars éloignés Au lieu de regarder des paires de raies spectrales dans les doublets du même élément, comme la silice, elle mesure la séparation entre les raies causée par l'absorption de la lumière d'un quasar par des éléments chimiques *différents* présents sur son trajet dans des nuages de poussières (voir figure 12.3).

Il a plusieurs gros avantages à cette nouvelle méthode. Il est possible d'examiner les séparations entre beaucoup de raies d'absorption

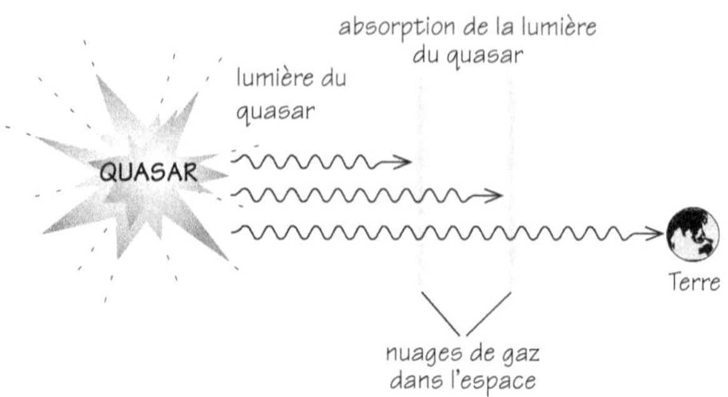


**Figure 12.3 :** L'absorption de la lumière du quasar par différents éléments chimiques des nuages de matière se trouvant sur son trajet jusqu'à nous.

et d'en extraire des données beaucoup plus significatives. Mieux encore, on peut choisir les paires de raies dont on mesure la séparation afin de maximiser la sensibilité des séparations aux petits écarts dans la valeur de $\alpha$ au cours du temps. Mais cette méthode présente un autre avantage original. La séparation des longueurs d'onde, qu'elles soient extraites des données astronomiques ou mesurées en laboratoire, dépend de $\alpha$ de manière distincte suivant les cas. Nous pouvons faire des simulations[12] informatiques approfondies pour découvrir ce qui arriverait aux positions des raies spectrales si un minuscule changement était fait dans la valeur de $\alpha$. Ces changements peuvent fortement différer suivant les paires de raies. Augmentez $\alpha$ d'une partie sur un million et certaines séparations s'accroissent, certaines décroissent et certaines restent inchangées. L'ensemble des déplacements définit un profil distinct spécifique d'un changement dans la valeur de $\alpha$. Toute influence faussant les mesures ou toute turbulence perturbatrice au site d'absorption dans l'Univers qui peuvent nous laisser croire que $\alpha$ change lorsque ce n'est pas le cas doit mimer le profil entier laissé sur les séparations des longueurs d'onde par une vraie variation de $\alpha$.

Cette méthode, appelée des nombreux multiplets (ou MM) par ses inventeurs, est beaucoup plus sensible que les autres et permet d'utiliser beaucoup plus d'informations provenant des données astronomiques[13]. Nous l'avons appliquée à l'observation de 147 quasars, pour examiner les séparations entre le magnésium, le fer, le nickel, le chrome, le zinc et l'aluminium. Quand nous avons commencé ce travail, nous pensions pouvoir utiliser cette nouvelle technique pour fixer des limites encore plus strictes à l'immuabilité de la constante de structure fine. Mais une grosse surprise nous attendait.


## *De l'inconstance parmi les constantes ?*


> Je me sens comme un fugitif échappé de la loi des moyennes.
>
> Bill MAUDLIN[14]


Quand nous avons développé la méthode MM nous pensions que cela conduirait simplement à une amélioration majeure dans la détermination des limites possibles de changement dans la constante de structure fine. C'était une méthode idéale pour exploiter les récents progrès effectués dans l'astronomie intergalactique, les grands télescopes et les nouvelles technologies utilisées par les détecteurs. Les gaz absorbants situés entre nous et les lointains quasars sont un laboratoire parfait pour vérifier l'immuabilité des constantes, car les quasars sont brillants et facilement accessibles avec les télescopes sur une large gamme de décalages vers le rouge. Il y a malgré tout quelques contraintes. Si vous essayez de voir des objets à un décalage dans le rouge trop élevé, le signal sera trop faible pour être détecté clairement. Et aussi, malheureusement, certaines longueurs d'onde de la lumière qui seraient très intéressantes finissent par être tellement décalées vers le rouge durant leur traversée jusqu'à nous qu'elles sortent de la fenêtre des longueurs d'onde pouvant arriver à notre surface.

Les résultats rassemblés et analysés sur deux ans par notre équipe constituée de John Webb, Mike Murphy, Victor Flambaum, Vladimir Dzuba, Chris Churchill, Michael Drinkwater, Jason Prochaska, Art Wolfe et moi-même, avec la contribution de données par Wallace Sargent se sont avérés inattendus et potentiellement de grande portée. S'ils nous disent ce qu'ils semblent bien nous dire, alors, pour reprendre les mots d'une personne les ayant commentés[15], « ce sera la découverte la plus saisissante de ces cinquante dernières années ».

Nous trouvons une différence persistante et hautement significative dans la séparation des raies spectrales à fort décalage dans le rouge avec celle mesurée en laboratoire[16]. Le « profil » compliqué de décalages correspond à celui prédit si la valeur de la constante de structure fine *était plus petite* d'environ sept parties pour un million au moment où les raies d'absorption se sont formées. En combinant tous les résultats[17] il en résulte la configuration globale de variation montrée à la figure 12.4[18].

Les premières études utilisant la méthode MM en 1999 apportaient la preuve d'une variation de la constante de structure fine par le passé. Depuis, on a continué à accumuler les données et de meilleures techniques d'analyse ont été employées. Il est remarquable que les mêmes résultats sont retrouvés à partir de l'ensemble des observations faites pour les 147 quasars. Cela représente la plus grande tentative d'observation directe réalisée pour savoir si les constantes sont les mêmes depuis onze milliards d'années.

La première caractéristique frappante est que si nous utilisons ces résultats pour calculer quelle était la constante de structure fine par le passé, nous trouvons une période dans l'histoire cosmique où elle apparaît légèrement plus petite que maintenant. L'amplitude de la baisse est très petite en valeur, environ sept parties pour un million, et trop petite pour avoir été trouvée dans les recherches antérieures en utilisant les autres méthodes ou être détectée par une quelconque expérience en laboratoire. Elle désigne l'électricité et le magnétisme comme légèrement plus faibles par le passé et les atomes légèrement plus gros. Si nous prenons les observations pour des sources se situant globalement entre les décalages de 0,5 et 3,5, le décalage observé est[19]

$$\Delta\alpha/\alpha = [\alpha(z) - \alpha(\text{maintenant})]/\alpha(\text{maintenant}) = (-0,57 \pm 0,10) \times 10^{-5}$$

Si on convertit cela en un taux de changement de $\alpha$ avec le temps, nous obtenons

$$\{\text{taux de changement de } \alpha\}/\{\text{valeur actuelle de } \alpha\} = 5 \times 10^{-16} \text{ par an}$$

On pourrait réagir à ces résultats impressionnants en disant qu'ils prétendent trouver une variation bien plus grande que celle

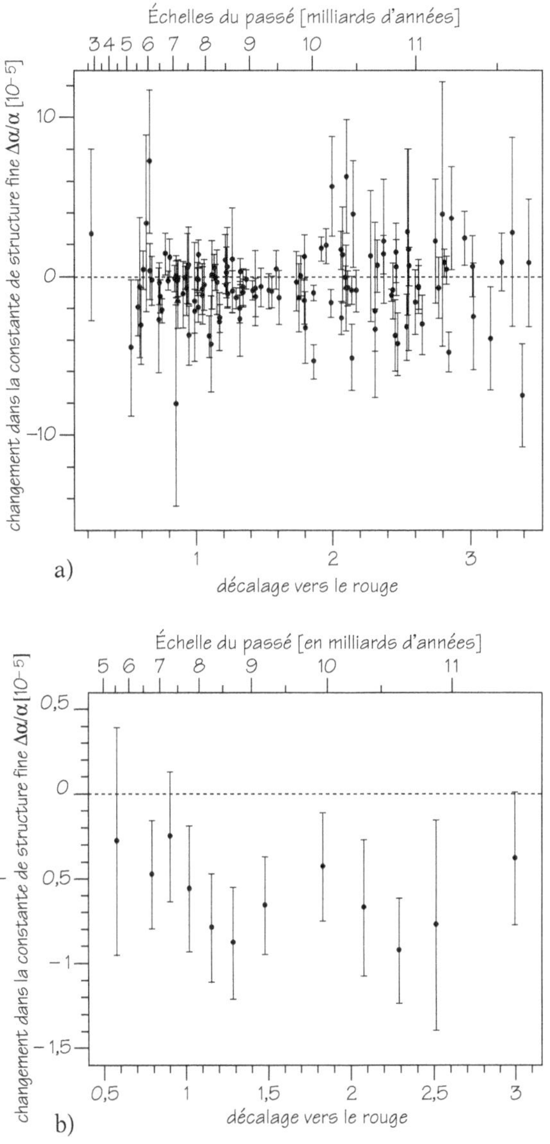



**Figure 12.4 :** Le déplacement relatif ($\Delta\alpha/\alpha$) dans la valeur de la constante de structure fine (en unités de $10^{-5}$) à différents décalages dans le rouge, et échelle du passé en milliards d'années. Il y a un déplacement négatif significatif entre les décalages 1 et 3, indiquant que la constante de structure fine a été plus petite par le passé de sept parties pour un million. (a) Présentation de tous les objets astronomiques observés. (b) Simplification des données de (a) en groupes de dix observations.

permise par les données issues de l'étude du réacteur naturel d'Oklo. Mais à la réflexion, ils ne sont pas contradictoires. Si on met de côté toutes les incertitudes liées à la tâche de trouver comment dépendent exactement dans le réacteur les taux de capture de neutron de la constante de structure fine, les observations d'Oklo testent la valeur de la constante de structure fine sur seulement les 2 derniers milliards d'années écoulés (un décalage vers le rouge d'environ 0,1) tandis que les observations des quasars s'étendent sur un intervalle de temps allant des 3 aux 11 derniers milliards d'années. Les deux observations n'entrent en conflit que si l'on suppose que la constante de structure fine change toujours avec le même taux. Or, comme nous allons le voir, aucune supposition n'est nécessaire.

## *Qu'est-ce que l'on fait de cela ?*

> J'espère que je ne choquerai pas trop les physiciens expérimentaux si j'ajoute que c'est aussi une bonne règle de ne pas mettre une confiance excessive dans les résultats d'observations annoncés avant qu'ils aient été confirmés par la théorie.
>
> Arthur EDDINGTON[20]

La preuve que la constante de structure fine ait pu être différente par le passé est impressionnante mais reste de caractère statistique. Elle se fonde sur la totalité des observations astronomiques de l'absorption de la lumière par de nombreux éléments chimiques différents dans près de 147 nuages de poussières différents. Plus de données vont encore s'ajouter dans l'avenir et la question sera testée par des observations continuellement améliorées. L'idéal serait que d'autres astronomes répètent nos observations à l'aide d'instruments différents et d'autres techniques d'analyse des données pour voir s'ils obtiennent les mêmes résultats.

Mais, pour désirables qu'elles soient, les observations et une plus grande précision ne sont pas la panacée. Dans les sciences de l'observation, on doit être conscient de différents types d'incertitudes et d'« erreurs ». D'abord, il y a l'incertitude introduite par les limitations dans la précision des mesures. Si votre taille est mesurée en centimètres et donnée comme étant de 1,85 m, elle peut en fait se trouver n'importe où entre 1,845 m et 1,855 m. Ce type d'incertitude est d'habitude bien pris en compte et peut être progressivement réduit en améliorant la technologie (en utilisant une règle plus finement graduée). Deuxièmement, il y a une forme plus subtile d'incertitude, appelée d'habitude « erreur systématique » ou « biais expérimental » qui fait qu'à votre insu le processus de collecte des données en privilégiera plus certaines que d'autres. Plus sérieux, ce type d'erreur peut faire que vous n'observez pas ce que vous croyez[21].

Toutes les sciences expérimentales doivent faire face à ces types de biais subtils. Pour les éviter, dans les laboratoires traitant de choses bien matérielles, on a l'habitude de répéter les expériences de plusieurs manières en changeant certains aspects du protocole expérimental à chaque fois. Mais en astronomie, il y a un léger problème. Il n'y a qu'un Univers. Nous pouvons l'observer mais pas y faire d'expériences. Au lieu de cela, on cherche des corrélations entre les propriétés des objets : est-ce que par exemple tous les nuages avec un décalage donné dans le rouge présentent des déplacements spectraux plus petits entre certaines raies d'absorption ? On peut avoir conscience d'un biais sans pouvoir cependant corriger complètement son influence, comme dans le cas où l'on crée un grand catalogue des galaxies en sachant que les plus brillantes sont aussi les plus faciles à voir. Mais le réel problème vient des biais que *vous ne connaissez pas*. Les données utilisées pour étudier les variations possibles de la constante de structure fine ont été soumises à une foule de tests et d'analyses pour évaluer les effets de tous les biais imaginables. Jusqu'à présent, une seule influence significative a été trouvée et le fait de la prendre en compte donne une variation *plus* importante encore[22].

Les physiciens ou les chimistes sont généralement horrifiés et complètement incrédules à l'idée que la constante de structure fine puisse changer d'une minuscule quantité sur des milliards d'années. Toute la chimie repose sur des théories qui la tiennent pour absolument constante. Pourtant, un changement sur dix milliards d'années de quelques parties sur un million n'aurait aucun effet discernable dans toute expérience actuelle de chimie ou de physique. Pour le voir clairement, il est temps de se demander quelles sont exactement les meilleures limites données par l'expérimentation directe sur le changement de la constante de structure fine.

La plupart des tests directs de l'immuabilité de la constante de structure fine utilisent un atome et le surveillent sur une période donnée de temps avec la précision offerte par le dispositif expérimental, quelques parties sur un million typiquement. Ceci revient à comparer différentes horloges atomiques. Cette surveillance ne peut pas être effectuée très longtemps parce qu'il faut également garder d'autres choses constantes, aussi les meilleurs résultats disponibles proviennent d'un essai sur 140 jours[23]. En supposant que le rapport des masses de l'électron et du proton ne change pas, les expérimentateurs trouvent que le fait que le rapport d'une valeur de transition d'énergie dans les atomes de mercure et d'hydrogène reste stable signifie que si la constante de structure fine change, son taux de changement doit être inférieur à $10^{-14}$ par an. Ce résultat paraît très solide. Il permet à la constante de changer de seulement une partie sur 10 000 sur l'âge entier de l'Univers mais les observations astronomiques peuvent enregistrer une variation qui est encore 100 fois plus petite. Cet écart entre le laboratoire et les données de l'espace illustre aussi l'énorme gain de sensibilité que les observations astronomiques permettent par rapport aux expériences faites directement en laboratoire. Elles peuvent bien ne pas faire des mesures de la constante de structure fine au maximum de sensibilité offert par la technologie actuelle, leur portée est cependant si lointaine dans le passé – 13 milliards d'années au lieu de 140 jours – qu'elles nous donnent des limites beaucoup plus précises[24]. L'Univers doit être vieux de plusieurs milliards d'années pour que les étoiles aient eu assez de temps de créer les éléments biologiques nécessaires à la complexité du vivant. Si ces éléments chimiques compliqués se trouvent être des astrophysiciens, alors c'est une belle conséquence du grand âge de l'Univers que des indices aussi sensibles de la constance de la Nature leur soient disponibles.

Il semble donc que nous ne puissions utiliser les expériences terrestres pour confirmer le changement apparent de la structure de la constante fine : c'est juste que nous n'avons pas d'instruments assez sensibles pour relever une variation du niveau enregistré par l'analyse des données astronomiques. La meilleure chance pour le moment de confirmer ces résultats d'une façon indépendante et de manière différente pourrait être offerte par certains tests astronomiques. Oklo nous dit que nous ne devons pas nous attendre à trouver un tel taux de variation plus récemment, c'est-à-dire depuis deux milliards d'années, mais peut-être a-t-il existé et eu des effets observables à des étapes plus précoces de la formation de l'Univers. Les quasars nous restituent 80 % de l'histoire de l'Univers mais nous pouvons remonter bien plus loin que cela en examinant le rayonnement micro-ondes laissé depuis le début de l'expansion de l'Univers. C'est ce qu'on appelle généralement le fond diffus cosmologique et il a cessé d'interagir avec la matière quand l'Univers n'avait que quelques millions d'années. Alors que les quasars que nous observons ont des décalages dans le rouge jusqu'à 3,5, le rayonnement micro-ondes a été émis avec un décalage de 1 100. Sa structure nous donne un cliché de la forme de l'Univers et de sa régularité lorsqu'il n'était âgé que de 300 000 ans (voir figure 12.5).

**Figure 12.5 :** En regardant l'espace (et en arrière dans le temps), nous arrivons à une époque où les quasars se forment. Plus loin encore, nous atteignons la surface où le rayonnement cosmologique était diffus et tous les atomes disloqués par le rayonnement thermique. Ceci s'est produit quand l'Univers avait seulement 300 000 ans et était environ 1 000 fois moins étendu qu'aujourd'hui.

Ces dernières années, les astronomes ont fait la une des journaux du monde entier en dressant une carte très détaillée de ce rayonnement à l'aide de récepteurs embarqués à bord de ballons-sondes et de satellites. Nous savons que cette carte présente le spectre très précis d'un rayonnement thermique pur et que sa température est la même dans différentes directions du ciel avec une précision d'une partie sur 100 000. Ces cartes construites à partir des données statistiques des variations de température dans le ciel détiennent le secret de ce à quoi ressemblaient les galaxies et les amas dans leur extrême jeunesse, quand ils étaient un peu plus que des îles embryonnaires de matière légèrement plus dense que le reste de l'Univers environnant.

Malheureusement, il ne semble pas que l'on puisse évaluer clairement et simplement la constante de structure fine quand les micro-ondes nous ont été transmises. Toutefois, suite à nos résultats obtenus avec les quasars, plusieurs équipes de cosmologistes ont procédé à une reconstruction compliquée de ce à quoi devait ressembler la configuration statistique des fluctuations dans le ciel si $\alpha$ avait différentes valeurs pour un décalage dans le rouge de 1 100. Ils ont utilisé les théories les plus raisonnables sur la manière dont les fluctuations qui vont se développer en galaxies pourraient affecter les configurations de température en micro-ondes dans le ciel. Chose intéressante, ils annoncent que les plus récentes données se comprennent un peu mieux si la valeur de la constante de structure fine prend une valeur plus faible à ces forts décalages dans le rouge[25]. Le degré de changement requis est énorme – 10 %[26] – et demanderait une décroissance régulière de la valeur de $\alpha$ lorsque nous remontons dans le temps, de l'époque des quasars jusqu'aux derniers éclats du rayonnement micro-ondes. Ce n'est pas une preuve très solide étant donné le grand nombre de variables intervenant dans la formation des galaxies. Il y a trop d'autres petits effets d'origine différente sur la configuration de cette température, tous plausibles, qui peuvent produire un effet global comparable à celui attribué à une valeur plus petite de la constante de structure fine par le passé. Mais les choses évoluent. Le satellite MAP (Microwave Anisotropy Probe) de la NASA nous enverra en 2002 de nouvelles cartes globales du fond diffus cosmologique et la configuration de ses variations. La précision inégalée qui est attendue de ces instruments pourrait permettre de tirer de nouvelles conclusions en 2003[27].

## Notre place dans l'histoire

> Ce jeune coq était comme une personne impatiente. Comme quelqu'un qui vit en ville, quelqu'un qui semble toujours avoir beaucoup à faire mais n'a jamais rien fait qu'assister à sa propre hâte. La vie n'était pas comme cela au village : ici tout se muait aussi lentement que la vie elle-même. Pourquoi les gens devraient-ils se dépêcher quand les plantes qui les nourrissent poussent aussi lentement ?
>
> Henning MANKELL[28]

Si les constantes de la Nature changent lentement nous pourrions être sur une voie irréversible nous menant à l'extinction. Nous avons vu que notre existence tire parti de nombreuses coïncidences particulières entre les valeurs des constantes de la Nature et que celles-ci tombent dans les très étroites fenêtres qui permettent à la vie d'exister. Si les valeurs de ces constantes bougent, que peut-il se passer ? Pourraient-elles se déplacer en dehors de la gamme compatible avec la vie ? Y a-t-il des époques particulières dans l'histoire cosmique où les constantes sont favorables à la vie ?

Il y a deux situations où on peut examiner en détail les changements dans les constantes traditionnelles. Car ce n'est que lorsque la « constante » de structure fine $\alpha$, ou la « constante » de gravitation de Newton $G$ changent que nous pouvons avoir une théorie complète. Ces théories sont des généralisations[29] de la fameuse théorie de la relativité générale donnée par Einstein en 1915. Elles permettent de nous figurer plus largement comment un univers en expansion se comportera en tenant compte de ces variations. Si nous savons quelque chose de l'amplitude de ces variations à une époque, nous pouvons utiliser la théorie pour calculer ce qu'on pourrait voir à d'autres moments. L'hypothèse de constantes variables deviendrait ainsi beaucoup plus accessible à l'observation.

Si des constantes comme $G$ et $\alpha$ ne changent pas dans le temps, alors l'histoire standard de notre Univers paraît plus simple. Au cours des premiers 300 000 ans, l'énergie dominante dans l'Univers est le rayonnement et la température, bien supérieure à 3 000 degrés, est trop élevée pour qu'existent les atomes ou les molécules. L'Univers est une immense soupe d'électrons, de photons de lumière et de noyaux.

Nous appelons cela « l'ère du rayonnement » de l'Univers. Mais un grand changement s'opère ensuite après ces 300 000 ans environ. L'énergie de la matière rattrape et dépasse celle du rayonnement. Le taux d'expansion de l'Univers est maintenant dicté par la densité en noyaux atomiques de l'hydrogène et de l'hélium. Bientôt les températures baissent suffisamment pour que puissent se former les premiers atomes et molécules. Puis durant les 13 milliards d'années qui suivent, des structures plus compliquées se constituent : galaxies, étoiles, planètes et finalement des gens. Cela est appelé « l'ère de la matière » dans l'histoire de l'Univers. Mais cette dernière pourrait ne pas continuer directement comme maintenant. Si l'Univers s'étend assez rapidement, la matière finit par ne plus intervenir et l'expansion échappe aux griffes décélérantes de la gravité, comme une fusée lancée plus vite que la vitesse d'échappement de la Terre. Quand cela se produit, nous disons que l'Univers est « dominé par la courbure » parce que l'expansion rapide crée une courbe négative de l'espace astronomique, comme sur le dessus d'une selle.

Un univers en expansion (voir figure 9.2) peut suivre trois trajectoires. L'univers « fermé » se développe trop lentement pour vaincre les effets décélérants de la gravité et finit par s'effondrer en retournant à une haute densité. L'univers « ouvert » a beaucoup plus d'énergie que la décélération gravitationnelle et son expansion se poursuit pour toujours. Le monde intermédiaire, souvent appelé « plat » ou « critique », est en équilibre parfait entre les énergies d'expansion et de gravité et continue son expansion pour toujours. Notre Univers est aujourd'hui proche de cet état critique ou « plat ».

Une autre possibilité est que l'énergie du vide de l'Univers finisse par dominer les effets de la matière ordinaire et entraîner une accélération de l'expansion de l'Univers. Chose remarquable, les observations astronomiques actuelles montrent que notre Univers pourrait avoir récemment accéléré son expansion, après avoir atteint les trois quarts de son âge actuel. De plus, ces observations impliquent que l'expansion de notre Univers n'est pas passée sous la domination de la courbure. L'allure globale de cette expansion depuis l'âge d'une seconde est montrée sur la figure 12.6. Ces observations nous disent qu'environ 70 % de l'énergie de l'Univers est maintenant sous forme de vide qui agit pour accélérer l'expansion tandis que presque tout le reste est sous forme de matière.

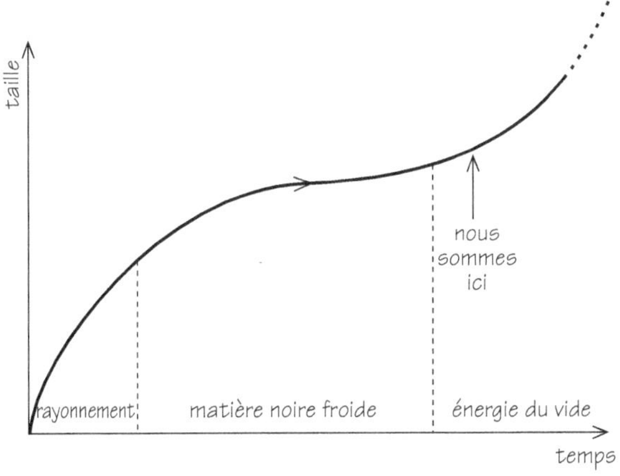


**Figure 12.6 :** Les trois ères distinctes dans l'histoire d'un Univers en expansion comme le nôtre, dont près de 70 % de son énergie est sous une forme inconnue d'énergie du vide agissant pour accélérer l'expansion. On distingue les ères dominées successivement par le rayonnement, la matière noire froide et l'énergie du vide.

Que devient cette histoire si la constante de structure fine varie ? L'expansion est virtuellement non affectée par les variations de cette constante si elles sont aussi faibles que le suggèrent les observations actuelles, un million de fois plus lentes que la vitesse d'expansion de l'Univers, mais elle agit en revanche dramatiquement sur la manière dont la « constante » de structure fine change.

Håvard Sandvik, João Magueijo et moi avons recherché ce qui se passerait pour la constante de structure fine sur les milliards d'années de l'histoire cosmique. Les conclusions sont assez frappantes et d'une séduisante simplicité. Durant l'ère de rayonnement, il n'y a aucun changement significatif. Mais une fois l'ère de la matière commencée, quand l'Univers dépasse les 300 000 ans, la constante de structure fine se met à *augmenter* très lentement en valeur[30]. Quand l'ère de la courbure débute, lorsque l'énergie du vide commence à accélérer l'Univers, cet accroissement prend fin. Cette histoire particulière est montrée à la figure 12.7 pour un univers avec des valeurs de matière, de rayonnement et d'énergie du vide égales à celles que nous observons dans notre Univers actuel.

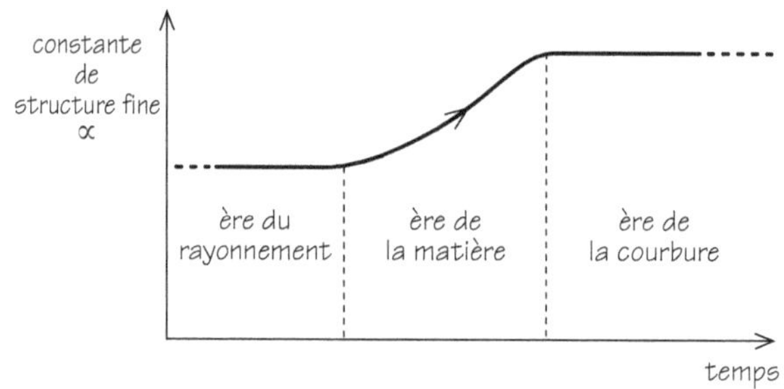


**Figure 12.7 :** Changement attendu dans la « constante » de structure fine dans un Univers comme le nôtre : la « constante » cesse de changer quand l'Univers commence à accélérer et ne varie que très lentement durant la période de domination de la matière froide.

Ce qui est intrigant. Cela donne une image qui cadre assez bien avec toutes les données. Notre Univers a commencé à accélérer à un décalage dans le rouge d'environ 0,5 et il n'y aura donc pas de variation significative de la constante de structure fine à l'époque du réacteur d'Oklo. Sur les intervalles de décalages correspondant aux observations des quasars, les variations peuvent être de la forme que nous avons vue et on prédit que α est plus petite par le passé, justement ce que nous voyons. Si nous poursuivons notre marche en arrière vers un décalage dans les 1 100 où le rayonnement micro-ondes commence à se dégager vers nous, nous prédisons que la variation de α doit être beaucoup plus faible que la sensibilité des observations actuelles.

Si ces variations ont vraiment lieu au moment où l'Univers est en expansion, elles ont alors des conséquences sur l'évolution de la vie. Nous savons que si la « constante » de structure fine devient trop grande les atomes et les molécules ne peuvent exister et aucune étoile ne pourra se former parce que leur centre sera trop froid pour démarrer les réactions nucléaires autoentretenues.

Il est donc crucial que ne dure pas trop l'ère de matière noire de l'histoire cosmique durant laquelle la constante de structure fine augmente. Sans l'énergie du vide ou la courbure pour arrêter cette augmentation régulière, le moment finirait par arriver où la vie ne serait plus possible. L'Univers cesserait d'être habitable par des formes de vie fondées sur des atomes et dépendant des étoiles pour leur énergie.

Quelque chose de similaire se produit s'il peut y avoir des variations dans la force de gravité, représentée par la constante newtonienne $G$. Lors de l'ère du rayonnement, elle tend à rester constante mais quand l'ère de la matière commence, elle diminue en valeur jusqu'à l'ère de la courbure. Si l'Univers ne connaissait pas cette dernière ère, alors la gravité ne cesserait de baisser et l'existence des planètes et des étoiles deviendrait de plus en plus difficile. Ce comportement est représenté sur la figure 12.8.

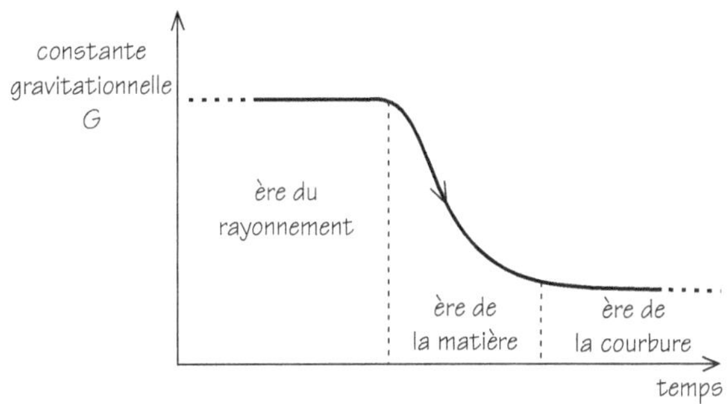


**Figure 12.8 :** Comportement typique d'une « constante » de gravitation variable au cours de l'histoire cosmique dans les théories cosmologiques qui autorisent un tel changement. La force de la gravité ne change significativement que lorsque l'ère de la matière noire et froide domine l'Univers et elle est annulée par les effets du rayonnement ou de la courbure de l'espace qui conduisent l'expansion de l'Univers.

Cette évolution globale nous intrigue beaucoup. Elle montre que même quand les constantes ont la liberté de varier, elles ne peuvent le faire que lorsque l'Univers se trouve dans l'ère de la matière. Si elles varient *vraiment* alors nous observons l'Univers durant un créneau de son histoire où ces constantes ont des valeurs permettant l'existence des atomes, des étoiles et des planètes.

La raison pour laquelle notre Univers est si proche de l'état critique d'expansion aujourd'hui et présente une énergie du vide aussi faible a toujours été mystérieuse. Nous savons que si nous avions été trop éloignés du taux d'expansion critique, l'évolution de la vie aurait été beaucoup moins probable sur Terre et probablement impossible partout ailleurs dans l'Univers. Si les univers sont trop dominés par la courbure, alors l'expansion est si rapide que les îlots de matière ne peuvent surmonter son effet et se contracter pour former des galaxies et des étoiles. D'un autre côté, si l'Univers s'étend trop lentement, il s'effondre bientôt en un Big Crunch. Des îlots denses de matière se forment trop vite et tombent dans de grands trous noirs avant que les étoiles et la biochimie n'aient eu une chance de se former (voir figure 9.2).

Il en est de même avec l'énergie du vide. Si elle était dix fois plus importante, cela aurait accéléré l'expansion de l'Univers si précocement dans son histoire que les galaxies et les étoiles n'auraient pu se différencier de l'expansion générale.

Ces deux arguments nous montrent que nous ne devons pas être surpris de trouver des écarts peu élevés par rapport au taux critique d'expansion ou au degré zéro d'énergie du vide dans l'Univers. Autrement nous ne serions pas là. Mais la possibilité de constantes variables nous explique pourquoi nous ne pouvons observer un Univers exactement à la vitesse critique d'expansion ou avec une énergie du vide nulle[31]. Le vide de l'énergie et la courbure sont les freins de l'Univers qui suppriment les variations des constantes de la Nature. Elles arrêtent tout changement des constantes. Si ce n'était pas le cas, les constantes atteindraient des valeurs qui excluraient l'existence des atomes, des noyaux, des planètes et des étoiles. L'Univers finirait par devenir sans vie, incapable de retenir les éléments fondamentaux de la complexité. La vie, comme toutes les bonnes choses, aurait forcément une fin.

# Sur d'autres mondes
# et de grandes questions

Ô Monde des nombreux mondes, Ô vie des vies,
Quel centre as-tu ? Où suis-je ?

Wilfred Owen[1]

## Multivers

L'apparente unicité de l'Univers dépend primairement du fait que nous pouvons en concevoir tellement d'autres.

Charles Pantin[2]

Ces nouveaux chemins ouverts pour tenter de comprendre et d'expliquer les valeurs des constantes de la Nature soulèvent de grandes questions sur la nature des choses. Nous avons vu que les cosmologistes envisagent sérieusement la nature d'« autres mondes » dans lesquels les constantes de la Nature prennent des valeurs différentes des nôtres. Un très léger changement de beaucoup d'entre elles rendrait ainsi la vie impossible. Cela fait poser la question de savoir si d'autres mondes « existent » d'une manière ou d'une autre et si c'est le cas, qu'est-ce qui les rend différents du monde que nous voyons et connaissons. Cela donne aussi une alternative au vieil argument que la profonde adaptation de ce monde doté de toutes ces propriétés requises pour la vie témoignerait d'une certaine forme de dessein. Car, si toutes les possibilités existent, nous devons forcément nous trouver dans celle qui permet à la vie d'exister. Et nous pouvons peut-être aller plus loin et hasarder l'idée que nous pourrions nous attendre à nous trouver dans l'Univers le plus probable pour supporter la vie[3]. La première personne qui semble avoir développé cette approche des mondes multiples fut le biologiste de Cambridge Charles Pantin. Il essaya de trouver un contexte plus favorable pour réfléchir aux propriétés particulières des lois, des constantes et de la structure de l'Univers en introduisant la notion d'un ensemble de mondes multiples, chacun doté de propriétés physiques différentes :

> « Si nous pouvions savoir que notre propre Univers n'en est qu'un parmi un nombre indéfini aux propriétés variables, nous pourrions peut-être invoquer un principe analogue à celui de la sélection naturelle ; que seulement dans certains univers, dont le nôtre s'avère faire partie, les conditions conviennent à l'existence de la vie, et qu'autrement il n'y a aucun observateur pour noter ce fait[4]. »

L'une des difficultés de même concevoir un tel multivers de tous les univers possibles est le nombre tellement élevé de choses qui pourraient différer. Grâce aux mathématiques, nous savons qu'il existe différentes logiques que celle que nous utilisons en pratique où les affirmations sont soit vraies soit fausses. De même, il y a différentes structures mathématiques ; différentes lois possibles de la Nature ; différentes valeurs pour les constantes de la Nature ; différents nombres de dimensions de l'espace ou du temps ; différentes conditions initiales pour l'Univers ; et différentes issues aléatoires aux séquences complexes d'événements. Avec cela, l'ensemble de tous les mondes possibles devrait inclure, au minimum, toutes les permutations et combinaisons possibles de ces différentes choses. Tenter de comprendre une telle complexité semble un pari un peu fou.

Nous avons déjà vu ce qui pourrait arriver si certains des autres mondes possibles se réalisaient, des mondes avec plus de dimensions ou d'autres valeurs pour les constantes cruciales. Nous ne savons pas cependant si ces différents mondes sont vraiment possibles. C'est bien beau d'envisager des changements dans les valeurs des constantes de la Nature et les quantités qui définissent la forme et la taille de l'Univers. Mais y a-t-il réellement d'autres mondes possibles ou n'existent-ils pas plus que la quadrature du cercle ? Il se pourrait que la Théorie du Tout soit très restrictive pour nos tentatives de concevoir d'autres univers. Le fait que nous envisagions d'autres univers en attribuant des valeurs différentes aux constantes de la Nature pourrait ne refléter que notre ignorance des contraintes de cohérence logique exigée par la Théorie du Tout.

On peut aborder le problème de l'existence de ces autres univers de deux manières. Soit par une approche conservatrice qui trouve des mondes alternatifs en changeant un peu les propriétés de notre monde avec de petits déplacements des valeurs de certaines constantes de la Nature, où l'Univers astronomique aurait des propriétés légèrement différentes sans que soient modifiées les lois de la Nature elles-mêmes. Ces études montrent en général que si de « petits changements » sont trop grands, les conséquences sont comme nous le savons défavorables à l'existence de la vie. Nous pensons que notre type de vie pourrait encore se présenter s'il y avait un changement d'une partie sur cent milliards dans la valeur de la constante de structure fine, mais pas si c'était une partie sur dix[5]. Soit l'approche radicale avec au contraire de grands changements, où les lois, la logique mathématique sous-jacente ou le nombre de dimensions de l'espace et du temps peuvent être changés. Elle doit concevoir des types de « vie » complètement nouveaux qui ne pourraient exister que dans des environnements entièrement différents[6]. Cela entraîne un examen plus attentif de ce qu'on entend par « vie ». Elle est classiquement réduite à son élément essentiel, comme la capacité de traiter et de conserver l'information (si vous êtes informaticien), la facilité à évoluer par la sélection naturelle (si vous êtes biologiste), ou simplement un flux d'énergie en non-équilibre (si vous êtes chimiste).

Comme exemple d'approche radicale, considérez la quête de la « vie » dans les formalismes mathématiques que j'ai déjà proposée par ailleurs[7]. Nous envisageons la hiérarchie de toutes les structures mathématiques possibles, en commençant avec une série finie de points reliés par des règles, puis les géométries, puis les systèmes de comptage comme l'arithmétique des nombres entiers et ainsi de suite, en tendant vers une complexité croissante. Maintenant nous nous demandons laquelle de ces structures peut pleinement décrire des êtres conscients. Car si nous devions prendre les axiomes de l'un de ces systèmes logiques puis progressivement en extraire toutes les vérités que l'on peut légitimement en déduire, nous verrions s'ouvrir devant nous un large éventail de vérités logiques. Si ces dernières finissaient par mener à des structures qui décrivent complètement ce que nous appelons « conscience », on pourrait alors dire qu'elles sont en un sens « vivantes ». Avec la question : dans quel sens ?

Une autre manière de voir cela est de réfléchir à la création d'un modèle informatique ou une simulation du processus de formation des étoiles et des planètes. C'est une chose sur laquelle les astronomes travaillent dur. Ces processus sont trop compliqués à comprendre dans le détail avec juste du papier, un crayon et le simple calcul. Les équations qui les gouvernent demandent l'utilisation d'ordinateurs. Imaginons que ces simulations soient devenues extrêmement précises dans un futur lointain. Elles décrivent comment les étoiles se forment et donnent des descriptions des planètes qui correspondent étroitement à celles que nous voyons. Nous estimons ce problème « résolu ». Un biochimiste enthousiaste suggère que l'on aille un peu plus loin et que l'on alimente l'ordinateur avec une foule d'informations sur la biochimie et la géologie afin de prédire l'évolution chimique précoce et l'atmosphère d'une planète. Quand cela est terminé, les résultats apparaissent très intéressants. L'ordinateur décrit la formation de molécules capables de s'autorépliquer, qui commencent à entrer en compétition entre elles et à faire des choses compliquées à la surface de la jeune planète. Les hélices d'ADN apparaissent et sont à l'origine de réplicateurs génétiques. Sous l'effet de la sélection les réplicateurs les plus adaptés se multiplient et s'améliorent rapidement, disséminant leur matrice sur toute la surface habitable de la planète. On continue de faire tourner le programme informatique. Finalement, certaines structures dans le programme semblent s'envoyer des signaux entre elles et conserver de l'information. Elles ont développé un code simple et ce que nous appelons une arithmétique à partir de la symétrie (d'ordre huit) que possèdent les plus grands réplicateurs. Les programmeurs sont fascinés par ce comportement, n'ayant jamais soupçonné qu'il puisse émerger de leur programme original. Il est similaire à un code qu'il n'est pas trop difficile de casser. Les structures produites par l'ordinateur développent une logique simple pour communiquer. Une présentation vidéo de leurs résultats donne à tout cela l'allure d'un film d'histoire naturelle sur l'évolution de la vie.

Cette petite fiction montre comment on peut concevoir qu'un comportement que nous pourrions juger conscient pourrait émerger d'une simulation informatique. Mais si nous nous demandons où ce comportement conscient « se trouve », on est tenté de dire qu'il vit dans le programme. Il fait partie du logiciel fonctionnant dans la machine. Il consiste en un ensemble de déductions très complexes (« les théorèmes ») qui suivent dès le départ des règles définissant la logique de la programmation. Cette vie « existe » dans le formalisme mathématique.

Ces exemples cherchent à rendre un aspect de la vie semblable à un programme informatique. Ils ont une force suspecte parce qu'ils mènent à la conclusion que si la « vie », définie convenablement, *peut* exister dans un formalisme mathématique, alors elle existe *vraiment* au sens plein du terme[8]. Cela n'est pas sans ressembler au fameux argument ontologique de saint Anselme pour la nécessaire existence de Dieu.

Le problème avec de tels arguments ontologiques fournis par l'informatique est qu'ils assimilent existences mathématique et physique. Pour ce qui concerne l'existence physique, nous en avons une certaine expérience. Nous ne pouvons probablement pas la définir, comme beaucoup de choses que nous avons du mal à définir, nous la connaissons quand nous la voyons. L'existence mathématique signifie juste une cohérence propre logique : c'est tout ce qui est requis pour qu'une affirmation soit « vraie » en mathématiques. Les triangles rectangles « existent » ainsi dans le système de la géométrie euclidienne. Les cercles rectangles non.

Une proposition mathématique n'a pas besoin d'être intéressante, ni d'être courte, ni d'être nouvelle. Elle doit juste ne pas entrer en contradiction logique avec les règles logiques en usage[9]. Ces univers mathématiques peuvent être imaginaires sous de multiples rapports. Quelques personnes, comme le mathématicien Godfrey Hardy (1877-1947), ont pensé que certains de ces univers pouvaient être plus séduisants que le nôtre :

« Les univers "imaginaires" sont tellement plus beaux que le "vrai" stupidement construit ; [mais] la plupart des plus beaux produits de l'imagination d'un mathématicien doivent être rejetés dès qu'ils ont été créés, pour la simple et bonne raison qu'ils ne cadrent pas avec les faits[10]. »

On peut objecter à l'obtention de tels mondes issus de grands programmes informatiques que le nombre de formalismes mathématiques qui ne mènent pas à la vie excède largement ceux qui le font. Mais cela n'est pas un problème. Notre argument anthropique nous a appris que nous devons nous trouver dans l'un de ceux qui sont favorables à la vie. Il y a cependant une difficulté plus subtile. Il a aussi une infinité d'univers qui ont la structure ordonnée que nous voyons autour de nous jusqu'à présent et qui se comporteront d'une manière complètement différente ou sans plus aucune loi à partir de maintenant. Il semble ainsi beaucoup plus probable que nous vivons dans un univers où notre espoir de voir le Soleil se lever soit vain[11]. S'il y a tellement de mondes possibles en plus dans lesquels le Soleil ne se lève pas le lendemain mais dans lesquels tout est par ailleurs identique à notre monde jusqu'au prochain lever du Soleil, que devonsnous conclure si le Soleil se lève demain ?

Ce n'est pas le paradoxe que l'on pourrait penser à première vue. Car il faut une manière d'estimer la probabilité des différentes histoires. La méthode la plus appropriée ne serait pas forcément de juste les compter. Les histoires qui présentent un ordre jusqu'à un certain point puis divergent dans le chaos requièrent une spécification qui les rend moins probables dans l'espace de toutes les possibilités que celles qui continuent dans le même état ordonné favorable à la vie.

Ces autres mondes sont plutôt platoniciens. Leur existence ne nous donne pas l'impression d'être « réelle ». Cela est plutôt virtuel. La vie dans un formalisme mathématique ou un programme informatique n'est pas vraiment vivante. Mais peut-être que tous les processeurs d'information conscients dans ces formalismes sont aussi victimes comme nous d'illusions de grandeur et d'unicité. Supposons qu'ils aient raison et passons à des ensembles plus concrets d'autres mondes.

## Le grand catalogue universel

> L'univers n'est juste qu'une idée fugace dans l'esprit de Dieu – pensée assez désagréable, en particulier si vous venez de faire le premier paiement pour votre maison.
>
> Woody ALLEN[12]

Les cosmologistes ont envisagé comment pourraient naître d'autres mondes. Ils sont généralement issus de l'approche conservatrice que nous avons évoquée ci-dessus. Nous considérons un petit nombre de changements dans l'Univers que nous connaissons, en laissant ses lois intactes mais en modifiant les valeurs de ses constantes ou de ses dimensions. Nous avons déjà vu le cas d'un univers inflationniste dans ses éditions chaotiques et universelles. De larges régions de notre Univers, qui pourrait être de taille infinie, peuvent avoir des densités moyennes différentes, des taux d'expansion différents, ou même d'autres nombres de dimensions de l'espace ou d'autres forces de la Nature suite au caractère aléatoire propre aux processus qui ont accompagné le début de l'inflation. Celle-ci peut avoir commencé et fini à différents moments et à différents endroits. Le résultat en serait un univers contenant différentes régions où les conditions seraient très différentes et présenteraient d'autres valeurs pour certaines constantes essentielles à la vie (voir figure 13.1).

Il est très probable que ces régions soient très grandes, bien plus que notre Univers visible. L'inflation étend très facilement de petites régions en de grandes, aussi les limites de notre domaine sont très probablement beaucoup plus larges que ce que nous pouvons voir de l'Univers. Un jour, nos descendants pourraient bien voir l'une de ces régions où les choses sont différentes surgir de notre horizon astronomique, annihilant la matière éloignée, déformant l'expansion de l'Univers et avalant les étoiles et les galaxies.

Si on considère une inflation agissant perpétuellement, l'ensemble des possibilités s'étend encore plus et nous devons nous voir comme une fluctuation locale dans un processus sans fin qui

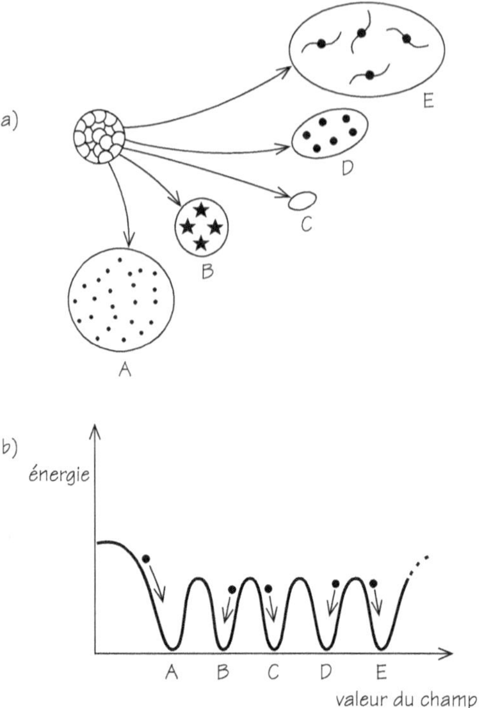



**Figure 13.1 :** (a) Un univers dans lequel différentes régions subissent des quantités différentes d'inflation, donnant naissance à des états distincts. (b) Le plus bas état d'énergie pour la matière dans l'Univers à la fin de l'inflation n'est peut-être pas le seul. L'univers pourrait finir à des minimums différents à différents endroits. Il en résulte que le nombre et la puissance des forces de la Nature seront distincts en différents lieux suivant quel minimum aura été atteint par la matière en un lieu donné.

explore toutes les permutations des conditions cosmiques, des constantes et des dimensions qui lui sont permises. La vie ne sera possible que dans certaines d'entre elles.

Un trait intéressant de ces ensembles inflationnistes est qu'il ne nous demande pas de croire en un multivers d'autres mondes aux statuts douteux. Ce ne sont pas des mondes parallèles ou imaginaires et ils pourraient même ne pas être hypothétiques du tout. Ce qu'on entend par « monde » est juste une très grande région de notre seul et unique Univers. Et si ce dernier est infini alors le nombre de possibilités que l'inflation peut générer pourrait bien être infini également. S'il épuise toutes les possibilités logiques de variations disponibles, chacune d'entre elles peut exister quelque part, non seulement une fois mais une infinité de fois. Ce qui est sûr au sujet de cette idée est que, si elle est vraie, elle n'est pas originale[13].

Il y a aussi d'autres façons plus communes de produire un grand nombre de possibilités différentes au sein de notre seul Univers. La nature crée la complexité en brisant la symétrie de ses lois au travers des phénomènes dont elles découlent. Ainsi, vous êtes placés à un endroit particulier de l'Univers même si les lois de la gravité et de l'électromagnétisme, dont vous êtes une résultante compliquée, n'ont aucune préférence pour aucun lieu de l'Univers. Avec l'expansion de l'Univers et son refroidissement depuis ses tout premiers stades, les opportunités de cassure de la symétrie ne manquent pas. La symétrie sera rompue d'une certaine manière en un lieu et d'une autre ailleurs. Ces événements aléatoires peuvent avoir une grande conséquence sur l'évolution de la vie dans le futur. Un exemple typique de brisure de symétrie est celle qui a donné naissance à l'équilibre entre matière et antimatière dans l'Univers à ses débuts. Il en résulte que le déséquilibre entre matière et rayonnement nécessaire pour éviter que tout soit plus tard annihilé en rayonnement variera suivant les endroits. Que cela se produise avant l'inflation et une région avec une prépondérance en matière s'étend et devient une immense zone contenant notre Univers visible. Si cela s'est produit après l'inflation, notre portion visible de l'Univers contient des régions avec différents équilibres de matière et d'antimatière. Là encore, nous avons un moyen de créer de grandes régions dans un seul Univers où des caractéristiques critiques pour l'existence de la vie peuvent varier significativement d'un endroit à un autre.

La description quantique de l'Univers nous apprend que toutes les choses que nous voyons et appréhendons sous la forme de particules ou d'agrégats de matière ont une qualité ondulatoire. Celle-ci exprime la probabilité que nous les observions avec certaines propriétés. L'une des découvertes intéressantes faites par les physiciens bataillant pour donner une description quantique de l'Univers est que les conditions initiales pour l'Univers semblent jouer un rôle crucial dans la transition des propriétés ondulatoires à celles corpusculaires.

Nous sommes accoutumés à l'idée que la nature ondulatoire, indéfinie, des particules de matière s'exprime dans le domaine du très petit. Quand les choses deviennent grandes, l'aspect ondulatoire devient faible et négligeable. On doit s'en préoccuper quand nous faisons de la physique atomique mais pas quand nous conduisons notre voiture. Pourtant, cette qualité matérielle de notre expérience, que les choses ont un comportement défini et non quantique, n'est pas garantie dans tous les univers qui deviennent grands et âgés. Des conditions particulières semblent devoir être remplies pour cela. Dans de nombreux mondes, les qualités qui nous sont familières comme la position, l'énergie, le mouvement et le temps n'émergeront jamais d'une manière bien définie, ni aussi, nous le soupçonnons, le type d'organisation complexe que nous appelons vie.

La recherche moderne d'une Théorie du Tout nous offre aussi une perspective pour d'autres mondes. On imagine souvent que cette ultime théorie spécifiera toutes les constantes de la Nature, mais cela paraît maintenant nettement moins probable. Dans ce contexte, il semble que seule une fraction des constantes de la Nature sera fixée par une inflexible logique interne tandis que les autres seront libres de prendre différentes valeurs issues d'un processus aléatoire de brisure de symétrie. Comme nous l'avons vu au chapitre 8, face à cette ouverture des possibles, nous devons nous tourner vers une sélection anthropique pour expliquer pourquoi nous voyons les valeurs dans la gamme étroite qui permet l'existence de la vie.

Jusqu'à présent, nous nous sommes contentés de créer des ensembles d'autres mondes en bricolant avec des parties du nôtre et en exploitant sa propension naturelle à rendre les choses différentes suivant les endroits. Il est temps d'être plus spéculatif et de considérer de quelle manière certaines constantes de la Nature pourraient changer et plonger, en nous évadant des contraintes des principales théories, dans un domaine de possibilités plus hypothétiques.

## *Des mondes sans fin*

Les univers qui dérivent comme des bulles dans l'écume
sur la Rivière du Temps.

Arthur C. CLARKE[14]

Avant que n'apparaisse le caractère d'autoreproduction de
l'Univers éternellement inflationniste[15], on suggéra qu'il serait possible de provoquer l'inflation dans une partie de l'Univers en arran-
geant certaines collisions de hautes énergies[16] entre des particules
élémentaires. Le scénario d'inflation éternelle se fonde en fait sur
l'espoir qu'aucun arrangement n'est réellement nécessaire. L'Univers déclenche des accès continuels d'inflation sans une aide intelligente ou l'effet de simples accidents. Que se passe-t-il maintenant si
l'Univers se réinvente lui-même éternellement dans des moments
d'inflation ? Peut-être que dans des régions qui se sont développées
par le passé y a-t-il eu des civilisations superavancées qui *savaient*
comment déclencher une inflation et mesurer ses conséquences. Si
c'est le cas, elles pourraient être capables d'orienter le résultat de
l'inflation pour le rendre favorable à l'existence de la vie. Le cosmologiste britannique Edward Harrison a spéculé[17] que de tels êtres
éclairés aient pu choisir de donner à la prochaine édition de l'Univers des propriétés plus adaptées à la vie que celles de l'Univers
dans lequel ils avaient eux-mêmes évolué. Si ce processus s'est
poursuivi sur beaucoup de générations d'inflation, nous pouvons
nous attendre à ce que les « coïncidences » favorables à la vie entre
les valeurs des constantes maîtrisables de la Nature gagnent en précision. Ceci pourrait expliquer, selon Harrison, l'état actuel des
choses. Pour séduisante que soit cette création intelligente des univers, ses premiers moments demeurent obscurs. Si les univers ont
été initialement avec des constantes éloignées de celles qui permettent à la complexité d'exister, ils n'auraient jamais pu développer
les êtres conscients requis pour accorder finement les constantes.
Ces univers auraient dû compter sur des fluctuations aléatoires

pour en donner un capable de faire évoluer ensuite de tels êtres intelligents.

Un autre processus intéressant qui fait aussi intervenir une évolution des constantes de la Nature sous l'effet d'une influence extérieure a été suggéré par le physicien américain Lee Smolin[18]. Il propose que la formation de chaque trou noir dans l'Univers ouvre la possibilité qu'émerge de la mystérieuse singularité qui se développe en son centre un nouvel univers parallèle. Tout ce qui est capturé par le trou noir finit inexorablement dans cette singularité en son centre. Au lieu de disparaître dans un oubli sans fin, cette matière renaîtrait sous la forme d'un nouvel univers en expansion avec des valeurs pour ses constantes de la Nature légèrement modifiées d'une façon aléatoire[19].

Sur le long terme, on peut s'attendre à certaines choses bien précises avec ce scénario. Si l'effondrement de matière dans les trous noirs donne toujours naissance à de nouveaux univers, plus un univers peut produire de trous noirs plus il produira de descendants transmettant l'information sur son « code génétique » propre, à savoir les valeurs des constantes de la Nature qui le définissent. Au bout du compte, nous devrions nous attendre à nous trouver dans un univers dans lequel les constantes ont évolué vers une série de valeurs qui maximisent la production de trous noirs. Tout changement dans la valeur des constantes que nous observons devrait donc rendre plus *difficile* la production de trous noirs.

Ce n'est qu'une conclusion parmi d'autres que l'on peut tirer de ce scénario. Selon nos considérations anthropiques, il pourrait s'avérer que des univers dont les constantes ont des valeurs qui optimisent la production de trous noirs soient incapables de contenir des observateurs vivants. Une application du Principe Anthropique est donc essentielle. Nous pouvons seulement prédire que nous devrions nous trouver dans un univers avec des constantes qui rendent la production de trous noirs maximale et où des observateurs vivants sont aussi possibles. Et cela pourrait être un univers d'un tout autre type.

Une autre possibilité à long terme est qu'il n'y ait aucun maximum donné pour la production de trous noirs quand les constantes changent de valeur. Leur changement pourrait dans un certain sens permettre la production de trous noirs toujours plus gros. Là encore, nous ne pouvons pas dire grand-chose des valeurs ultimes prises par les constantes de la Nature[20].

Ceci suggère une autre manière de générer un ensemble d'autres mondes à partir de notre Univers avec des constantes différentes. Si un univers contient suffisamment de matière pour se contracter et faire l'expérience d'un Big Crunch dans le futur, le mystère reste aussi de savoir ce qui se passe à ce moment-là. Physiquement, ce n'est pas très différent du centre d'un trou noir. Peut-être que l'Univers, ainsi que l'espace, le temps et les lois de la Nature se terminent et que rien ne suit. Mais les cosmologistes ont toujours été tentés de penser que l'Univers pourrait alors « rebondir », comme le phénix, en un autre état d'expansion. Dans ce cas, la conclusion qui s'impose est qu'il ira en oscillant éternellement entre des états d'expansion et de contraction comme sur la figure 13.2. La grande question est alors : qu'est-ce qui change, si quelque chose change, lorsque ça rebondit ? Repart-on de zéro ou des informations de l'ancien cycle sont-elles transmises au suivant ?

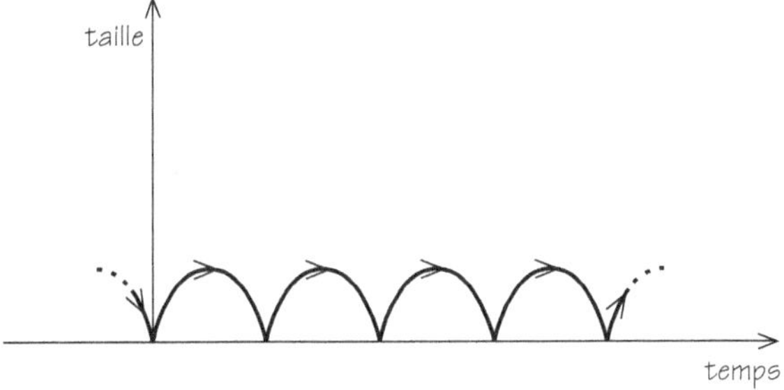


**Figure 13.2 :** Univers oscillant dans lequel l'effondrement en un futur Big Crunch est suivi d'une réexpansion en un nouveau cycle et ainsi de suite pour toujours.

Il se pourrait, comme John Wheeler l'a initialement proposé, qu'il y ait une nouvelle répartition de la valeur des constantes de la Nature chaque fois qu'il y a un rebond[21]. Ceci créerait une séquence sans fin d'univers en expansion et en contraction dans lesquels les constantes diffèrent. Et c'est uniquement dans les cycles où le « tirage » des constantes tomberait sur une permutation permettant à la vie d'exister que nous pourrions exister. Nous n'avons malheureusement aucune idée du lien unissant les valeurs des constantes d'un cycle avec son suivant. Quant aux propriétés de l'Univers dans son entier, un facteur de taille pourrait jouer un rôle dominant. Si les constantes changent dans une permutation qui ne permet pas à l'Univers de s'effondrer à nouveau en un Big Crunch, la partie se termine et l'Univers laissé avec une poignée de constantes qui ne seront jamais remises en jeu. C'est clairement l'état le plus probable dans lequel peut se retrouver l'Univers. S'il y avait eu une infinité d'oscillations de l'Univers par le passé et s'il y a une chance quelconque de permutation qui les finisse, alors celle-ci se réalisera au bout du compte[22].

Il y a une continuité que les cosmologistes aiment bien imposer à leur évolution en cycles. C'est la seconde loi de la thermodynamique, le principe suivant lequel le désordre (« l'entropie ») ne décroît jamais avec le temps. Si cela s'applique aux cycles et que l'énergie est conservée[23], leur taille doit régulièrement augmenter (figure 13.3)[24].

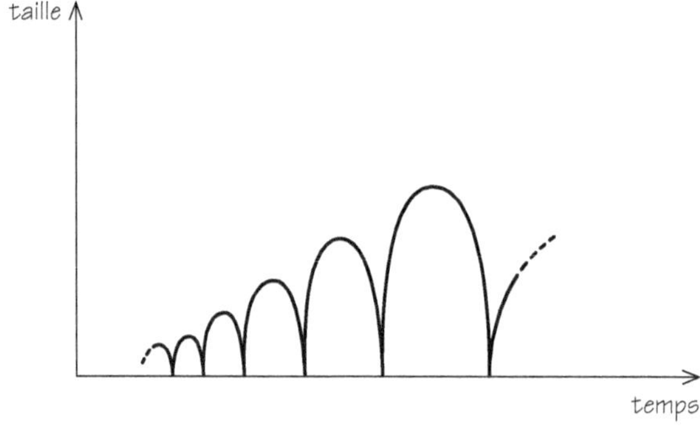


**Figure 13.3 :** L'augmentation de l'entropie fait grandir en taille les cycles successifs si l'énergie est conservée.

Cela est assez intéressant parce qu'à long terme l'Univers se rapprochera de plus en plus de l'état critique d'expansion pour lequel l'inflation a été invoquée. Et il y a encore un développement à cette histoire. Mariusz Dábrowski et moi[25] avons montré que si une énergie du vide cosmique agit pour accélérer l'expansion de l'Univers, comme le suggère les observations actuelles, alors elle conduira toujours à la fin des oscillations et laissera l'univers sur une trajectoire d'expansion en perpétuelle accélération (figure 13.4).

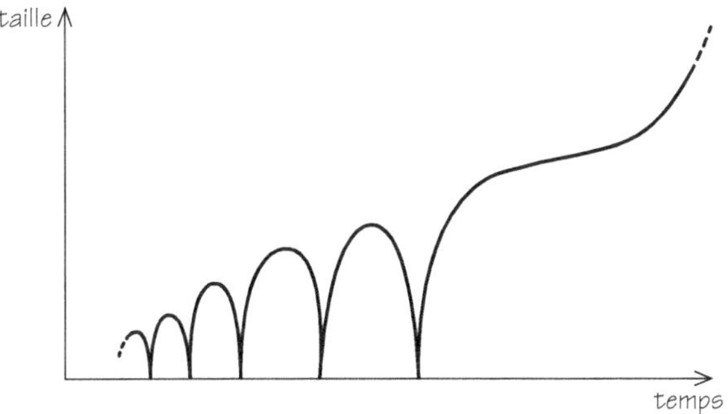


**Figure 13.4 :** Avec une petite constante cosmologique positive, les cycles doivent au bout du compte se terminer et l'Univers s'étendre éternellement sous l'influence accélératrice de cette constante.

Il en résulte que l'Univers est toujours pris, avec son dernier tirage de constantes, dans un état d'expansion en équilibre entre la tension de l'énergie du vide et toutes les autres formes de matière dans l'Univers, un peu comme notre Univers à nous en fait.

## La fin du voyage

> Jusqu'à la Révolution scientifique du XVIᵉ siècle, nous donnions un sens aux choses du monde ; après, le sens des choses nous est venu du monde.
>
> Chet RAYMO[26]

Notre recherche des constantes de la Nature a commencé sur Terre mais nous a ensuite emmenés aux confins de notre Univers et même au-delà, dans un multivers d'autres mondes dont nous entrevoyons seulement l'existence à travers leurs pâles reflets dans le nôtre. La quête d'unités commodes, bien humaines et locales à l'origine, nous a par la suite conduits à en découvrir d'autres qui étaient suprahumaines et universelles. La découverte des modes d'action de la Nature et des règles gouvernant ses changements nous a amenés à de mystérieux nombres qui définissent la trame de tout ce qui est. Les constantes de la Nature confèrent à notre Univers sa substance et son existence. Sans elles, les forces de la Nature n'auraient aucune puissance, les particules élémentaires pas de masse, l'Univers pas de taille. Les constantes de la Nature sont l'ultime rempart contre un relativisme débridé. Elles définissent la structure de l'Univers d'une manière qui peut nous faire éviter les préjugés dus à une conception anthropocentrique des choses. Si nous devions entrer en contact avec une intelligence présente ailleurs dans l'Univers, nous nous tournerions d'abord vers les constantes de la Nature pour trouver un terrain d'entente commun. Nous parlerions d'abord de ce que les constantes définissent. Les sondes que nous avons envoyées dans l'espace lointain pour emporter des informations sur nous et notre localisation dans l'Univers utilisent les longueurs d'onde de la lumière caractéristiques de l'atome d'hydrogène pour dire où nous sommes et ce que nous savons. Les constantes de la Nature sont potentiellement l'expérience physique la plus à même d'être partagée par des êtres intelligents ailleurs dans l'Univers. Nous avons pourtant fait le tour des grandes voies et des petits cheminements engagés dans la recherche de leur signification. Leurs auteurs les voyaient comme un moyen d'améliorer notre compréhension de l'Univers, débarrassée de tout anthropomorphisme, pour dévoiler l'altérité d'un Univers qui n'a pas été conçu pour nous satisfaire. Mais les constantes universelles créées par la rencontre des réalités relativistes et quantiques, se sont avérées sous-tendre notre existence d'une manière à la fois mystérieuse et merveilleuse. Car c'est leurs valeurs, mesurées avec une précision toujours plus grande dans nos laboratoires mais encore inexpliquées par nos théories, qui rendent l'Univers habitable pour des esprits quels qu'ils soient. Et c'est à travers leurs valeurs que nous comprenons bien le caractère unique de l'Univers et que nous pouvons du coup facilement penser à d'autres possibilités moins satisfaisantes.

Expliquerons-nous un jour les valeurs de toutes les constantes de la Nature ? Jusqu'à présent, la réponse n'est pas claire mais nous pouvons entrevoir certaines choses. Nos plus profondes théories des forces et propriétés de la Nature suggèrent que la Théorie du Tout laissera une marge de liberté. Tout ne sera pas fixé par une froide cohérence logique. Des constantes pourraient être différentes, choisies au hasard et, tombant mal, rendre à jamais l'Univers sans vie et sans lumière.

Et que dire de la nature même de ces constantes ? Sont-elles vraiment constantes, les mêmes hier, qu'aujourd'hui et demain ou sont-elles simplement en train d'aller et venir au gré du temps ? Armés de nos plus précis instruments, nous commençons à voir les premiers indices d'un changement, sur des milliards d'années d'histoire cosmique, dans l'une de nos constantes de la Nature les plus respectées. Qu'est-ce que cela peut apporter à notre compréhension du puzzle que nous assemblons d'une image de l'Univers ? Les constantes changeront-elles et détruiront-elles les coïncidences entre les valeurs, laissant l'arbre de la vie sans rejets et inerte dans un très lointain futur ? Nos constantes dépendent-elles du taux d'expansion global de l'Univers ou sont-elles de vraies constantes, permettant l'évolution de la complexité, la vie et le tourbillon d'étoiles et de galaxies qui nous entourent ? Évoluent-elles et changent-elles d'un cycle à l'autre de l'Univers dans une histoire qui n'a ni commencement ni fin, comprenant toutes les possibilités, produisant un multivers de mondes possibles, chacun avec sa propre cohérence mais pour la plupart dépourvus de vie et sans conscience de leur propre existence ?

Ce sont là de grandes interrogations, pourtant parties de petites questions. Pas à pas, nous avons élargi notre vue de la réalité physique, approfondi le réseau qui reliait des parties distinctes en apparence, et trouvé que l'Univers était sous l'effet de rien de plus que des nombres. Et les nombres sont des choses que nous comprenons en partie. Certains seront peut-être déçus. Mais bien que les constantes de la Nature soient des nombres, elles sont loin de n'être que cela. Elles sont les codes-barres de la réalité ultime, les nombres clés qui nous ouvriront les secrets de l'Univers, un jour.

# Notes


« Je tiens à ce que vous rencontriez Mlle Leighton-Buzzard, dit Mme Bovey-Tracey, qui me conviait à dîner l'autre jour. C'est une femme tellement intéressante, et des plus originales. Elle *n'écrit pas,* vous savez. »

William PLOMER
Electric Delights


## Chapitre premier
## Avant le commencement

1.  H. Mankell, *Sidetracked*, Londres, Harvill Press, 2000, p. 270.
2.  J. Donne, « Sermon, Easter Day 25th March, 1627 », dans *The Complete Poetry and Selected Prose of John Donne*, New York, ed. C. M. Coffin, 1952, p. 536.
3.  B. Appleyard, *Understanding the Present : Science and the Soul of Modern Man*, London, Doubleday, 1992 et V. Havel, Philadelphia Liberty Medal Address, 4 juillet 1994. old.hrad.cz/president/Havel/speeches/1994/0407_uk.html. Havel y assimile la science à la technique et la tient ainsi pour responsable de toutes les choses indésirables que la technique a pu causer à son peuple et à l'environnement dans les États communistes de l'Europe de l'Est.


## Chapitre 2
## Voyage vers l'ultime réalité

1.  A. Bennett, *Forty Years On*, Londres, Faber, 1969.
2.  Mars Climate Orbiter Mishap Investigation Board Phase I Report, 10 novembre 1999, consultable en ligne sur ftp://ftp.hq.nasa.gov/pub/pao/reports/1999/MCO_report.pdf. La citation provient de la page 6 de l'Executive Summary.

3. *Ibid*, Appendix, p. 37. (PDT : Pacific Daylight Time [NDT]).

4. House Science Committee Chairman F. James Sensenbrenner, Jr, a fait ce bref commentaire à la presse après avoir entendu l'annonce : « Je reste sans voix. »

5. Un exemple intéressant en est fourni par la création des chemins de fer en Grande-Bretagne. Elle demandait une concordance des unités de temps entre les villes éloignées.

6. J. Rivers, *An Audience with Joan Rivers*, London Weekend Television broadcast (1984).

7. A. E. Berriman, *Historical metrology*, Londres, Dent, 1953.

8. Une étrange tentative eut lieu de rendre décimal le temps ainsi que les unités de masse et de longueur. Le décret officiel du 24 novembre 1793 introduisit le nouveau « calendrier révolutionnaire » qui divisait le mois en trois cycles de 10 jours appelés « *décades* ». Ceci laissait 5 jours de reste (six les années bissextiles) qui étaient pris le dernier mois de l'été. Le système était similaire à celui utilisé par les Égyptiens et avait pour motif supplémentaire d'abolir la pratique religieuse des traditionnels jours saints de la semaine. L'innovation fut un échec lamentable et la semaine de 7 jours fut officiellement rétablie en septembre 1805 par Napoléon. Pour plus de détails, voir J. D. Barrow, *The Artful Universe*, Londres, Oxford University Press, 1995, p. 159.

9. M. Gläser, *100 Jahre Kilogrammprototyp*, Braunschweig, Physikalisch-Technische Bundesanstalt, 1989.

10. Du grec « *metron* » signifiant mesure.

11. À l'origine, Talleyrand avait proposé une unité naturelle de longueur fondée sur la longueur d'un pendule qui se balancerait avec une période de une seconde à la latitude de 45 degrés à la surface de la Terre.

12. C'était une section rectangulaire de 25,3 mm × 4 mm en platine ; voir T. McGreevy, *The Basis of Measurement*, vol. I, Chippenham, Picton Publishing, 1995, p. 148-9.

13. La Royal Society of London ne répondit pas à l'invitation de l'Académie des sciences française de se rencontrer pour s'accorder sur un système international.

14. Il fut fabriqué par Johnson, Matthey & Co. à Londres en 1879 avec deux copies.

15. Il y a bien sûr la question du degré de précision connu pour l'unité de masse. Le prototype de la masse est déterminé comme étant égal à un kilogramme avec une incertitude de 0,135 milligramme. L'unité britannique est à une précision de 0,053 milligramme, l'américaine de 0,021 milligramme.

16. M. Kochsiek et M. Gläser, eds, *Comprehensive Mass Metrology*, Berlin, Wiley-VCH, 2000, p. 64.

17. En 1800, l'industrie ne déterminait les longueurs qu'avec une précision d'environ 0,25 mm, en 1900 elle était d'environ 0,01 mm, en 1950 de 0,25 micron et en 1970 de 12 nanomètres. De nos jours, les nanotechnologies manipulent la structure d'atomes individuels.

18. Il est à noter que des scientifiques du XIXe siècle, par exemple lord Kelvin, utilisaient le terme « système métrique » pour décrire tout système de poids et de mesures car le grec *metron* signifie simplement mesure. Ils employaient l'expression « système décimal » pour ce que nous appellerions maintenant le système métrique fondé sur le mètre comme unité de longueur.

19. J. C. Maxwell, Presidential Address to the British Association for the Advancement of Science, 1870, cité dans B. Petley, *The Fundamental Physical Constants and the Frontier of Measurement*, Bristol, Adam Hilger, 1985, p. 15. Il est

clair que Maxwell emploie ici le mot « molécule » là où nous utilisons maintenant le mot « atome ».

20. L'utilisation d'une longueur d'onde de la lumière d'une transition atomique spécifique pour définir la longueur a été proposée pour la première fois en 1827 par un scientifique français, J. Babinet, mais les instruments pour le faire ne furent pas disponibles avant sa mort en 1872.

21. Pour permettre une mesure plus précise, on changea ensuite la longueur d'onde de référence pour celle de la lumière émise quand une transition se produit entre deux niveaux d'énergie dans l'atome de krypton 86.

22. Le cadmium peut s'identifier par le nombre de protons et de neutrons formant son noyau.

23. I. B. Singer, *A Crown of Feathers*, New York, Farrar, Straus & Giroux, 1970, p. 47.

24. G. Johnstone Stoney, *Philosophical Magazine* (series 5), 11, 381 (1881). Cet article relate ce qui a été présenté à la BAAS Meeting à Belfast en 1874. Il est aussi paru dans les *Scientific Proceedings of the Royal Dublin Society*, 3, 51 (1883). Il se fonde sur des éléments exposés lors d'un séminaire le 16 février 1881. L'importance de ce travail fut soulignée dans les premières éditions de l'*Encyclopaedia Britannica* par Millikan, auteur de l'article « Electron ».

25. *Notes and Records of the Royal Society*, vol. 29 (octobre 1974), planche 14. Reproduit avec la permission de la Royal Society Library.

26. Stoney écrivait en 1874 dans son article « On the Physical Units of Nature » que « la Nature nous présente, avec le phénomène de l'électrolyse, une quantité isolée et définie d'électricité qui est indépendante des corps particuliers sur lesquels elle agit. Pour rendre clairement cela, j'exprimerai la « loi de Faraday » dans les termes suivants, qui, comme je le montrerai, lui donneront de la précision, à savoir : « *Pour chaque liaison chimique qui est rompue dans un électrolyte, une certaine quantité d'électricité traverse l'électrolyte qui est la même dans tous les cas.* J'appellerai cette quantité définie d'électricité *Er*. Si nous en faisions notre unité de quantité d'électricité, nous aurions probablement fait un pas très important dans notre étude des phénomènes moléculaires. »

27. D. L. Anderson, *The Discovery of the Electron*, Princeton N J, Van Nostrand, 1964 ; I. B. Cohen, « Conservation and the concept of electric charge : an aspect of philosophy in relation to physics in the nineteenth century », dans *Critical Problems in the History of Science*, Madison, ed. M. Clagett, University of Wisconsin Press, 1959.

28. *Scientific Transactions of the Royal Dublin Society* IV series 11 (1891).

29. Stoney avait la particularité d'utiliser le suffixe « -ine » dans nombre de ses descriptions d'unités. Par exemple, il fait référence au mètre comme étant la « lenghtine ou unité de longueur », au gramme comme « massine ou unité de masse, seconde comme timine ou unité de temps » ; voir les *Scientific Proceedings of the Royal Dublin Society*, 3, 51 (1883).

30. L'appellation de Stoney « electron » fut adoptée de préférence au nom « corpuscule » que son découvreur, J. J. Thomson, voulait lui donner.

31. S. Turing, *Alan Turing*, Cambridge, Heffers, 1959.

32. Parmi les membres se trouvaient aussi Maxwell et William Thomson (devenu plus tard lord Kelvin) ; voir J. G. O'Hara, « George Johnstone Stoney, F. R. D., and the concept of the electron », *Notes and Records of the Royal Society of London*, 29, 265 (1974). La prédiction faite par Stoney d'une charge électrique de base ne semble pas avoir reçu l'attention qu'elle méritait. Cela ressort clairement du fait qu'en octobre 1894 il écrit une lettre aux directeurs de la première revue scienti-

fique de l'époque, *Philosophical Magazine*, pour se plaindre qu'Ebert, un auteur ayant récemment écrit dans le périodique, a affirmé que « von Helmholtz… fut le premier à montrer que… il devait y avoir… une quantité minimale d'électricité… qui n'est plus divisible à l'instar de l'atome électrique ». Stoney attire l'attention sur ses précédents cours et articles vingt ans plus tôt, voir *Philosophical Magazine* series 5, 38, 418 (1894) accessible à l'adresse internet http://dbhs.wvusd.k12.ca.us/webdocs/ChemHistory/Stoney-1894.html.

33. La théorie de la relativité générale d'Einstein, qui étend la théorie de la gravité de Newton aux cas où la gravité est très forte et le déplacement fait à la vitesse de la lumière, préserve le statut spécial de $G$. La constante de définition de la théorie est $G/c+4$, ce qui marque son aspect relativiste.

34. Il y eut une époque au début des années 1960 où les astronomes considéraient sérieusement la possibilité que $G$ diminuait avec le temps car les prédictions de la théorie de la relativité générale d'Einstein sur les effets de la gravité du Soleil semblaient contredire les quantités observées. Les physiciens américains Carl Brans et Robert Dicke ont développé une généralisation de la théorie d'Einstein dans laquelle $G$ peut varier dans l'espace ou le temps. Cette théorie est encore importante comme outil de prédictions sur les conséquences d'un $G$ variable qui peuvent être testées par des observations. L'engouement pour le développement de Brans et Dicke disparut en une décennie. Le désaccord apparent entre la théorie d'Einstein et les observations était dû à des imprécisions dans la détermination du diamètre solaire causées par les turbulences en surface. Quand ces dernières furent prises en compte, les prédictions théoriques s'accordèrent très précisément avec les observations.

35. *Scientific Proceedings of the Royal Dublin Society*, 3, 53 (1883).

36. Il divise la quantité d'électricité requise pour l'électrolyse d'1 cc d'hydrogène par le nombre d'atomes d'hydrogène qu'il contient et donné par le nombre d'Avogadro. L'article « Electron » que Robert Millikan a écrit en 1926 dans l'*Encyclopaedia Britannica* (1926-36) attribue à l'article de Johnstone Stoney de 1881 le premier calcul de la charge attendue d'un électron.

37. Remarquez que cet article a été écrit avant que les unités modernes CGS pour les quantités électriques ne fussent introduites et l'Ampères mesure maintenant le courant électrique plutôt que la charge (= courant × temps). La valeur de Stoney pour $e$ correspond à 10-11 unités CGS.

38. K. Wilber, *Quantum Questions : Mystical Writings of the World's Great Physicists*, Boston, New Science Library, 1985, p. 153.

39. Voir par exemple l'article « The Mystery of our Being » et l'entretien avec Planck dans le recueil édité par K. Wilber, *Quantum Questions : Mystical Writings of the World's Great Physicists*, Boston, New Science Library, 1985, chapitre17. Ils sont extraits de son livre *Where is Science Going ?*, New York, Norton, 1932. Voir aussi M. Planck, « Religion and Natural Science », dans *Scientific Autobiography and Other Papers*, New York, 1949.

40. Lettre à I. Rosenthal-Schneider (30 mars 1947), original en allemand et traduction anglaise dans I. Rosenthal-Schneider, *Reality and Scientific Truth*, Detroit, Wayne State Press, 1980, p. 56-7. Rosenthal-Schneider lui avait posé la question des recherches faites sur les relations entre les constantes et notamment sur les tentatives d'Eddington dans ce sens.

41. M. Planck, « Über irreversible Strahlungsvorgänge », *S.-B. Preuss Akad. Wiss.* 5, 440-480 (1890). Également publié dans *Ann. d. Physik* 11, 69 (1900). *Theorie der Warmestrahlung*, Leipzig, Barth, 1906. Traduction anglaise *The Theory of Heat Radiation*, trad. M. Masius, New York, Dover, 1959.

42. Ces quantités sont définies dans une discussion identique publiée dans ses articles de 1899 et 1900 et furent plus largement rendues publiques dans une série de conférences données à Berlin en 1906/7. Ces conférences sont ensuite parues dans *Theorie der Warmestrahlung*, où on retrouve la même discussion des unités naturelles (« Natürliche Masseinheiten »).

43. Planck utilisait des symboles différents pour ces constantes : $f$ pour notre $G$, $b$ pour notre $h$, et $a$ pour notre $k$. Nous avons utilisé les symboles modernes. Le symbole $G$ a été introduit pour la constante de gravitation par A. König et F. Recharz, « Eine neue Methode zur Bestimmung der Gravitationsconstante », *Ann. Physik. Chem.* 24, 664-8 (1885).

44. La constante de Boltzmann n'est pas vraiment fondamentale comme $G$, $h$ et $c$. Il s'agit juste d'un facteur de conversion des unités d'énergie en unités de température.

45. La raison de la coexistence des unités naturelles de Stoney et Planck pour la masse, la longueur et le temps, avec des valeurs différant chacune d'un petit facteur est que la combinaison $e^2/hc$ est une constante sans dimension de la Nature égale en gros à 1/860 si on utilise les valeurs actuelles des constantes. Si on remplace juste $e^2$ par $hc$ dans les unités de masse, de longueur et de temps de Stoney nous obtenons les unités de Planck au facteur numérique près de la racine carrée de 860. Une unité naturelle de Stoney pour la température peut être créée de la même manière.

46. Il alla plus loin en proposant : « Nous choisissons maintenant les unités naturelles de sorte que dans le nouveau système de mesure chacune des quatre constantes précédentes prenne la valeur 1. » Cela revient à mesurer toutes les masses, longueurs, temps et températures dans les unités de Planck.

47. P. Drude, « Über Fernewirkungen », *Ann. der Physik* 62, i-xlix (supplément) (1898). Cela a été détaillé dans son manuel d'optique publié en 1900 et traduit par Mann et Millikan dans *The Theory of Optics*, New York, Longmans, Greens, 1902, voir p. ix, 527.

48. Quelques années plus tard, Drude soutient un choix qui est vraiment le même que celui de Planck. Il utilise $c$, $G$ et les deux constantes de rayonnement qui définissent celui du corps noir. Elles peuvent se réduire à $k$, la constante de Boltzmann et à $h$, la constante de Planck ; voir P. Drude, *The Theory of Optics*, New York, Longmans, Greens, 1902, p. 527, où il se réfère à la discussion de Planck de 1899. Il dit que « le système absolu est ainsi obtenu en supposant que les constantes de gravitation, de vitesse de la lumière et les deux constantes... dans la loi du rayonnement ont toutes la valeur 1 ».

49. Selon Focken, qui écrit en 1953, Eddington affirmait que la longueur de Planck devait être la clé d'une structure essentielle en raison de sa petitesse par rapport aux rayons du proton et de l'électron. Focken ne donne pas de référence pour ce que dit Eddington, mais il se réfère probablement à un rapport sur la relativité générale préparé pour la Physical Society of London en 1918 ; voir A. S. Eddington, *Report on the Relativity Theory of Gravitation*, Physical Society of London, Londres, Fleetway Press, 1918. Sur la dernière page de ce rapport, qui est devenu plus tard son texte sur la relativité (A. S. Eddington, *The Mathematical Theory of Relativity*, Cambridge, Cambridge University Press, 1923) Eddington y dérive l'unité naturelle de longueur de Planck et son texte contient le remarquable constat qu'« il y a d'autres unités naturelles de longueur – les rayons des charges positives et négatives – mais elles sont d'un ordre de grandeur beaucoup plus élevé... aucune théorie n'a essayé d'atteindre une définition aussi fine. Mais il est évident que cette longueur doit être la clé d'une structure essentielle. Il n'est pas désespéré qu'un jour nous arri-

vions à une connaissance plus claire des processus de gravitation ; et l'extrême généralité et recul de la théorie de la relativité pourrait apparaître au grand jour ». Percy Bridgman a aussi fait remarquer que l'énorme valeur de la température de Planck, même selon les critères astronomiques, indiquait qu'elle pourrait être associée avec un nouveau niveau fondamental de la structure cosmique ; voir P. W. Bridgman, *Dimension Analysis*, New Haven, Yale University Press, 1920.

50. M. Planck, *Scientific Autobiography and Other Papers*, trad. F. Gaynor, Londres, Williams & Norgate, 1950, p. 170.

51. A. Michelson, conférence publique à l'université de Chicago, cité dans *Physics Today* 21, 9 (1968) et *Light Waves and their Uses*, University of Chicago Press, 1961.

52. O. Wilde, *Phrases and Philosophics for the Use of the Young*, 1894, d'abord publié en décembre 1894 dans le magazine étudiant d'Oxford *The Chamaleon* ; voir *The Portable Oscar Wilde*, eds R. Aldington et S. Weintraub, New York, Viking, 1976.

# Chapitre 3
## Des standards suprahumains

1. A. Conan Doyle, « The Bruce-Partington Plans », *His Last Bow*, Oxford, Oxford University Press edition, 1993, p. 38 ; d'abord publié comme histoire dans *Strand Magazine* en 1907 puis sous forme de livre par John Murray, Londres en 1917. (Mycroft, le frère de Sherlock Holmes, est un génie au service de l'administration anglaise qui intervient dans quelques enquêtes du célèbre détective [NDT].)

2. S. W. Hawking et W. Israel, *Einstein : A Centenary Volume*, Cambridge University Press, 1987, p. 128.

3. Le « vide » est important. La lumière se déplace moins vite dans un autre milieu et il est possible qu'un mouvement se produise dans un milieu à une vitesse qui excède celle de la lumière dans ce milieu. Quand cela se produit, il se forme une bouffée de rayonnement (presque comme la détonation qui a lieu lorsque la vitesse du son est dépassée) appelée lumière Tcherenkov, du nom du physicien russe qui a découvert ce phénomène. Elle est très utile quand on détecte des particules très rapides du rayonnement cosmique arrivant de l'espace. Ce dernier est en pratique du vide, aussi en faisant entrer les particules qui s'y déplacent à une vitesse proche de celle de la lumière dans un milieu comme l'eau, elles s'y déplacent plus vite que la lumière, ce qui entraîne une émission de lumière Tcherenkov facile à détecter.

4. Voir J. D. Barrow, *Theories of Everything*, Londres, Oxford University Press, 1991.

5. La quête d'Einstein d'une théorie de champ unifiée revenait seulement à chercher le moyen d'unifier la gravité et l'électromagnétisme. Il semblait n'avoir aucun intérêt pour la force faible de la radioactivité et dans les forces nucléaires fortes. On peut dire que son programme d'unification ne jouait qu'avec la moitié des pièces du puzzle. En 1980 j'ai mentionné cela au physicien mathématicien Abraham Taub à Berkeley parce qu'il avait étroitement travaillé avec John von Neumann à Princeton et y avait aussi été en contact avec Einstein. Il me dit qu'il avait entendu Einstein répondre à cette objection en disant qu'il croyait qu'au bout du compte les forces faible et forte s'avéreraient être juste des aspects de la force électromagnétique. C'était un bon pressentiment puisque nous pensons que les forces faible et électromagnétique sont unifiées dans la théorie établie de Weinberg-Salam, tandis

que les théories qui y ajoutent les forces fortes existent aussi mais attendent confirmation par des tests d'observation.

6. Einstein aimait évaluer des théories entières par la « force » de leurs équations (voir par exemple la 5e édition de son livre, *The Meaning of Relativity*, Londres, Methuen, 1955). C'est en fait le nombre d'informations que l'on peut librement et indépendamment faire entrer dans les équations, ce que les mathématiciens appellent les « données initiales ». Einstein étend cette mesure de la solidité d'une théorie aux constantes de la Nature définissant ses solutions.

7. I. Rosenthal-Schneider, *Reality and Scientific Truth : Discussions with Einstein, von Laue, and Planck*, Detroit, Wayne State University Press, 1980, p. 32.

8. *Ibid.*, frontispice.

9. *Ibid.*, p. 34.

10. *Ibid.*, p. 38.

11. Par exemple, si nous calculons la circonférence d'un cercle de rayon R, nous la trouverons égale à $2\pi$R. Le facteur $2\pi$ est l'un de ces nombres « de base » ubiquitaires.

12. Cela signifie qu'ils peuvent utiliser une analyse dimensionnelle des problèmes de physique pour deviner la forme des équations exactes.

13. Si vous choisissez $e$, $h$ et c alors on a $e^2/hc$. Hartree a tiré profit de cela lorsqu'il a créé un ensemble d'unités pour les recherches en physique atomique qui utilisent $e$, $h$, $c$ et la masse de l'électron $me$.

14. Cela est juste égal au rapport des masses $(m_{pl}/m_{pl})^2 \approx (10^{-24} \text{ gm}/10^{-5} \text{ gm})^2 \approx 10^{-38}$ où $m_{pl}$ est la masse fondamentale de Planck.

15. Einstein souligne que ce procédé ne peut être suivi jusqu'au bout dans toute la physique actuellement car nous ne connaissons pas toutes les lois et formules qui la régissent.

16. À l'époque où Einstein écrivait sur ces sujets, les seules idées qui existaient sur le fait que les constantes prennent ces valeurs et pas d'autres étaient celles d'Eddington, qui n'avaient pas été accueillies avec un grand enthousiasme par les autres physiciens. Einstein fit un commentaire sur la numérologie d'Eddington dans une lettre ultérieure datée du 23 avril 1949 à Rosenthal-Schneider. Elle lui avait demandé si elle pouvait citer ses lettres dans l'ouvrage Library of Living Philosophers où elle devait écrire un article. Il répondit : « Vous pouvez faire usage de mes remarques dans votre traité ; il faut cependant dire que ce ne sont en aucun cas des affirmations catégoriques mais de simples conjectures fondées sur l'intuition. Eddington a fait de nombreuses suggestions ingénieuses, mais je ne les ai pas toutes suivies. Je trouve que c'était un homme curieusement dépourvu de sens critique à l'égard de ses propres idées. Il ressentait peu le besoin pour une construction théorique d'être logiquement très simple à partir du moment où elle offrait le moindre espoir d'être vraie. »

17. G. Gamow, « Any physics tomorrow ? », *Physics Today*, janvier 1949.

18. J. R. R. Tolkien, *The Lord of the Ring*, première partie, *The Fellowship of the Ring*, Londres, Unwin, 1954.

19. Quand l'univers a l'âge T, l'univers visible a la taille $c$T où $c$ est la vitesse de la lumière.

20. D'après le diagramme de B. J. Carr et M. J. Rees, « The anthropic principle and the structure of the physical world », *Nature* 278, 605 (1979).

21. Une masse d'environ $10^{-24}$ gm dans chaque volume de $(10^{-8} \text{ cm})^3$. C'est en gros la densité de l'eau, 1 gm par cc, et la plupart des autres solides, liquides et gaz ne varient pas beaucoup de cela en densité.

22. Programme de la télévision britannique *They Think It's All Over*, le 5 décembre 1999.

23. Cité dans T. A. Bass, *The Predictors*, Londres, Penguin, 2000, p. 172.

24. Pour schématiser. Les étoiles les plus distantes ne sont pas parfaitement au repos par rapport à nous mais leur mouvement est imperceptiblement faible. L'un des résultats de la théorie de la gravité et du mouvement d'Einstein qui a remplacé celle de Newton a été de se débarrasser de cet arrière-plan imaginaire de « l'espace absolu ». Newton lui-même fut critiqué par des philosophes comme Bishop Berkeley pour avoir introduit ce concept. Newton était conscient de cette faiblesse mais l'estima utile pour exprimer une théorie du mouvement extrêmement précise dans la description des mouvements locaux.

25. Le mouvement de rotation est toujours accéléré. Même si le mouvement a une vitesse constante, sa direction doit continuellement changer pour rester circulaire. Donc la vitesse change en permanence et accélère.


# Chapitre 4
## Plus générale, plus profonde, plus concise :
## la quête d'une Théorie du Tout

1. R. P. Crease, « Do physics and politics mix ? », *Physics World*, février 2001, p. 17.

2. Cité dans C. Pickover, *The Loom of God*, New York, Plenum, 1997, p. 26.

3. J. D. Barrow, *The Universe that Discovered Itself*, Londres, Oxford University Press, 1990, discute plus en détail le développement du concept de « lois » de la Nature.

4. On ne s'attend pas à ce que toutes les conséquences possibles des lois de la Nature existent dans la réalité. Le monde réel est ainsi un sous-ensemble de tous les mondes possibles. La question de savoir ce qu'on pourrait objecter à un monde dans lequel il y aurait des incohérences logiques dans les phénomènes découlant de ces lois est intéressante, mais ces incohérences n'apparaissent dans aucun résultat réel.

5. Cité dans J. A. Paulos, *I Think, Therefore I Laugh*, New York, Columbia University Press, 1985, p. 35.

6. Voir, par exemple, la réédition de G. Gamow, *Mr. Tompkins in Paperback*, Cambridge, Cambridge University Press, 1949. Une version mise à jour et plus étendue de quelques expériences éducatives de Mr Tompkins a été réalisée sous la direction éditoriale de Russell Stannard.

7. G. Gamow, *Mr Tompkins in Paperback*, p. 1.

8. La vitesse de la lumière a été brillamment calculée à partir de l'observation par l'astronome danois Olaüs Römer en 1676. Il remarqua que les intervalles de temps attendus qui s'écoulaient entre les éclipses de l'un des satellites de Jupiter s'allongeaient quand la Terre s'éloignait de Jupiter et raccourcissaient quand elle s'en rapprochait. Il trouva une différence moyenne de temps de 22 minutes entre les éclipses en faisant de multiples observations au cours d'une année. Römer attribua alors cette différence au fait que la lumière avait une vitesse finie. Ainsi, avança-t-il, il lui faut 22 minutes pour franchir une distance égale au diamètre de l'orbite terrestre. Cette distance était connue avec précision et lui permit d'obtenir une bonne estimation de la vitesse de la lumière, voir I. B. Cohen, *Roemer and the first determination of the velocity of light*, Burndy Library, 1942.

9. On doit reconnaître à Gamow une certaine liberté artistique ici. Comme nous l'avons expliqué au dernier chapitre, faire varier une constante de la Nature comme la vitesse de la lumière ne conduit à aucune différence d'observation dans le monde si d'autres constantes varient également de sorte que toutes les constantes sans dimension restent les mêmes.

10. La valeur non nulle de $h$ est importante pour la stabilité de la matière. Si l'énergie d'un atome pouvait changer arbitrairement d'une petite quantité, alors tous les atomes deviendraient très différents. Les chocs des atomes entre eux et les rayonnements changeraient leur niveau d'énergie tout le temps. La constante $h$ est assez grande pour éviter que les atomes ne soient poussés dans leur niveau suivant d'énergie autorisé à moins d'un « coup » très fort.

11. Selon L. B. Okun, le physicien russe Matveí Bronstein fut le premier à introduire dans les années 1930 cette représentation des constantes. Bronstein fut malheureusement assassiné par Staline en 1938 alors il n'était âgé que de 32 ans. Une biographie de lui existe en russe, par G. E. Gorelik et V. Ya. Frenkel, *Matveí Petrovich Bronstein*, Moscou, Nauka, 1990.

12. Selon David Singmaster tel que rapporté dans M. Stueben et D. Sandford, *Twenty Years before the Blackboard*, Washington DC, Math. Assoc. of America, 1998, p. 95.

13. Voir note 8 ci-dessus.

14. Jusqu'à présent, il n'est pas possible de prédire ce qui pourrait rester après l'explosion finale. On a suggéré beaucoup de choses, allant de rien à tout, en passant par un trou dans l'espace et le temps, une percée dans un autre univers, ou juste une masse stable et finie.

15. Nous ne savons pas, par exemple, si la constante de structure fine est un nombre rationnel ou irrationnel.

16. D.M. Wilson, *Awful Ends : The British Museum Book of Epitaphs*, Londres, British Museum Publications, 1992, p. 87.

17. C. Butler, *Number Symbolism*, Londres, Routledge & Kegan Paul, 1970.

18. Le nième nombre triangulaire est égal à n(n + 1)/2.

19. En général, $n^2$ est égal à la somme des n premiers nombres impairs en commençant par 1.

20. Alexandre d'Aphrodisias, un commentateur d'Aristote, dans sa *Metaphysica*, 38, 10 cité par W. Guthrie, *History of Greek Philosophy*, vol. 1, Cambridge, Cambridge University Press, 1962, p. 303-4.

21. Tous les nombres parfaits peuvent s'exprimer sous la forme $2^N(2^{N+1} - 1)$ avec des valeurs particulières de N. Le grand mathématicien suisse Leonard Euler a montré que tous les nombres parfaits pairs sont sous cette forme si $2N + 1 - 1$ est un nombre premier. Personne ne sait si les nombres parfaits impairs existent.

22. Les nombres premiers, tels que 7 ou 23, n'ont d'autres diviseurs que un et eux-mêmes. Euclide a montré qu'il y en avait une infinité par un raisonnement de toute beauté. Supposez qu'ils sont en nombre fini. Multipliez-les tous entre eux et ajoutez 1. Alors ce nombre n'est divisible par aucun terme de la multiplication puisqu'il restera 1. Donc soit ce nombre est premier soit il est divisible par un nombre premier plus grand que le dernier de la liste d'origine. Dans chaque cas, cela contredit l'hypothèse de départ que la liste des nombres premiers est finie. Donc le nombre de nombres premiers ne peut être fini.

23. Plus d'un millier de nombres amis ont été découverts. Les plus grands sont 1 184 et 1 210, 2 620 et 2 924, 5 020 et 5 564, 6 232 et 6 368, 10 744 et 10 856.

24. Dans le livre de la Genèse 32, verset 14, le nombre ami 220 apparaît quand Jacob donne en cadeau à Ésaü 220 chèvres. Cela implique que la relation soit scellée par le don réciproque de 284 choses.

25. D'après Trachtenberg, *Jewish Magic and Superstition*, cité par C. Pickover, *The Loom of God*, New York, Plenum, 1997, p. 80.

26. *Theon de Smyrne. On the Tetraktys and the Dead*, cité par C. Butler, *Number Symbolism*, Londres, Routledge & Kegan Paul, 1970, p. 9.

27. H. Weber, *Lehrbuch der Algebra*, vol. 3, New York, Chelsea, 1908, section 125. Cet exemple est cité par I.J. Good dans Dept. statistics, Virginia Polytechnic Inst. Technical Report, non publié, *Physical Numerology*, 30 décembre 1988, p. 1.

28. Cela faisait partie d'un poisson d'avril de Martin Gardner dans sa chronique de la revue *Scientific American* d'avril 1975, p. 127. (Le canular était révélé en p. 112 du numéro de juillet 1975 de la même revue.) On peut prouver qu'il existe des nombres rationnels égaux à un nombre irrationnel à une puissance irrationnelle mais je n'en connais aucun exemple explicite. La démonstration est un bel exemple de preuve par l'absurde. Considérons le nombre x égal à $\sqrt{2}$ élevé à la puissance $\sqrt{2}$. Ce nombre n'est ni rationnel ni irrationnel. S'il est rationnel nous avons prouvé ce que nous cherchions, donc supposons qu'il soit irrationnel. Élevons-le encore à la puissance $\sqrt{2}$ et nous avons $x^{\sqrt{2}} = (\sqrt{2})^{\sqrt{2} \times \sqrt{2}} = (\sqrt{2})^2 = 2$ qui est rationnel et égal à un irrationnel élevé à une puissance irrationnelle, par hypothèse ! Pour un exemple explicite, $\exp(\ln 2) = 2$.

29. La version autorisée fut le résultat de l'Hampton Court Conference de 1604 convoquée par Jacques I$^{er}$ pour réunir les membres du haut et bas clergé. « L'Authorised Version » (bien qu'elle ne fût pas « autorisée » de quelque manière officielle que ce soit) parut en 1611. Elle repose largement sur les textes traduits par William Tyndale avec des éléments de John Wyclif. William Shakespeare a vécu de 1546 à 1616.

30. Les premières et dernières strophes du psaume 46 sont (avec les 46$^e$ mots en partant du début ou de la fin en majuscules !) :

> God is our refuge and strength,
> A very present help in trouble.
> Therefore will not we fear, though the earth be removed,
> And though the mountains be carried into the midst of the sea ;
> Though the waters thereof roar and be troubled,
> Though the mountains SHAKE with the swelling thereof
> ...
> He breaketh the bow, and cutteth the SPEAR in sunder ;
> He burneth the chariot in the fire.
> « Be still, and know that I am God :
> I will be exalted among the heathen, I will be exalted in the earth ».
> The Lord of hosts is with us ;
> The God of Jacob is our refuge.

31. G. N. Lewis et E.Q. Adams, *Phys. Rev.* 3, 92 (1914).

32. A. S. Eddington, *Proc. Roy. Soc.*, A 122, 358 (1930). Notez que Eddington pensait à l'époque que $1/\alpha$ était un nombre entier. Cela restait possible à ce moment-là en raison des incertitudes expérimentales liées à sa mesure.

33. A.M. Wyler, C. Rendus, *Acad. Sci.*, Paris B 269, 743 (1969) et B271, 186 (1971).

34. H. Aspden et D.M. Eagles, *Phys. Lett.*, A 41, 423 (1972).

35. C. Pickover, *Computers and the Imagination*, New York, St Martin's Press, 1991, p. 270.

36. B. Robertson, *Phys. Rev. Lett.*, 27, 1545 (1971).

37. T. J. Burger, *Nature* 271, 402 (1978).

38. W. Heisenberg, lettre à Paul Dirac, 27 mars 1935, cité dans H. Kragh, Dirac : *A Scientific Biography*, Cambridge, Cambridge University Press, 1990, p. 209.

# Chapitre 5
## La symphonie inachevée d'Eddington

1. A. S. Eddington, *The Expanding Universe*, Cambridge, Cambridge University Press, 1933, p. 126.

2. R. Scruton, *The Intelligent Person's Guide to Philosophy*, cité dans le *Times Higher Educational Supplement*, 4 mai 2001, p. 19.

3. A.V. Douglas, *The Life of Arthur Stanley Eddington*, Londres, Nelson, 1956, planche II.

4. *Ibid.* ; H.C. Plummer, Arthur Stanley Eddington 1882-1944, Obituary Notices of Fellows of the Royal Society, V, 1945-8, p. 113-125 ; C.W. Kilmister, *Men of Physics : Sir Arthur Eddington*, Oxford, Pergamon, 1966 ; E.T. Whittaker, Arthur Stanley Eddington, *Dictionary of National Biography*, 1941-50, p. 230-3 ; W.H. McCrea, « Recollection of Sir Arthur Eddington », Contemporary Physics 23, 531-40 (1982).

5. D.L. Sayers, *Have His Carcase*, Londres, Victor Gollancz, 1932. Ce titre mime en argot londonien la prononciation de l'Habeas Corpus, la loi qui exige que l'accusé soit présenté avec la preuve contre lui devant un juge. La citation est de la p. 206 de l'impression de 1948.

6. Son successeur, R.O. Redman, écrit que « Eddington aimait la foule. Durant une période de l'année, tous les dimanches de la saison de football, il allait voir non pas le rugby apprécié d'habitude par les professeurs de Cambridge mais les matchs de football professionnel avec leur foule de supporters des classes populaires », cité dans A.V. Douglas, *Arthur Stanley Eddington*, Londres, Nelson, 1956, p. 122.

7. Chaire d'astronomie et de philosophie expérimentale fondée à l'Université de Cambridge en 1704 par Thomas Plume. On compte parmi ses illustres détenteurs Arthur Eddington (de 1913 à 1944) et Fred Hoyle (de 1958 à 1972) [NDT].

8. Nom donné à la chaire de mathématiques fondée en 1663 à l'Université de Cambridge par un généreux donateur, Henry Lucas. Elle a été notamment détenue par Sir Isaac Newton (de 1669 à 1701), Paul Dirac (de 1932 à 1969) et elle l'est actuellement depuis 1980 par Stephen Hawking [NDT].

9. A. S. Eddington, *The Philosophy of Physical Science*, Cambridge, Cambridge University Press, 1939, p. 58.

10. Après la mort précoce d'Eddington en novembre 1944, le manuscrit fut publié sous le titre *Fundamental Theory* par la Cambridge University Press en 1946 sous la responsabilité éditoriale de E.T. Whittaker, ami d'Eddington et son ancien mentor. Le titre fut choisi par Whittaker. Par la suite, N.B. Slater essaya d'expliquer la méthodologie du travail d'Eddington dans *Developement and Meaning of Eddington's Fundamental Theory*, Cambridge, Cambridge University Press, 1957, elle a aussi été vue en profondeur par A. Taub, *Mathematical Review* 11, 144 (1950). C. Kilmister et B.O.J. Tupper, *Eddington's Statistical Theory*, Oxford, Clarendon Press, 1962.

11. A. S. Eddington, Address to the British Association, 1920, *Observatory* 43, 357-8 (1920).

12. Car il a dit : « Un électron ne saurait pas de quelle taille il devrait être à moins qu'il n'existe des longueurs indépendantes dans l'espace pour qu'il puisse s'y mesurer. » A. S. Eddington, *The Mathematical Theory of Relativity*, Cambridge, Cambridge University Press, 1923, p. 33.

13. En fait seulement le nombre dans la partie de l'Univers en principe visible, étant donné le caractère fini de la vitesse de la lumière. Le nombre de protons dans tout l'Univers pourrait être infini ou fini suivant la géométrie globale de l'espace.

14. Il disposait d'estimations de la densité et de la taille de l'Univers données par l'astronomie et pouvait ainsi calculer la masse en les multipliant. En divisant cette masse totale par la masse d'un proton il obtient le nombre de protons dans l'Univers. Ce calcul lui a probablement pris 30 secondes. Exprimer la réponse par un seul nombre entier est une tâche fastidieuse qui a dû lui prendre plus de temps.

15. A. S. Eddington, *New Pathways in Science*, Cambridge, Cambridge University Press, 1935, p. 232.

16. *Ibid.*, p. 233 et p. 234.

17. *Ibid.*, p. 234.

18. Bien qu'Eddington était très préoccupé par ces « grands » nombres de l'ordre de $10^{40}$ et de ses puissances, il ne fut pas premier à découvrir leur existence lorsque l'on combine des constantes de la Nature. Cette découverte fut faite par Herman Weyl en 1919. Il nota : « Il est un fait que des nombres purs apparaissent avec l'électron, dont les magnitudes sont totalement différentes de 1 ; ainsi, par exemple, le rapport du rayon de l'électron au rayon gravitationnel de sa masse est de l'ordre de $10^{40}$ ; le rapport du rayon de l'électron au rayon du monde pourrait avoir des proportions similaires », *Ann. Physik* 59, 129 (1919) et *Naturwissenschaften* 22, 145 (1934).

19. A. S. Eddington, *The Philosophy of Physical Science*, Cambridge, Cambridge University Press, 1939, p. 69.

20. Ce sont $[136 \pm \sqrt{18456} \div 20 = [136 \pm 135,85286] \div 20 = 13,5926$ ou 0,007357 aussi le rapport est 1 847,57.

21. A. S. Eddington, *New Pathways in Science*, Cambridge, Cambridge University Press, 1935, p. 251. Son explication était : « Il semble probable, par un argument plutôt précaire, que lorsqu'un nombre de charges électriques forme un système parfaitement rigide, 1/137 de leur masse est perdue. Comme le noyau atomique est approximativement rigide, cela devrait donner une détermination approximative de la "fraction utilisée" », *Proc. Roy. Soc.* A 126, 696 (1930).

22. V. A. Fock, cité par George Gamow dans *Biography of Physics*, Harper & Row, New York, 1961, p. 327. Fock était un physicien soviétique influent qui essaya de rendre Einstein et son travail politiquement acceptables durant l'époque stalinienne. Il a notamment renommé la théorie de la relativité d'Einstein « la théorie de l'invariance » pour contrer l'accusation qu'elle s'opposait d'une certaine manière à la vérité absolue du matérialisme dialectique. Son texte connu sur la théorie de la relativité générale d'Einstein, *The Theory of Space, Time and Gravitation* publié dans une traduction chez Pergamon (Oxford, 1959) contient une fameuse remarque préliminaire comme quoi ce livre n'était possible qu'en raison de l'influence positive du matérialisme dialectique.

23. B. Beck, H. Bethe et W. Riezler, *Naturwissenschaften*, 19, 29 (1931). La traduction est ici de Max Delbrück, dans *Cosmology, Fusion, and Other Matters*, Bristol, ed. F. Reines, Adam Hilger, 1972. Il faut noter qu'à cette époque certains considéraient sérieusement que la constante de structure fine puisse être liée au concept de

température. Paul Dirac s'intéressait à cette possibilité et elle était aussi envisagée par Heisenberg qui mentionne sa déception à ce sujet dans une lettre à Dirac quelques années plus tard, écrivant le 27 mars 1935 : « Je ne crois plus du tout à votre conjecture que la constante de structure fine de Sommerfeld ait quelque chose à voir avec le concept de température... Je suis plutôt convaincu que l'on doit déterminer $e^2/hc$ dans la théorie entière », cité dans H. Kragh, *Dirac : A Scientific Biography*, Cambridge, Cambridge University Press, 1990, p. 209.

24. Selon Delbrück, ref. 21, c'était A. V. Das.

25. Born se référa à ce petit livre comme son « essai anti-Eddington et Milne » dans une lettre à Einstein l'année suivante, voir M. Born, *Albert Einstein – Max Born, Briefwechsel 1916-1955*, Hambourg, Rowohlt, 1972, lettre du 10 octobre 1944.

26. M. Sresden, H. A. *Kramers : Between Tradition and Revolution*, New York, Springer, 1987, p. 518.

27. J. D. Barrow et F. J. Tipler, *The Anthropic Cosmological Principle*, Londres, Oxford University Press, 1986, p. 231.

28. U. Dudley, *Numerology, or what Pythagoras wrought*, Washington DC, Math. Assoc. of America, 1997, p. 7.

29. J. Jeans, *The Growth of Physical Science*, Cambridge, Cambridge University Press, 1947, p. 357.

30. Lettre à Dingle citée dans J. G. Crowther, *British Scientists of the Twentieth Century*, Londres, Routledge & Kegan Paul, 1952, p. 194.


# Chapitre 6
# Le mystère des très grands nombres

1. P. Valéry, *Variété IV*.

2. C'est la région définie comme étant celle où la lumière a eu le temps de voyager depuis que l'expansion a apparemment commencé. C'est une sphère de rayon approximatif 13 milliards d'années centrée sur nous-mêmes.

3. Car chaque force diminue en proportion inverse du carré de la distance de séparation.

4. Ceci est en gros égal à son énergie multipliée par son âge.

5. En 1980, on a porté un intérêt considérable à la possibilité que le proton puisse être instable avec une demi-vie proche de $10^{31}$ années (un moment, il y eu des annonces, finalement non confirmées, que cette décroissance avait été détectée). Je fis remarquer à l'époque que le rapport de cette durée de vie prédite au temps fondamental de Planck était d'environ $10^{80}$, voir J. D. Barrow, « The Proton Half-life and the Dirac Hypothesis », *Nature*, 282, 698-9 (1979).

6. Remarque faite par Gamow à Niels Bohr en voyant l'article de Dirac sur l'Hypothèse des Grands Nombres dans *Nature*, G. Gamow, « History of the Universe », *Science* 158, 766-9 (1967). Dirac s'était marié juste un mois avant que l'article fût écrit.

7. Voir note 8 du chapitre précédent [NDT].

8. P. A. M. Dirac, « A New Basis for Cosmology », *Proc. Roy. Soc.* A 165, 199-208 (1938).

9. Dirac remarqua que « Les arguments d'Eddington ne sont pas toujours rigoureux... [mais] $10^{39}$ et $10^{78}$ sont tellement énormes qu'il faut penser à un type d'explication entièrement différent pour eux ».

10. P. A. M. Dirac, *Nature* 139, 323 (1937) et *Proc. Roy. Soc.* A 165, 199 (1938). Dirac veut dire que les valeurs de toute paire distincte de constantes de la Nature sans dimension doivent être proportionnelles, avec une constante de proportionnalité proche de 1, disons un dixième ou dix, peut-être composée de facteurs numériques purs comme 2 et $\pi$. Les facteurs numériques qui sont très grands ou très petits, un million par exemple, ne seraient pas permis.

11. La conclusion que $N \propto t^2$ a ensuite conduit Dirac à dire (P. A. M Dirac, *Proc. Roy. Soc.* A 333, 403 (1973)), de façon complètement erronée, que ce résultat exigeait la création continue de protons. Tout ce que cela nous dit, en fait, est que plus l'univers avance en âge, plus il y a de protons devenant visibles dans notre horizon.

12. Cette hypothèse est bien sûr capable de nous dire pourquoi les différentes séries de constantes $N_1$, $N_2$ et $\sqrt{N}$ sont de grandeur similaire mais pas pourquoi celle-ci est proche maintenant de $10^{40}$.

13. Dingle fut le critique le plus acharné, qui présentait les théories à la fois de Milne et de Dirac comme des exemples d'une combinaison de « paralysie de la raison avec intoxication par l'imagination... Au lieu d'induire des principes à partir de phénomènes, on nous sert une pseudoscience de cosmythologie invertébrée et nous sommes invités à nous suicider pour éviter de devoir mourir ». H. Dingle, « Modern Aristotelianism », *Nature* 139, 784 (1937).

14. P. A. M. Dirac, « The Relation between Mathematics and Physics », *Proc. Royal Society* (Edinburgh) 59, 129 (1937).

15. La luminosité du Soleil est proportionnelle à $G^7$ et le rayon de l'orbite terrestre autour du Soleil est proportionnel à $G^{-1}$ aussi la température moyenne à la surface de la Terre est proportionnelle à $G^{9/4} \propto t^{-9/4}$.

16. E. Teller, *Phys. Rev.* 73, 801 (1948).

17. Un changement dans la valeur de $e$ n'affecte pas l'orbite de la Terre autour du Soleil, tandis que la luminosité du Soleil est proportionnelle à $e^{-6}$ aussi la température moyenne à la surface de la Terre est proportionnelle à $t^{-3/4}$ et l'ère des océans en ébullition serait repoussée trop loin dans le passé pour être un problème dans notre histoire biologique.

18. P. A. M. Dirac, lettre à Gamow, citée par H. Kragh, *Dirac : A Scientific Biography*, Cambridge, Cambridge University Press, 1990, p. 236, original à la Library of Congress, collection des manuscrits.

19. À l'époque, on estimait l'âge de l'Univers à six milliards d'années. Nous savons maintenant que c'était une sous-estimation notable en raison d'une mauvaise calibration des distances aux galaxies, laquelle fut corrigée en 1953.

20. A. Hodges, Alan Turing : *The Enigma of Intelligence*, Londres, Hutchinson, 1983.

21. J.B.S. Haldane, « Radioactivity and the Origin of Life in Milne's Cosmology », *Nature* 158, 555 (1944) ; voir aussi *Nature* 139, 1002 et l'article d'Haldane dans *New Biology*, No. 16, Londres, eds M. L. Johnson, M. Acrombie et G. E. Fogg, Penguin, 1955.

22. Tel un index, bien que simple annonce
    Du livre qui le suit, laisse voir
    Une image en petit de la masse énorme
    Des choses qui seront développées ensuite.

    Éd. Aubier 1969. Traduction d'Aurélien Digeon.

23. Voir C. Will, *Theory and Experiment in Gravitational Physics*, Cambridge, Cambridge University Press, 1981, p. 181.

24. R.H. Dicke, « Principle of Equivalence and Weak Interactions », *Rev. Mod. Phys.* 29, 355 (1957).

25. E. A. Milne, *Modern Cosmology and the Christian Conception of God*, Londres, Oxford University Press, 1952, p. 158.

26. Nous entendons par là les éléments chimiques plus lourds que l'hélium.

27. P. A. M. Dirac, lettre à Heisenberg, 6 mars 1967, cité par L. M. Brown et H. Rechenberg, dans B. Kursunoglu et E. Wigner (eds), *Paul Adrien Maurice Dirac. Reminiscences about a Great Physicist*, Cambridge, Cambridge University Press, 1987, p. 148.

28. Dirac à Gamow, 20 novembre 1967, cité dans H. Kragh, *Dirac : A Scientific Biography*, Cambridge, Cambridge University Press, p. 238.

29. E. Mascall, *Christian Theology and Natural Science*, Londres, Longmans, 1956, p. 43. Mascall renvoie à un « article non publié » de Whitrow. Quand j'ai posé la question à ce sujet au professeur Whitrow en 1979, il me répondit en s'excusant : « Je n'ai aucun souvenir de ce qui a pu arriver à cet "article non publié". »

30. W. C. Fields, *You're Telling Me*, 1934.

31. K. Jaspers, *The Origin and Goal of History*, trad. M. Bullock, Westpoint, Greenwood Press, 1976, p. 237, d'abord publié en 1949 sous le titre de *Vom Ursprung und Ziel der Geschichte*. Je suis reconnaissant à Youri Balashov d'avoir attiré mon attention sur ce travail.

32. Le fait que le nombre d'étoiles dans une galaxie est grossièrement égal à celui du nombre de galaxies dans l'Univers visible est une coïncidence intéressante (qui s'explique partiellement par le fait que nous avons le plus de chances de vivre au moment où les étoiles brillent). Les deux nombres sont voisins de cent milliards. Dans un lointain futur (s'il y a des étoiles et des galaxies) l'Univers observable sera plus gros et contiendra plus de galaxies.

33. Ceci est rapporté dans Albrecht von Haller, *Elementa Physiologiae*, vol. 5, Londres, 1786, p. 547.

34. Ces estimations sont dues à Mike Holderness, « Think of a Number », *New Scientist*, 16 juin 2001, p. 45.


# Chapitre 7
# La biologie et les étoiles

1. D. Adams, *The Restaurant at the End of the Universe*, Londres, Pan, 1980, p. 84.

2. Pour des images de ces événements impressionnants, voir http://www.eso.org/outreach/info-events/sl9/images/ et rechercher dans le site www.seds.org.

3. Version modifiée de la figure 8.1 dans P. D. Ward et D. Brownlee, *Rare Earth*, New York, Copernicus, 2000, p. 165.

4. *Ibid.*, p. 173.

5. B. Carter, *Phil. Trans. Roy. Soc.* A 310, 347 (1983).

6. J. D. Barrow et F.J. Tipler, *The Anthropic Cosmological Principle*, Londres, Oxford University Press, 1986.

7. Il y a maintenant une vaste littérature sur cet « argument du dernier jour », voir par exemple J. Leslie, *The End of the World : The Science and Ethics of Human Extinction*, Londres, Routledge, 1996 ; H.B. Nielsen, « On Future Population », *Acta Phys. Polonica* B 20, 427 (1989) ; J. R. Gott, « Implications of the Copernican Prin-

ciple for our Future Prospects », *Nature* 363, 315-19 (1993) et « How the Copernican Principle is Consistent with a Bayesian Approach », *Nature* 368, 108 (1998). Pour une sélection d'autres articles voir le site web de Nick Bostrum à http://www.anthropic-principle.com/preprints.html.

8. Parce qu'il y a tellement plus de manières pour les deux moments d'être très différents plutôt que similaires.

9. M. Livio, « How Rare Are Extraterrestrial Civilizations and When Did They Emerge ? » *Astrophys. J.* 511, 429 (1999).

10. J. Laskar et P. Robutel, « The Chaotic Obliquity of the Planets », *Nature* 361, 608-12 ; voir aussi J. D. Barrow, *The Artful Universe,* Londres, Oxford University Press, 1995, p. 145-9.

11. M. O'Donoghue, cité dans le magazine *Playboy*, 1983.

12. F. Hoyle, *The Black Cloud*, Londres, Heinemann, 1957.

13. Citée dans *Observer*, 20 janvier 2002, p. 26.

14. J. R. Gott, *Time Travel in Einstein's Universe*, New York, Houghton Mifflin, 2001.

15. *Ibid.*, p. 221 ; d'abord publié dans le *Wall Street Journal.* Reproduit avec la permission de J. R. Gott.

16. A. Conan Doyle, « The Final Problem », *The Memoirs of Sherlock Holmes*, New York, Oxford University Press, 1993. « The Final Problem » fut d'abord publié dans le magazine *Strand* en décembre 1883 à Londres et à New York.

17. D'après Édouard VII, roi de Grande-Bretagne de 1901 à 1910 [NdT].

18. A. N. Whitehead, *Adventures of Ideas*, Cambridge, Cambridge University Press, 1933, partie 4, chapitre 16.

19. A. R. Wallace, *Man's Place in the Universe*, Londres, Chapman & Hall, 1903. Les références des pages correspondent à la 4$^e$ édition de 1912.

20. De façon surprenante, il n'y eut presque aucune tentative de donner une description newtonienne de l'Univers. L'exception la plus notable est le remarquable article de lord Kelvin (William Thomson) « On the clustering of Gravitational Matter in Any Part of the Universe », *Nature* 64, 626 (1901) et *Philosophical Magazine* 3, 1 (1902). Cet article est intégralement reproduit par E. R. Harrison, « Newton and the Infinite Universe », *Physics Today* 39, 24 (1986).

21. Il avance que s'il y avait 10 milliards d'étoiles, les vitesses deviendraient trop élevées. Dans des systèmes en gravitation qui contiennent une masse totale M, un rayon R et une vitesse moyenne de déplacement v, ces trois quantités sont en général reliées par la relation $v^2 \approx 2GM/R$, où $G$ est la constante de Newton.

22. A.R. Wallace, *Man's Place in the Universe*, Londres, Chapman & Hall, 4$^e$ édition, 1912, p. 248.

23. *Ibid.*, p. 255 et 261.

24. *Ibid.*, p. 256.

25. *Ibid.*

26. *Ibid.*, p. 256-7.

27. Il était particulièrement frappé par le fait que la détermination de la vitesse de la lumière par l'observation des éclipses des satellites de Jupiter correspondait à la valeur déterminée sur Terre, concluant : « Ces diverses découvertes nous donnent une certaine conviction que tout l'univers matériel est essentiellement un, à la fois en ce qui concerne l'action des lois de la physique et de la chimie et dans ses relations mécaniques de forme et de structure », Wallace, *ibid.*, p. 154.

# Chapitre 8
## Le principe anthropique

1. W. V. Quine, entretien pour la revue *Harvard Magazine*, cité dans R. Hersh, *What is Mathematics Really ?*, New York, Vintage, 1998, p. 170.

2. H. Pagels, « A Cozy Cosmology », *The Sciences*, mars/avril, 34 (1985) ; G. Kane, M. Perry et A. Zytkow, « The Beginning and the End of the Anthropic Principle », *New Astronomy* VII, 45-53 (2002).

3. D. A. Redelmeier et R. J. Tibshirani, *Nature* 401, 35 (1999) et *Chance* 13, 8-14 (2000).

4. N. Bostron, « Observational Selection Effects and Probability », thèse de PhD, voir www.anthropic-principle.com/phd/.

5. Un autre effet est que les voitures de la file d'à côté paraissent aller plus vite sur une autoroute chargée même quand la vitesse moyenne des voitures dans chaque file est la même. Cela parce que les voitures allant plus vite sont de plus en plus espacées tandis que le trafic dans la file plus lente devient plus dense.

6. *Traffic on Hollywood freeway*, © Bettman/Corbis.

7. E. R. Harrison, *Darkness at Night*, Cambridge, Harvard University Press, MA, 1987, p. 87.

8. G. Santayana, *The Sense of Beauty*, New York, Dover, 1955, première publication en 1896, p. 102-3.

9. F. Ramsey, *The Foundations of Mathematics and Other Logical Essays*, Londres, Kegan Paul, Trench and Trubner, 1931, p. 291.

10. Cette appellation fut trouvée plus tard, d'une manière un peu péjorative, par Fred Hoyle au cours d'une émission de radio en 1949 pour souligner le commencement spectaculaire requis dans la théorie classique de l'Univers en expansion. Elle fut reprise en 1950 dans la presse écrite.

11. Le taux d'expansion de l'Univers a des unités de temps inverse. L'inverse de l'expansion donne donc un temps qui est grossièrement égal à l'âge de l'Univers dans le modèle du Big Bang. Dans un Univers en état stationnaire, l'inverse du taux d'expansion a des unités de temps mais ne correspond pas au vrai âge de cet Univers qui est infini.

12. En fait, Holloway et Moore ont rapporté des données en faveur d'un état excité du carbone proche de 7 MeV en 1940 (*Phys. Rev.* 58, 847 (1940)), qui ont été intégrées dans les tableaux de données nucléaires publiés dans *Rev. Mod. Phys.* 20, 23 par une équipe dont Fowler était membre, mais elles n'ont pas été confirmées par les études ultérieures de Malm et Buechner, *Phys. Rev.* 81, 519 (1951) et semblent avoir été retirées des tableaux futurs. Je suis reconnaissant à Virginia Trimble de m'avoir donné cette information.

13. F. Hoyle, D. N. F. Dunbar, W. A. Wensel et W. Whaling, *Phys. Rev.* 92, 649 (1953). C. W. Cook, W. A. Fowler et T. Lauritsen, *Phys. Rev.* 107, 508 (1957).

14. Cela a été relevé par E. Salpeter, *Astrophysical Journal* 115, 326 (1952), et G.K. Öpik, *Proc. Roy. Irish Acad.* A54, 49 (1951).

15. F. Hoyle, *Astronomy and Cosmology : A Modern Course*, San Francisco, W.H. Freeman, 1975, p. 402.

16. H. Oberhummer, A. Csótó, et H. Schattl, *Science* 289, 88 (2000).

17. F. Hoyle, *Galaxies, Nuclei and Quasars*, Londres, Heinemann, 1965, p. 159-60.

18. *Ibid.*, p. 160.

19. F. Hoyle, *Religion and the Scientists*, Londres, SCM, 1959.

20. Ce qui était défectueux était passé sous silence. Pour une intéressante discussion de ces cas-là, voir George Williams, *Plan and Purpose in Nature*, Londres, Weidenfeld & Nicholson, 1996.

21. Charles Darwin fut très influencé par les listes d'arguments biologiques en faveur d'un Grand Dessein alignées par des auteurs comme William Paley, parce qu'il disait qu'elles lui servaient à voir tous les cas où il fallait trouver une autre explication ; voir J. D. Barrow et F. J. Tipler, *The Anthropic Cosmological Principle*, Oxford, Oxford University Press, 1986 pour une plus ample discussion.

22. Toutes ces différentes influences sont systématiquement discutées dans mon précédent livre *Theories of Everything*, Oxford, Oxford University Press, 1990 et New York, Vintage, 1992.

23. Il est important de reconnaître que ce type d'argument en faveur du Grand Dessein a joué un rôle en répertoriant d'innombrables exemples de desseins apparents dans le monde naturel. Ce fut cela qui motiva Wallace et Darwin à chercher une autre explication. Sans ces éléments ostentatoires en faveur d'un dessein apparent, aucune attention n'aurait été apportée sur le problème de leur trouver une explication par un mécanisme, voir J. D. Barrow et F. J. Tipler, *The Anthropic Cosmological Principle*, Oxford, Oxford University Press, 1986, chapitre 2.

24. F. Dyson, *Disturbing the Universe*, New York, Harper & Rowe, 1979.

25. H. Bondi, *Cosmology*, Cambridge, Cambridge University Press, 1952, le chapitre 13 est consacré aux Grands Nombres et aux constantes variables.

26. Ce qui n'est pas le cas. Nous savons que les phénomènes découlant des lois de la Nature ne possèdent pas les mêmes symétries que les lois elles-mêmes. Ils sont beaucoup plus compliqués et beaucoup moins symétriques que les lois.

27. *Ibid.*, p. 160.

28. B. Carter, « Large Number Coincidences and the Anthropic Principle in Cosmology », in M. S. Longair (ed.), *Confrontation of Cosmological Theories with Observational Data*, Dordrecht, Reidel, 1974, p. 291-8.

29. *Ibid.*, p. 292.

30. Whitrow a d'abord utilisé cette raison pour comprendre pourquoi nous trouvons un espace à trois dimensions, comme nous le verrons dans un prochain chapitre.

31. Carter fut étudiant puis enseignant au Department of Applied Mathematics and Theoretical Physics à Cambridge à l'époque où Dirac était professeur lucasien.

32. B. Carter, « The Anthropic Principe : Self-Selection as an Adjunct to Natural Selection », dans C.V. Vishveshwara (ed.), *Cosmic Perspectives*, Cambridge, Cambridge University Press, 1988, p. 187-8.

33. T. S. Eliot, « The Love Song of J. Alfred Prufrock », *Selected Poems*, Londres, Faber and Faber, 1994.

34. Adapté de M. Tegmark, *Annals of Physics* 270, 1-51 (1998), en utilisant les contraintes de Barrow et Tipler, *op. cit.*

35. Il ne manque que 70 KeV pour le réunir en pratique. Freeman Dyson a le premier relevé l'importance de cela.

36. Adapté de M. Tegmark, *Annals of Physics* 270, 1-51 (1998), en utilisant les contraintes de Barrow et Tipler, *op. cit.*

37. Woody Allen, cité dans le journal *Observer* du 27 mai 2001, p. 30.

38. Certains biologistes définiraient en fait la vie comme tout ce qui évolue par sélection naturelle.

39. Cela sera le cas si l'accélération est causée par la présence de la « constante cosmologique » qui représente l'énergie du vide de l'Univers. Il est possible

que d'autres formes de matière puissent mimer la présence d'une constante cosmologique pour une période définie de l'histoire cosmique avant de se dégrader en forme ordinaire de la matière qui ne produit pas d'expansion accélérée (voir J. D. Barrow, R. Bean, et J. Magueijo, *Mon. Not. R. Astron. Soc.* 316, L41-4 (2000)). Si cela se produit assez tôt alors le traitement de l'information ne disparaît pas forcément à la fin.

40. Une issue qui pourrait être possible dans le bon type d'univers serait que l'accélération soit produite par la présence d'une nouvelle forme de matière qui pourrait être utilisée comme une nouvelle source d'énergie. Cela ne résulterait probablement que dans la production d'une énergie non renouvelable plus une source d'énergie constante d'accélération qui ne pourrait être exploitée. Finalement, cette nouvelle source conduirait l'expansion et l'irréversible dégradation de l'information recommencerait.

41. Barrow et Topler, *op. cit.*, p. 668. Une discussion plus approfondie a été faite par L. Krauss et G. D. Starkman, *Astrophys. J.* 531, 22-30 (2000).

42. Cette accélération pourrait être due à une constante cosmologique positive, initialement proposée par Einstein dans sa première annonce de la théorie de la relativité générale. C'est comme un supplément à la loi de la gravité. À la différence de la loi du carré inverse de Newton, cette contribution augmente linéairement avec la distance. Elle s'interprète dans la nature comme une énergie du vide de l'Univers mais sa valeur est très mystérieuse, $10^{120}$ fois plus grande que sa valeur en unités « naturelles » de Planck.

43. Héros du conte fantastique du même nom écrit en 1819 par l'un des tout premiers auteurs américains Washington Irving (1783-1859). Colon hollandais d'Amérique, Rip Van Winkle s'endort après une soirée bien arrosée. À son réveil, vingt ans se sont écoulés, la guerre d'Indépendance a eu lieu et il est devenu citoyen des États-Unis d'Amérique... [NDT]

44. K. Gödel, « An example of a new type of cosmological solution of Einstein's Field Equations of Gravitation », *Review of Modern Physics* 21, 447-50 (1949).

45. M. R. Reinganum, « Is Time Travel Possible ? A Financial Proof », *Journal of Portfolio Management* 13, 10-12 (1986).

## Chapitre 9
## Modifier les constantes et réécrire l'histoire

1. D. Adams, *Mostly Harmless*, Londres, Heinemann, 1992, p. 25.

2. R. A. Heinlein, *The Number of the Beast*, Londres, New English Library, 1980, p. 14.

3. C'est une situation quelque peu hypothétique. On peut espérer comprendre pourquoi notre théorie finale ne peut être changée un tant soit peu sans détruire sa cohérence logique, mais il est difficile d'imaginer comment nous pourrions ne jamais savoir qu'il n'y a pas une théorie cohérente complètement différente qui ne soit pas dans un certain sens proche de notre soi-disant théorie finale.

4. Il pourrait sembler à première vue que ce stade est similaire à celui de la biologie avant la découverte de l'évolution par la sélection naturelle. Mais il en est assez différent. Il s'agit bien de la découverte d'une forme complète expliquant les lois et les constantes de la Nature. Mais même si nous les connaissions toutes nous ne pourrions prédire tous les états qui pourraient en émerger.

5. Cela ne signifie pas que tout l'Univers doit être sous tout rapport comme il est. Deux univers avec les mêmes lois et constantes de la Nature, et même des conditions initiales identiques, présenteront des développements de ces lois et une évolution différente dans le détail en raison de la brisure de symétrie et de l'incertitude quantique.

6. Carter, « Large Number Coincidences and the Anthropic Principle », dans *Confrontation of Cosmological Theories with Observational Data*, Dordrecht, ed. M. S. Longair, Reidel, 1974.

7. A. R. Wallace, *Man's Place in the Universe*, Londres, Chapman & Hall, 1903, p. 267.

8. M. Born, *Physics in My Generation*, Londres, Pergamon, 1956, p. 77.

9. S. Schaefer, *Independent*, 4 juin 2000, p. 6.

10. A. Guth, « The Inflationary Universe », *Phys. Rev.* D 23, 347 (1981) ; A. Guth, *The Inflationary Univers*, Reading, Addison Wesley, 1997.

11. Voir J. D. Barrow, *The Origin of the Universe*, Londres, Orion, 1994, pour un compte rendu de ces développements.

12. Cela en raison des irrégularités que contient l'Univers.

13. L'accélération est tellement rapide qu'il ne suffirait pour cela que d'une très brève période de temps, de $10^{-35}$ à $10^{-33}$ seconde.

14. Pour un plus long exposé de ce problème, voir J. D. Barrow et J. Silk, *The Left Hand of Creation*, New York, Basic Books, 1983 et Londres, seconde édition Penguin Books, 1995.

15. G. Smoot et K. Davidson, *Wrinkles in Time*, New York, Morrow, 1994. J. C. Mather et J. Boslough, *The Very First Light*, New York, Basic Books, 1996.

16. Préparée pour l'auteur par Rob Crittenden.

17. J. D. Barrow et F. J. Tipler, *The Anthropic Cosmological Principle*, Oxford, Oxford University Press, 1986.

18. A. Linde, « The Self-Reproducing Inflationary Universe », *Sci. American* n° 5, vol. 32 (1994).

19. Je dois avouer que j'ai toujours été troublé par cette justification pour l'étude de l'histoire. Il me semble que la plupart des problèmes majeurs dans le monde, de l'Irlande du Nord au Moyen-Orient, se sont posés parce que les gens connaissent trop l'histoire.

20. N. Ferguson (ed.), *Virtual History*, New York, Perseus Book, 1997.

21. D. Mackay, pour une plus ample discussion voir J. D. Barrow, *Impossibility*, Londres, Oxford University Press.

22. K. Amis, *The Alteration*, Londres, Penguin, 1988 qui imagine les conséquences si la Réforme anglaise n'avait jamais eu lieu.

23. L. Deighton, *SS-GB*, Londres, Jonathan Cape, 1978, dans lequel, en février 1941, les Britanniques se sont rendus, Churchill a été exécuté, le roi George VI est emprisonné dans la Tour de Londres et les SS dirigent la Grande-Bretagne à partir de Whitehall.

24. R. Harris, *Fatherland*, Londres, Hutchinson, 1992.

25. J. L. Borges, *Labyrinths*, New York, New Directions, 1964, p. 19.

26. M. Oakeshott, cité dans N. Ferguson (ed.), *Virtual History*, New York, Perseus Book, 1997, p. 6-7.

27. *Ibid.*, p. 6.

28. Ferguson (ed.), *Virtual History*, New York, Perseus Book, 1997, p. 86.

# Chapitre 10
# Nouvelles dimensions

1. H. Reichenbach, *The Philosophy of Space and Time*, New York, Dover, 1958, p. 281-2.

2. J. W. McReynolds, « George's Problem », *Scripta Mathematica* 15, 2 (juin 1949).

3. Portrait of Immanuel Kant, © AKG London.

4. I. Kant, « Thoughts on the True Estimation of Living Forces », dans J. Handyside (trad.), *Kant's Inaugural Dissertation and Early Writings on Space*, Chicago, University of Chicago Press, 1929.

5. La force gravitationnelle entre deux masses représentées par des points est proportionnelle à $1/r^2$, où r est la distance entre ces points dans l'espace.

6. Cela est également vrai pour les forces électrique ou électromagnétique.

7. Pour voir cela, considérons une masse située en un point. Entourez-la maintenant d'une surface sphérique. Les lignes de force qui attirent vers le point de la masse dans toutes les dimensions coupent chacune la surface sphérique en un point. C'est l'aire de cette surface qui nous dit à quelle puissance inverse de la distance agit la force. Dans un espace à trois dimensions, la surface sphérique est à deux dimensions et a une aire proportionnelle au carré de son rayon. De même, dans un espace à N dimensions la sphère a une aire traversée par les lignes de force qui est proportionnelle à son rayon à la puissance N-1.

8. I. Kant, cité dans C. Pickover, *Surfing though Hyperspace*, New York, Oxford University Press, 1999, p. 9.

9. Peut-être qu'ils auraient dû faire ces découvertes bien plus tôt. Imaginez que vous regardez des triangles, des lignes et des relations géométriques sur une surface plane en utilisant un miroir courbe. La géométrie euclidienne sera déformée dans celle d'une surface courbe. Mais il y aura encore une correspondance point par point entre les règles gouvernant la géométrie plane et celle dans l'espace déformé assurée par les lois de la réflexion de la lumière.

10. Qui critiquait l'étude de Mach sur les géométries à N dimensions.

11. Le challenge d'imaginer la vie à deux dimensions est arrivé avant celui de penser celle à quatre dimensions. Gauss a imaginé des créatures à deux dimensions, qu'il appelait « vers de livre », qui vivaient dans des feuilles infinies de papier. Helmholtz (1881) a mis ces vers à la surface d'une boule, leur donnant ainsi un monde d'étendue finie mais sans aucunes limites.

12. Cette idée a été depuis reprise périodiquement par plusieurs auteurs, qui ont à chaque fois ajouté des éléments géométriques et topologiques plus complexes ; par exemple, *Sphereland* (1964) de Dyonis Burger, *Planiverse* de Dewdney (Londres, Pan, 1984) et *Flatterland* (2001) de Ian Stewart.

13. Notamment Johann Zollner et les membres de la Psychical Society qui ont fait l'objet d'une satire dans le roman d'Oscar Wilde *The Canterville Ghost*.

14. J. C. F. Zollner, « On Space of Four Dimensions », *Quaterly Journal of Science* (nouvelle série) 8, 227 (1878).

15. B. Stewart et P. Tait, *The Unseen Universe*, Londres, Macmillan, 1884 aussi. Il a fondé la théorie des nœuds et découvert que les nœuds en trois dimensions pouvaient être défaits dans une quatrième dimension.

16. Pour un essai intéressant sur la relation entre Conan Doyle et Holmes, voir Martin Gardner, *The Irrelevance of Conan Doyle*, New York, Beyond Baker Street, ed. M. Harrison, 1976 ; repris dans M. Gardner, *Science : Good, Bad and Bogus*, New York, Prometheus Books, chapitre 9, 1981.

17. C. Hinton, *A Picture of Our Universe* (1884), voir *Speculations on the Fourth Dimension : Selected Writings of Charles Hinton*, New York, ed. R. Rucker, Dover, 1980, p. 41.

18. James Hinton avait même des conceptions médicales originales. Il écrivit un livre intitulé *The Mystery of Pain* dans lequel il avance la théorie que « tout ce que nous ressentons comme douloureux est en réalité un don – quelque chose qui est un mieux pour les gens, même si nous ne nous en apercevons pas ». Son fils Charles a ensuite essayé de donner une formulation mathématique à cette idée en utilisant une géométrie à plusieurs dimensions et des séries infinies !

19. C. Hinton, *Dublin University Magazine* 1880. Il fut réimprimé sous forme d'une brochure avec le titre « What is the Fourth Dimension : Ghosts Explained » par Swann Sonnenschein & Co. en 1884. M. Sonnenschein était un dévot des idées de Hinton et publia neuf brochures de plus dans les deux années qui suivirent. Elles furent ensuite réunies et publiées en deux volumes sous le titre *Scientific Romances*. Celles qui traitent des dimensions supplémentaires sont réimprimées dans C. Hinton, *Speculations on the Fourth Dimension : Selected Writings of Charles Hinton*, New York, ed. R. Rucker, Dover, 1980.

20. C. Hinton, « A Mechanical Pitcher », *Harper's Weekly*, 20 mars 1897, p. 301-2.

21. A. L. Miller, *Einstein, Picasso : Space, Time and the Beauty that Causes Havoc*, New York, Basic Books, 2001.

22. Pablo Picasso, *Portrait of Dora Maar*, 1937, © Succession Picasso/DACS 2002.

23. U. Eco, *Le Pendule de Foucault*.

24. A. Einstein, *Ann. de Physique* 35, 687 (1911).

25. A. Einstein, lettre à Ilse Rosenthal-Schneider, 13 octobre 1945, traduction anglaise et original en allemand dans I. Rosenthal-Schneider, *Reality and Scientific Truth : Discussions with Einstein, von Laue, and Planck*, Detroit, Wayne State University, 1980, p. 37.

26. G. E. Uhlenbeck, *American Journal of Physics* 24, 431 (1956). Uhlenbeck était un étudiant de Ehrenfest.

27. Aquarelle originale de Maryke Kammerlingh-Onnes, don gracieux de AIP Emilio Segrè Visual Archives.

28. Voici le texte de sa lettre : « Mes chers amis : Bohr, Einstein, Franck, Herglotz, Joffé, Kohnstamm, et Toman ! Je se sais absolument plus comment assumer ces prochains mois le poids de ma vie qui est devenue insupportable... Peut-être que je pourrais utiliser le reste de mes forces en Russie... Si de toute façon, il apparaît bientôt que je ne peux pas le faire, alors il est sûr que je me tuerai. Et si cela arrivait alors j'aimerais savoir que j'ai écrit, calmement et sans hâte, à vous dont l'amitié a joué un si grand rôle dans ma vie... Ces dernières années, j'ai eu de plus en plus de mal à suivre les développements de la physique et à les comprendre. Après avoir essayé, toujours plus énervé et tiraillé, j'ai finalement renoncé en désespoir de cause. Cela m'a complètement fatigué de la vie... Je me sens vraiment condamné à vivre surtout pour subvenir aux besoins économiques des enfants. J'ai essayé d'autres choses mais cela n'a été que d'un secours temporaire. Je me concentre donc de plus en plus sur les détails du suicide. Je n'ai aucune autre possibilité pratique que le suicide, et cela après avoir d'abord tué Wassik. Pardonnez-moi... que vous puissiez, vous et ceux qui vous sont chers, aller bien. »

29. P. Ehrenfest, « In what way does it become manifest in the fundamental laws of physics that space has three dimensions ? », *Proc. Amsterdam Academy* 20, 200 (1917) et *Annalen der Physik* 61, 440 (1920).

30. Les mathématiciens ont l'habitude de cette particularité. Il est fréquent qu'une conjecture générale de mathématiques soit décidée d'une manière ou d'une autre dans toutes les dimensions de l'espace excepté celle de trois. Dans ce cas, cela est particulièrement difficile de décider.

31. K. Kuh, *The Artist's Voice*, New York, Harper & Row, 1962, p. 42.

32. G. J. Whitrow, Brit. *J. Phil. Sci.*, 6, 13 (1955).

33. G. J. Whitrow, *The Structure and Evolution of the Universe*, Londres, Hutchinson, 1959.

34. C'est une question assez naturelle de se le demander parce que si la vitesse de la lumière est une constante de la Nature, quel que soit l'endroit où se trouvent les observateurs et la vitesse de leur déplacement, alors cela signifie qu'il y a un lien profond et fondamental entre l'espace et le temps. Les théories de la gravitation et du mouvement d'Einstein nous ont montré les conséquences de ce lien. Il en résulte que les physiciens parlent maintenant d'espace-temps à quatre dimensions plutôt que d'espace et de temps. Cette synthèse a été présentée pour la première fois par Hermann Minkowski dans une conférence intitulée « Space and Time » faite à des scientifiques à Cologne le 21 septembre 1908. Il commença par l'annonce : « Gentlemen ! Les points de vue sur l'espace et le temps que je souhaite vous présenter ont jailli du terreau de la physique expérimentale et c'est de là que vient leur force. Elles sont radicales. D'où il ressort que l'espace en lui-même, et le temps en lui-même, vont inéluctablement se dissiper en de simples ombres et seulement une sorte d'union des deux gardera son indépendance. » Ils imaginent l'espace-temps comme un bloc à quatre dimensions qui peut être découpé de nombreuses manières, chacune équivalente à une manière différente de définir le « temps ». Cette image d'une masse d'espace-temps est ancienne car elle découle assez naturellement d'une vue du monde sous un angle divin. Au XIII$^e$ siècle, Thomas d'Aquin écrivait : « Nous pouvons nous imaginer que Dieu connaît le passage du temps dans Son éternité, de la manière dont une personne se tenant au sommet d'une tour peut embrasser d'un seul regard le défilé d'une caravane entière de voyageurs. » T. Aquinas, *Compendium Theologiae*, cité dans P. Nahin, *Time Machines*, New York, AIP Press, 1993, p. 103. Le terme de « univers bloc » a été introduit par le philosophe d'Oxford Francis Bradley dans son livre *Principles of Logic* (1883) écrit plusieurs années avant l'exposé de Minkowski sur la description mathématique de l'espace-temps et le voyage dans le temps imaginé par George Orwell. Il écrit : « C'est comme si nous pensions que nous sommes assis dans un bateau et que nous descendons le cours du temps et que sur la rive il y a une rangée de maisons avec des nombres sur les portes. Nous allons à terre, frappons à la porte 19 et de retour dans le bateau nous nous trouvons tout d'un coup en face du 20 et après avoir refait la même chose, nous allons au 21. Et tout cela pendant que la rangée fixe du passé et du futur s'étend en un bloc derrière et devant nous. » Einstein semblait aussi partager ce point de vue où le futur est disposé déjà fait devant nous et où toute différence entre le passé, le présent et l'avenir n'est qu'illusion. Écrivant à la famille de son plus proche et ancien ami Michele Besso, quelques semaines après son décès en 1955, Einstein soulignait la nature illusoire du passé et du futur, sachant qu'il n'échapperait pas lui-même à sa propre maladie : « Et maintenant il m'a précédé de peu en disant adieu à ce monde étrange. Cela ne signifie rien. Pour nous physiciens fervents, la distinction entre passé, présent, et futur n'est qu'une illusion, même si elle est tenace. » Voir B. Hoffman, *Albert Einstein : Creator and Rebel*, New York, New American Library, 1972, p. 257.

35. Voir J. D. Barrow et F. J. Tipler, *The Anthropic Cosmological Principle*, Oxford, Oxford University Press, chapitre 4 et F. Tangerlini, « Atoms in Higher Dimensions », *Nuovo Cimento* 27, 636 (1963) ; J. D. Barrow, « Dimensionality », *Phil.*

*Trans. Roy. Soc.* A, 310, 337 (1983) ; I. Freeman, *American Journal of Physics* 37, 1222 (1969). L. Gurevich et V. Mostepanenko, *Phys. Lett.* A 35, 201 (1971) ; I. Rozental, *Soviet Physics Usp.* 23, 296 (1981).

36. Tiré de J. D. Barrow, *The Book of Nothing*, Londres, Jonathan Cape, 2000, d'après un diagramme fait par M. Tegmark, *Annals of physics* (NY), 270, 1 (1998).

37. John S. Harris (Brigham Young University) a soulevé un point intéressant d'une façon générale sur les machines à deux dimensions. Il a souligné la remarquable similitude existant entre les mécanismes planiversaux et la conception stériversale des pistolets. Il écrit ainsi à propos du pistolet militaire allemand Mauser que « ce remarquable pistolet automatique n'a ni pivots ni écrous dans ses parties fonctionnelles. Il opère uniquement par le glissement de surfaces à cames et de socles à deux dimensions. En fait, la platine d'un grand nombre d'armes à feu, particulièrement du XIX<sup>e</sup> siècle, suit pour l'essentiel des principes planiversaux ». Cité dans A. Dewdney (ed.), *A Symposium on Two-dimensional Science and Technology*, non publié, 1981, p. 181.

38. On voit cela se manifester en mathématiques, où des systèmes dynamiques ne commencent à présenter des comportements complexes et chaotiques que lorsque leur trajectoire a lieu dans les trois dimensions. Ce n'est qu'alors qu'elles peuvent prendre des formes compliquées en s'enroulant les unes autour des autres sans se couper.

39. J. Dorling, « The Dimensionality of Time », *Am. J. Phys.*, 38, 539 (1969). F.J. Yndurain, « Disappearance of matter due to causality and probability violations in theories with extra timelike dimensions », *Physics Letters* B 256, 15 (1991).

40. Ratibor est maintenant en Pologne et a été renommée Raciborz.

41. Kaluza, « Zum Unitätsproblem der Physik », Sitzungsberichte Preussische Academie der Wissenschaften, 96, 69 (1921).

42. O. Klein, *Zeit. f. Physik* 37, 895 (1926) réimprimé et traduit dans O. Klein, *The Oskar Klein Memorial Lectures*, Singapour, ed. G. Ekspong, World Scientific, 1991, p. 103.

43. P. Candelas et S. Weinberg, *Nucl. Phys.* B. 237, 397 (1984).

44. E. Wharton, *Vesalius in Zante*, cité dans C. Pickover, *Surfing through Hyperspace*, New York, Oxford University Press, 1999, p. 118.

45. S'il y a plus d'une dimension supplémentaire, alors R est la taille moyenne de toutes les dimensions supplémentaires.

46. Pour une description simple de la raison pour laquelle ce problème se pose et pourquoi il est résolu dans les théories des cordes, voir J. D. Barrow, *Theories of Everything*, Oxford, Oxford University Press, 1991, p. 22-3, 80-5, et M. Green, « Superstrings », *Scientific American*, n° de septembre (1986), p. 48.

# Chapitre 11
## Variations sur un thème constant

1. G. A. Cowan, *Scientific American*, vol. 255, juillet 1976, p. 41.

2. P. Levi, *The Periodic Table*, Londres, Abacus, 1986, p. 196-7. Pour le lecteur curieux, le métal que le collègue de Levi avait en sa possession s'est avéré être du cadmium.

3. R. Bodu, H. Bouzigues, N. Morin et J. P. Pfifelman, « Sur l'existence d'anomalies isotopiques rencontrées dans l'uranium d'Oklo », *Comptes Rendus Acad. Sci. Paris*, Series D 275, 1731 (1972).

4. Les isotopes sont des formes d'un même élément dont le noyau contient le même nombre de protons mais un nombre différent de neutrons. L'exemple le plus simple est celui de l'hydrogène dont le noyau contient seulement un proton et pas de neutron. Le deutérium, le plus petit isotope de l'hydrogène, a un noyau formé d'un proton et d'un neutron.

5. L'analyse a été faite par spectrométrie de masse. Les molécules d'hexafluorure d'uranium gazeux sont ionisées et accélérées avant d'être déviées en passant au travers d'un champ magnétique. L'amplitude de la déviation révèle la masse de la molécule. Cette technique est très précise. L'utilisation de l'uranium était exclue pour une teneur naturelle « normale » en uranium 235 de moins de 0,7202 ± 0,0006 % de l'isotope 238 tandis que les échantillons d'Oklo n'étaient qu'à 0,7171 ± 0,0007 %.

6. La valeur standard est de 0,007202 ± 0,00006.

7. On connaît sept isotopes du néodyme. L'un d'eux, le néodyme 142, n'est pas un produit de fission et peut servir à déterminer l'abondance des isotopes naturels du néodyme au site d'Oklo avant qu'ils n'aient été affectés par l'activité du réacteur.

8. M. Neuilly, J. Bussac, C. Frejacques, G. Nief, G. Vendryes et J. Yvon, « Sur l'existence dans un passé reculé d'une réaction en chaîne naturelle de fissions, dans le gisement d'uranium d'Oklo (Gabon) », *Comptes Rendus Acad. Sci. Paris*, Series D 275, 1847 (1972).

9. P. K. Kuroda, « On the Nuclear Stability of Uranium Minerals », *J. Chem. Phys.* 25, 1295-6 (1956).

10. George Cowan rapporte que George Wetherill de l'UCLA (Université de Californie) et Mark Ingham de l'Université de Chicago ont fait une prédiction moins détaillée en 1953. Ils étudiaient un dépôt de pechblende (une forme d'oxyde d'uranium pauvre en thorium, l'uraninite, qui cristallise en une solution colloïdale) et écrivirent : « [Nos] calculs montrent que 10 % des neutrons produits sont absorbés pour produire la fission. Le dépôt est ainsi au quart du chemin pour devenir une pile [un réacteur nucléaire]. Il est aussi intéressant d'extrapoler en se reportant à 2 000 millions d'années en arrière, quand l'abondance de l'uranium 235 était de 3 % au lieu de 0,7. Un tel dépôt était sûrement plus proche d'être une pile fonctionnelle. » Cité dans *Sci. American*, vol. 235, n° de juillet 1976, p. 40-1. L'article d'origine est G. W. Wetherill et M. G. Inghram, *Proc. Conf. Nucl. Processes Geol. Settings*, p. 30-2, Washington DC, Nat. Research Council (1953).

11. Le début de la phase critique daté à – 1,84 ± 0,07 milliard d'années (par la datation uranium-plomb) dépend du fait qu'il doit être assez ancien pour qu'il y ait eu assez d'uranium 235 mais pas trop pour qu'il y ait eu assez d'eau liquide pour produire la solution concentrée en oxyde d'uranium. La durée de vie du réacteur a été de 2,29 ± 0,7 × $10^5$ années, voir Y. V. Petrov, « The Oklo Natural Nuclear Reactor », *Sov. Phys. Usp.* 20, 937 (1977) et J. M. Irvine, R. Naudet, « The Oklo Nuclear Reactors : 1800 Million Years Ago », *Interdisciplinary Science Reviews* 1, 72 (1976).

12. Une reconstruction détaillée des événements a montré qu'il y a environ 1,8 milliard d'années, la disposition géologique particulière de cette partie du Gabon a facilité la création de réactions en chaîne autoentretenues dans six réacteurs nucléaires naturels. La puissance moyenne totale fournie durant les 200 000 ans d'activité du réacteur est plutôt faible, de l'ordre de 25 kilowatts.

13. M. Maurette, « Fossil Nuclear Reactors », *Ann. Rev. Nucl. Sci.*, 26, 319 (1976) ; J. C. Ruffenach, R. Hagemann et E. Roth, « Isotopic Abundance Measurements a Key to Understanding the Oklo Phenomenon », *Zeit Naturforsch.* 35A, 171 (1979).

14. H.G. Wells, *Tono-Bungay*, Londres, Waterlow & Sons, 1933, p. 215. Ce roman remarquable, publié pour la première fois en 1909, raconte l'aventure secrète du scientifique explorateur Gordon-Nasmyth pour ramener de la matière radioactive d'Afrique de l'Ouest, l'une des téméraires entreprises du magnat Ponderevo dont le remède miraculeux Tono-Bungay donne le titre au livre. Ils chargent des tonnes de terre « en putréfaction » valant leur pesant d'or sur leur bateau mais l'irradiation des fibres de bois de l'embarcation lui font perdre son étanchéité, et elle finit par sombrer. Les capitalistes ruinés sont secourus par un bateau de ligne de l'Union Castle.

15. Photo aimablement communiquée par Ilya Shlyakhter ; pour plus d'informations, voir le site web http://alexonline.info.

16. Y. Fujii et coll., « The Nuclear Reaction at Oklo 2 Billion Years Ago », *Nucl. Phys.* B 573, 381 (2000).

17. A. I. Shlyakhter, *Nature* 260, 340 (1976) ; A. I. Shlykhter, *Direct test of the time-independence of fundamental nuclear constants using the Oklo natural reactor*, ATOMKI Report A/I, Leningrad Nuclear Physics Institute, 1983.

18. T. Damour et F. Dyson, *Nucl. Phys.* B 480, 37 (1996).

19. Fujii et coll., *op. cit.* note 16.

20. L'analyse de Damour et Dyson peut s'interpréter en réunissant les intervalles de – 94 ± 26 meV et 46 ± 44 meV qu'ils ont choisi d'employer pour créer un seul intervalle (incluant désormais le point 0) délimité par les points – 120 meV < $\Delta E_\mathrm{r}$ < 90 meV.

21. Fujii et coll., *op. cit.* note 16, considère la capture d'un neutron par un isotope du gadolinium. C'est une approche prometteuse se fondant sur de nouveaux échantillons mais la contamination est un problème critique et il faut donc apporter des corrections significatives à l'analyse. Les choix les plus raisonnables sont en faveur de la branche droite de la solution dans le cas du samarium, ce qui est cohérent avec le déplacement nul en énergie de résonance dans trois des quatre échantillons analysés.

22. Les théories de Kaluza-Klein avec des dimensions supplémentaires de l'espace que nous avons vu au chapitre précédent prédisent que $\alpha$ et $\alpha_\mathrm{s}$ seront toutes deux proportionnelles à $R^{-2}$, où R est le diamètre moyen de toute dimension supplémentaire de l'espace, si R change avec le temps.

23. E. Teller, *Conversations on the Dark Secrets of Physics*, New York, Plenum, 1991, p. 87.

24. D. H. Wilkinson, *Phil. Mag.* (series 8) 3, 582 (1958).

25. F. Dyson, *Phys. Rev. Lett.* 19, 1291 (1967).

26. A. Peres, *Phys. Rev. Lett.* 19, 1293 (1967) ; S.M. Chitre et Y. Pal, *Phys. Rev. Lett.* 20, 278 (1968) ; T. Gold, *Nature* 218, 731 (1968).

27. *Observer*, 27 janvier 2002, p. 30.

28. F. Hoyle, *Comet Halley*, Londres, Michael Joseph, 1985.

29. J. von Neumann, *Collected Works*, New York, ed. A.H. Taub, Pergamon, 1961, vol. 6, article 39.

# Chapitre 12
## Rejoindre le ciel

1. O. Wilde, *The Critic as Artist* (1890) dans *The Portable Oscar Wilde*, eds R. Aldington et S. Weintraub, New York, Viking, 1976.

2. R. Browning, *The Poems of Robert Browning*, New York, Heritage Press, 1971.

3. G. Gamow, *Phys. Rev. Lett.* 19, 759 (1967). Une mesure a été tentée par M.P. Savedoff, « Physical Constants in Extra-Galactic Nebulae », *Nature* 178, 688-9 (1956).

4. R. Alpher, « Large Numbers, Cosmology and Gamow », *American Scientist* 61, 56 (1973). Reproduit avec la permission d'*American Scientist.*

5. J. Bahcall, W. Sargent et M. Schmidt, *Astrophys. J.* 149, L11 (1967).

6. J. Bahcall et M. Schmidt, « Does the Fine-Structure Constant Vary with Cosmic Time ? », *Phys. Rev. Lett.* 19, 1294-5 (1967).

7. M. J. Drinkwater, J.K. Webb, J. D. Barrow et V. V. Flambaum, *Mon. Not. Roy. Astron. Soc.* 295, 457 (1998).

8. Cela mesure en fait le caractère constant du produit $g_p\alpha^2$ où $g_p$ est le « facteur $g$ » du proton. Nous supposons ici que $g_p$ ne change pas.

9. Là encore, nous supposons que $g_p$ est constant.

10. L. L. Cowie et A. Songalia, *Astrophys. J.* 453, 596 (1995).

11. Cette limite exclut les incertitudes associées aux variations possibles des vitesses locales des sources de lignes.

12. On a déjà développé ces simulations en laboratoire pour prédire la position des lignes spectrales et des niveaux d'énergie des atomes. Elles ont été faites par Victor Flambaum et ses collègues à l'University of New South Wales.

13. L'amélioration de la sensibilité provient du fait que la sensibilité à $\alpha$ par rapport aux aspects relativistes de la structure atomique intervient sous la forme de $(\alpha Z)^2$ où Z est le nombre atomique (nombre de protons dans le noyau). En comparant ainsi les lignes des différentes espèces atomiques avec des valeurs de Z petites ou grandes, on obtient un gain significatif en sensibilité par rapport aux méthodes qui observent les doublets d'espèces ayant le même Z.

14. W. Maudlin, légende d'un dessin de *Up Front* (1945).

15. *Scientific American*, novembre 1998, Science and the Citizen « Inconstant constants », citant Robert J. Scherrer.

16. La mesure en laboratoire des lignes spectrales utiles au niveau de précision requis (qui n'était pas exigé auparavant) est un vrai défi et avec plus d'observations en laboratoire on pourrait obtenir encore plus d'informations avec la méthode MM.

17. J. K. Webb, M. T. Murphy, V. V. Flambaum, V. A. Dzuba, J. D. Barrow, C. W. Churchill, J. X. Prochaska et A. M. Wolfe, « Further evidence for cosmological evolution of the fine structure constant », *Phys. Rev. Lett.* 87, 091301 (2001). Quand les nouvelles données de W. Sargent sont incluses, la signification statistique de la détection de la variation d'$\alpha$ est améliorée de 7 sigmas.

18. Préparé pour l'auteur par Michael Murphy.

19. Ceci peut être comparé aux résultats obtenus avec le premier tour d'observation de 1999 : $\Delta\alpha/\alpha = [\alpha(z) - \alpha(\text{maintenant})]/\alpha(\text{maintenant}) = (-1{,}09 \pm 0{,}36) \times 10^{-5}$ publié par J. K. Webb, V. V. Flambaum, C. W. Churchill, M. J. Drinkwater et J. D. Barrow, *Phys. Rev. Lett.* 82, 884 (1999).

20. A. S. Eddington, *New Pathways in Science*, Cambridge, Cambridge University Press, 1935, p. 211.

21. Il y a d'autres formes d'erreurs qui sont délibérément introduites, notamment par les politiciens dans le traitement des résultats des votes. Par exemple, un parti avec un programme en dix points laisse entendre que s'il gagne les élections à la majorité absolue il aura un mandat pour réaliser tous ces points alors qu'il peut n'avoir une majorité de vote que sur certains d'entre eux.

22. C'est l'effet de la réfraction de la lumière incidente qui dépend de l'épaisseur de l'atmosphère à traverser, fonction elle-même de la latitude où se trouve le télescope. C'est un très petit effet, d'habitude négligeable en astronomie, mais qui intervient avec un même ordre de grandeur que les variations de la constante de

structure fine. Sa prise en compte rend la constante de structure fine légèrement plus petite encore par le passé que maintenant.

23. J. D. Prestage, R. L. Tjoelker et L. Maleki, *Phys. Rev. Lett.* 74, 18 (1995).

24. Les nouveaux interféromètres atomiques pourraient permettre d'améliorer la limite de Prestage. La résolution expérimentale actuelle de cette technologie est sensible à des déplacements de $\alpha$ d'environ $10^{-8}$ sur 1-2 heures. Elle pourrait dans le futur être adaptée à la mesure de l'immuabilité de $\alpha$. Mais il n'y a aucun espoir pour le moment qu'elle approche la précision des mesures astronomiques. Stimulé par les nouveaux calculs de physique atomique de V. Dzuba et V. Flambaum, *Phys. Rev.* A 61, 1 (2000), Torgerson a discuté le potentiel des cavités optiques à fournir de meilleures mesures de la stabilité d'$\alpha$ dans le temp. (voir *Physics*/0012054(2000)). Il s'attend à ce que les expériences en laboratoires soient bientôt sensibles à des variations de l'ordre de $10^{-15}$ par an.

25. P. P. Avelino et coll., *Phys. Rev.* D 62, (2000) et R. Battye, R. Crittenden et J. Weller, *Phys. Rev.* D 63, 043505 (2001).

26. Comme la sensibilité des observations de l'anisotropie de la température micro-onde est d'environ $2 \times 10^{-5}$ et que leur dernière diffusion s'est produite selon nos meilleures estimations il y a près de 14 milliards d'années, nous ne pourrions pas obtenir une meilleure limite de la variation au cours du temps de $\alpha$ à partir de ces données que de $(2 \times 10^{-5})/(14 \times 10^{9}$ années$) \approx 1,4 \times 10^{-15}$ par an.

27. Ces observations ont permis de fixer avec une précision inégalée l'âge de l'Univers à 13,7 milliards d'année, à 200 millions d'années près [NDT].

28. H. Mankell, *Sidetracked*, Londres, Harvill Press, 2000, p. 3.

29. La théorie qui inclut un *G* variable est celle de Brans-Dicke, élaborée par Carl Brans et Robert Dicke, *Physical Review* 124, 924 (1961). Une théorie cosmologique incluant un $\alpha$ variable a été conçue par Håvard Sandvik, João Magueijo et moi-même en 2001 (*Phys. Rev. Lett.* 88, 031302 (2002)) prolongeant des développements effectués par Jacob Bekenstein, *Physical Review* 25, 1527 (1982).

30. Il augmente avec le logarithme de l'âge de l'Univers ; pour des détails complets, voir J. D. Barrow, H. Sandvik et J. Magueijo, « The Behaviour of Varying-alpha Cosmologies », *Physical Review* D 65, 063504 (2002).

31. J. D. Barrow, H. Sandvik et J. Magueijo, « Anthropic Reasons for Non-zero Flatness and Lambda », *Physical Review* D 65, 123501 (2002).

# Chapitre 13
## Sur d'autres mondes et de grandes questions

1. W. Owen, « O world or many worlds », *The Collected Poems of Wilfred Owen, 1893-1918*, Londres, Chatto & Windus, 1963.

2. C. Pantin, « Life and the Conditions of Existence », dans *Biology and Personality*, Oxford, ed. I. T. Ramsey, 1965, p. 94 ; voir aussi C. F. A. Pantin, « Organic Design », *Advances in Science* 8, 138 (1951).

3. Le problème de ce que l'on entend par « probable » est à la fois difficile et profond. Toutes les tentatives de définir des probabilités précises pour des problèmes cosmologiques et de donner ainsi des réponses numériques à des questions comme « quelle probabilité a l'Univers d'avoir certaines propriétés qui permettrait à la vie d'y exister ? » se sont soldées par un échec. Du point de vue technique, c'est le problème mathématique de définir la mesure d'une probabilité. La difficulté n'est pas simplement de connaître des issues tout aussi probables dans la série de toutes

les conditions initiales possibles pour l'Univers ou dans la théorie d'un Univers en inflation chaotique. Il est aussi dans la définition de « quand » les probabilités peuvent s'appliquer d'une manière universelle à chaque endroit de l'Univers. Ces questions font l'objet de recherches considérables mais n'ont toujours pas de réponse.

4. C. Pantin, « Life and the Conditions of Existence », *op. cit.* en note 2. Remarquez que bien que Pantin mentionne « une solution analogue au principe de la sélection naturelle », il ne la développe pas.

5. Nous pourrions nous tromper si la Théorie du Tout contenait des liens croisés entre les constantes qui aient la propriété de faire qu'un changement d'une partie sur une centaine de milliards dans la constante de structure fine produise un changement de, disons, une partie sur deux dans une autre constante critique pour la vie.

6. Si la vie n'est que le produit résultant d'un très haut niveau de complexité, il y a peut-être alors de la vie dans l'espace rapide ou dans la trame de la structure de l'espace-temps, ou à l'échelle atomique, nucléaire ou des particules élémentaires qui serait alors comme une extension asymptotique des recherches actuelles en nanotechnologies.

7. J. D. Barrow, *Pi in the Sky*, Oxford, Oxford University Press et New York, Vintage, 1992, p. 280-92. Pour un développement de cela voir aussi M. Tegmark, « Is the "Theory of Everything" merely the Ultimate Ensemble Theory ? », *Annals of Physics* (NY) 270, 1 (1998).

8. Nous pourrions nous demander s'il y a un seuil de complexité à partir duquel il devient possible de décrire la vie dans le cadre d'un formalisme mathématique. L'unique seuil détectable se produit lorsque nous atteignons la complexité de l'arithmétique. L'autoréférence devient alors possible. Il peut y avoir une correspondance unique entre l'arithmétique et les affirmations sur elle (ce n'est pas possible avec des structures géométriques). Des automates cellulaires comme le jeu de la vie de John Conway s'avèrent être équivalents à l'arithmétique dans leur structure logique. Il est intéressant que lorsque nous arrivons à la complexité de l'arithmétique la propriété d'incomplétude de Gödel deviennent une propriété du système. Certains, tels que John Lucas ou Roger Penrose, ont suggéré que cette propriété pourrait être un trait essentiel de la conscience. Si c'est le cas, le seuil de complexité qui est franchi quand nous arrivons à l'arithmétique serait le niveau minimum requis pour qu'un traitement conscient de l'information surgisse d'un système logique. Il est intéressant de comparer ce seuil peu élevé de complexité autoréférentielle dans les systèmes logiques avec celui peu élevé également nécessaire pour générer la complexité dans des automates cellulaires discrets discutés par Stephen Wolfram dans *A New Kind of Science*, Champaign, Wolfram Media Inc., IL, 2002. Des algorithmes simples à une dimension avec des lois du plus proche voisin peuvent générer des niveaux de complexité qui ne sont pas dépassés par l'ajout de dimensions supplémentaires, de règles plus complexes, de perturbations aléatoires ou de moyennage.

9. Si toute affirmation fausse est présente dans un système logique elle peut être utilisée pour prouver la vérité de toute affirmation (comme 0 = 1). Un cas fameux est celui de Bertrand Russell auquel une personne posa le défi de montrer qu'elle était le pape si 1 = 2 et qui répondit : « Vous et le pape êtes deux mais si deux est égal à un alors vous et le pape êtes un. »

10. G. H. Hardy, *A Mathematician's Apology*, Cambridge, Cambridge University Press, 1967, p. 135.

11. Cette foi en ce que le futur sera comme le présent est ce que les philosophes appellent le problème de l'induction.

12. W. Allen, *Getting Even*, New York, Random House, 1971, p. 33.

13. Si nous oublions l'inflation en tant que source de diversité et supposons juste que l'Univers est infini et aléatoire alors, quelque part, à une fréquence infinie, doivent surgir de grandes régions ayant des propriétés favorables à la vie. Nous devrions habiter l'une d'entre elles. Mais les grandes régions ordonnées seraient beaucoup moins probables que les petites et l'inflation offre un mécanisme pour expliquer pourquoi de grandes régions ordonnées sont générées avec une forte probabilité.

14. A. C. Clarke, « The Wall of Darkness », dans *Super Science Stories*, réunies dans *The Other Side of the Sky*, New York, Signet, 1959, chapitre 4. Cette histoire fut écrite en 1946 et publiée pour la première fois en 1949.

15. A. Linde, « The Self-reproducing Inflationary Universe », *Scientific American* 5, 32 (mai 1994).

16. On cherche à découvrir si c'est possible pour éviter de tomber dessus par accident.

17. E. R. Harrison, « The Natural Selection of Universe Containing Intelligent Life », *Quarterly Journal of the Royal Astronomical Society* 36, 193 (1995). Bien que les auteurs qualifient la mise au point intelligente des constantes de la Nature de « sélection naturelle » des univers, c'est en fait une sélection « non naturelle » ou un « élevage forcé » d'univers avec les caractéristiques désirées.

18. L. Smolin, *The Life of the Cosmos*, New York, Oxford University Press, 1995.

19. Cette idée que les constantes de la Nature soient « retraitées » quand la matière s'effondre en une singularité de densité infinie, par exemple quand un univers fermé s'effondre et rebondit en un état d'expansion, a été suggérée en premier par John A. Wheeler ; voir par exemple le dernier chapitre de C. Misner, K. Thorne et J. A. Wheeler, *Gravitation*, San Francisco, W. H. Freeman, 1972.

20. Cela ressemble à un état de « rat-race » à long terme pour un système évolutionniste, tandis qu'une situation où un maximum local est atteint pour la valeur des constantes revient à arriver à une stratégie stable d'évolution, dans laquelle toute déviation de cet état laisse au moins l'un des joueurs en plus mauvaise posture ; voir par exemple J. Maynard Smith, *Evolutionary Genetics*, Londres, Oxford University Press, 1989.

21. Il est clair que ce scénario exige que l'Univers soit fermé de sorte qu'il puisse s'effondrer par la suite.

22. En supposant qu'il n'y a aucun autre moyen de changer de valeur pour les constantes que par une singularité.

23. L'énergie totale de l'Univers dans n'importe quel cycle est en fait nulle.

24. Cela fut remarqué pour la première fois par le cosmologiste américain R. C. Tolman dans deux articles, « On the Problem of the Entropy of the Univers as a Whole », *Physical Review* 37, 1639 (1931) et « On the Theoretical Requirements for a Periodic Behaviour of the Universe », *Physical Review* 38, 1758 (1931).

25. J. D. Barrow et M. Dábrowski, « Oscillating Universes », *Monthly Notices of the Royal Astronomical Society*, 275, 850 (1995).

26. C. Raymo, *Skeptics and True Believers*, New York, Random House, 1999, p. 221.

# Index

# Table

CHAPITRE 4
Plus générale, plus profonde, plus concise :
la quête d'une Théorie du Tout



CHAPITRE 5
La symphonie inachevée d'Eddington



CHAPITRE 6
Le mystère des très grands nombres



CHAPITRE 7
La biologie et les étoiles

CHAPITRE 12

Rejoindre le ciel

CHAPITRE 13

Sur d'autres mondes et de grandes questions

Imprimé par Lightning Source France
1 avenue Gutenberg
78310 Maurepas

N° d'édition : 7381-1671-Y

www.ingramcontent.com/pod-product-compliance
Lightning Source LLC
Chambersburg PA
CBHW051810150726
47998CB00001B/91